U0464475

火力发电职业技能培训教材

HUOLI FADIAN ZHIYE JINENG PEIXUN JIAOCAI

燃料设备检修

（第二版）

《火力发电职业技能培训教材》编委会　编

中国电力出版社
CHINA ELECTRIC POWER PRESS

内 容 提 要

本套教材在 2005 年出版的《火力发电职业技能培训教材》基础上，吸收近年来国家和电力行业对火力发电职业技能培训的新要求编写而成。在修订过程中以实际操作技能为主线，将相关专业理论与生产实践紧密结合，力求反映当前我国火电技术发展的水平，符合电力生产实际的需求。

本套教材总共 15 个分册，其中的《环保设备运行》《环保设备检修》为本次新增的 2 个分册，覆盖火力发电运行与检修专业的职业技能培训需求。本套教材的作者均为长年工作在生产第一线的专家、技术人员，具有较好的理论基础、丰富的实践经验和培训经验。

本书为《燃料设备检修》分册，主要内容有：输煤机械检修和卸储煤设备检修两篇，共十三章，分别为胶带机检修、给煤机检修、筛碎设备检修、配煤设备检修、除铁器检修、除尘器检修、辅助设备检修、输煤机械检修综述、基础知识、通用机械检修、卸煤设备检修、储煤设备检修、卸储煤设备检修综述。

本套教材适合作为火力发电专业职业技能鉴定培训教材和火力发电现场生产技术培训教材，也可供火电类技术人员及职业技术学校教学使用。

图书在版编目（CIP）数据

燃料设备检修/《火力发电职业技能培训教材》编委会编 . —2 版 . —北京：中国电力出版社，2020.5
火力发电职业技能培训教材
ISBN 978 - 7 - 5198 - 3960 - 4

Ⅰ. ①燃… Ⅱ. ①火… Ⅲ. ①火电厂 - 电厂燃料系统 - 检修 - 技术培训 - 教材 Ⅳ. ①TM621.2

中国版本图书馆 CIP 数据核字（2019）第 254020 号

出版发行：中国电力出版社
地　　址：北京市东城区北京站西街 19 号（邮政编码 100005）
网　　址：http://www.cepp.sgcc.com.cn
责任编辑：孙建英（010 - 63412369）
责任校对：黄　蓓　马　宁
装帧设计：赵姗姗
责任印制：吴　迪

印　　刷：三河市万龙印装有限公司
版　　次：2005 年 1 月第一版　2020 年 5 月第二版
印　　次：2020 年 5 月北京第七次印刷
开　　本：880 毫米 ×1230 毫米　32 开本
印　　张：12.125
字　　数：415 千字
印　　数：0001—2000 册
定　　价：68.00 元

《火力发电职业技能培训教材 燃料设备检修》（第二版）

编 写 人 员

主　编：刘志跃

参　编（按姓氏笔画排列）：

　　　　杜瑞祥　　张新华　　赵立强

《火力发电职业技能培训教材》(第一版)

编 委 会

主　任：周大兵　　翟若愚

副主任：刘润来　　宗　健　　朱良镭

常　委：魏建朝　　刘治国　　侯志勇　　郭林虎

委　员：邓金福　　张　强　　张爱敏　　刘志勇

　　　　王国清　　尹立新　　白国亮　　王殿武

　　　　韩爱莲　　刘志清　　张建华　　成　刚

　　　　郑跃生　　梁东原　　张建平　　王小平

　　　　王培利　　闫刘生　　刘进海　　李恒煌

　　　　张国军　　周茂德　　郭江东　　闻海鹏

　　　　赵富春　　高晓霞　　贾瑞平　　耿宝年

　　　　谢东健　　傅正祥

主　编：刘润来　　郭林虎

副主编：成　刚　　耿宝年

教材编辑办公室成员：刘丽平　　郑艳蓉

第二版前言

2004 年，中国国电集团公司、中国大唐集团公司与中国电力出版社共同组织编写了《火力发电职业技能培训教材》。教材出版发行后，深受广大读者好评，主要分册重印 10 余次，对提高火力发电员工职业技能水平发挥了重要的作用。

近年来，随着我国经济的发展，电力工业取得显著进步，截至 2018 年底，我国火力发电装机总规模已达 11.4 亿 kW，燃煤发电 600MW、1000MW 机组已经成为主力机组。当前，我国火力发电技术正向着大机组、高参数、高度自动化方向迅猛发展，新技术、新设备、新工艺、新材料逐年更新，有关生产管理、质量监督和专业技术发展也是日新月异，现代火力发电厂对员工知识的深度与广度，对运用技能的熟练程度，对变革创新的能力，对掌握新技术、新设备、新工艺的能力，以及对多种岗位上工作的适应能力、协作能力、综合能力等提出了更高、更新的要求。

为适应火力发电技术快速发展、超临界和超超临界机组大规模应用的现状，使火力发电员工职业技能培训和技能鉴定工作与生产形势相匹配，提高火力发电员工职业技能水平，在广泛收集原教材的使用意见和建议的基础上，2018 年 8 月，中国电力出版社有限公司、中国大唐集团有限公司山西分公司启动了《火力发电职业技能培训教材》修订工作。100 多位发电企业技术专家和技术人员以高度的责任心和使命感，精心策划、精雕细刻、精益求精，高质量地完成了本次修订工作。

《火力发电职业技能培训教材》（第二版）具有以下突出特点：

（1）针对性。教材内容要紧扣《中华人民共和国职业技能鉴定规范·电力行业》（简称《规范》）的要求，体现《规范》对火力发电有关工种鉴定的要求，以培训大纲中的"职业技能模块"及生产实际的工作程序设章、节，每一个技能模块相对独立，均有非常具体的学习目标和学习内容，教材能满足职业技能培训和技能鉴定工作的需要。

（2）规范性。教材修订过程中，引用了最新的国家标准、电力行业规程规范，更新、升级一些老标准，确保内容符合企业实际生产规程规范的要求。教材采用了规范的物理量符号及计量单位，更新了相关设备的图形符号、文字符号，注意了名词术语的规范性。

（3）系统性。教材注重专业理论知识体系的搭建，通过对培训人员分析能力、理解能力、学习方法等的培养，达到知其然又知其所以然的目的，从而打下坚实的专业理论基础，提高自学本领。

（4）时代性。教材修订过程中，充分吸收了新技术、新设备、新工艺、新材料以及有关生产管理、质量监督和专业技术发展动态等内容，删除了第一版中包含的已经淘汰的设备、工艺等相关内容。2004 年出版的《火力发电职业技能培训教材》共 15 个分册，考虑到从业人员、专业技术发展等因素，没有对《电测仪表》《电气试验》两个分册进行修订；针对火电厂脱硫、除尘、脱硝设备运行检修的实际情况，新增了《环保设备运行》《环保设备检修》两个分册。

（5）实用性。教材修订工作遵循为企业培训服务的原则，面向生产、面向实际，以提高岗位技能为导向，强调了"缺什么补什么，干什么学什么"的原则，在内容编排上以实际操作技能为主线，知识为掌握技能服务，知识内容以相应的工种必需的专业知识为起点，不再重复已经掌握的理论知识。突出理论和实践相结合，将相关的专业理论知识与实际操作技能有机地融为一体。

（6）完整性。教材在分册划分上没有按工种划分，而采取按专业方式分册，主要是考虑知识体系的完整，专业相对稳定而工种则可能随着时间和设备变化调整，同时这样安排便于各工种人员全面学习了解本专业相关工种知识技能，能适应轮岗、调岗的需要。

（7）通用性。教材突出对实际操作技能的要求，增加了现场实践性教学的内容，不再人为地划分初、中、高技术等级。不同技术等级的培训可根据大纲要求，从教材中选取相应的章节内容。每一章后均有关于各技术等级应掌握本章节相应内容的提示。每一册均有关本册涵盖职业技能鉴定专业及工种的提示，方便培训时选择合适的内容。

（8）可读性。教材力求开门见山，重点突出，图文并茂，便于理解，便于记忆，适用于职业培训，也可供广大工程技术人员自学参考。

希望《火力发电职业技能培训教材》（第二版）的出版，能为推进火力发电企业职业技能培训工作发挥积极作用，进而提升火力发电员工职业能力水平，为电力安全生产添砖加瓦。恳请各单位在使用过程中对教材多提宝贵意见，以期再版时修订完善。

本套教材修订工作得到中国大唐集团有限公司山西分公司、大唐太原第二热电厂和阳城国际发电有限责任公司各级领导的大力支持，在此谨向为教材修订做出贡献的各位专家和支持这项工作的领导表示衷心感谢。

《火力发电职业技能培训教材》（第二版）编委会

2020 年 1 月

第一版前言

近年来，我国电力工业正向着大机组、高参数、大电网、高电压、高度自动化方向迅猛发展。随着电力工业体制改革的深化，现代火力发电厂对职工所掌握知识与能力的深度、广度要求，对运用技能的熟练程度，以及对革新的能力，掌握新技术、新设备、新工艺的能力，监督管理能力，多种岗位上工作的适应能力，协作能力，综合能力等提出了更高、更新的要求。这都急切地需要通过培训来提高职工队伍的职业技能，以适应新形势的需要。

当前，随着《中华人民共和国职业技能鉴定规范》（简称《规范》）在电力行业的正式施行，电力行业职业技能标准的水平有了明显的提高。为了满足《规范》对火力发电有关工种鉴定的要求，做好职业技能培训工作，中国国电集团公司、中国大唐集团公司与中国电力出版社共同组织编写了这套《火力发电职业技能培训教材》，并邀请一批有良好电力职业培训基础和经验、并热心于职业教育培训的专家进行审稿把关。此次组织开发的新教材，汲取了以往教材建设的成功经验，认真研究和借鉴了国际劳工组织开发的 MES 技能培训模式，按照 MES 教材开发的原则和方法，按照《规范》对火力发电职业技能鉴定培训的要求编写。教材在设计思想上，以实际操作技能为主线，更加突出了理论和实践相结合，将相关的专业理论知识与实际操作技能有机地融为一体，形成了本套技能培训教材的新特色。

《火力发电职业技能培训教材》共 15 分册，同时配套有 15 分册的《复习题与题解》，以帮助学员巩固所学到的知识和技能。

《火力发电职业技能培训教材》主要具有以下突出特点：

（1）教材体现了《规范》对培训的新要求，教材以培训大纲中的"职业技能模块"及生产实际的工作程序设章、节，每一个技能模块相对独立，均有非常具体的学习目标和学习内容。

（2）对教材的体系和内容进行了必要的改革，更加科学合理。在内容编排上以实际操作技能为主线，知识为掌握技能服务，知识内容以相应的职业必须的专业知识为起点，不再重复已经掌握的理论知识，以达到再培训，再提高，满足技能的需要。

凡属已出版的《全国电力工人公用类培训教材》涉及的内容，如识绘图、热工、机械、力学、钳工等基础理论均未重复编入本教材。

（3）教材突出了对实际操作技能的要求，增加了现场实践性教学的内容，不再人为地划分初、中、高技术等级。不同技术等级的培训可根据大纲要求，从教材中选取相应的章节内容。每一章后，均有关于各技术等级应掌握本章节相应内容的提示。

（4）教材更加体现了培训为企业服务的原则，面向生产，面向实际，以提高岗位技能为导向，强调了"缺什么补什么，干什么学什么"的原则，内容符合企业实际生产规程、规范的要求。

（5）教材反映了当前新技术、新设备、新工艺、新材料以及有关生产管理、质量监督和专业技术发展动态等内容。

（6）教材力求简明实用，内容叙述开门见山，重点突出，克服了偏深、偏难、内容繁杂等弊端，坚持少而精、学则得的原则，便于培训教学和自学。

（7）教材不仅满足了《规范》对职业技能鉴定培训的要求，同时还融入了对分析能力、理解能力、学习方法等的培养，使学员既学会一定的理论知识和技能，又掌握学习的方法，从而提高自学本领。

（8）教材图文并茂，便于理解，便于记忆，适应于企业培训，也可供广大工程技术人员参考，还可以用于职业技术教学。

《火力发电职业技能培训教材》的出版，是深化教材改革的成果，为创建新的培训教材体系迈进了一步，这将为推进火力发电厂的培训工作，为提高培训效果发挥积极作用。希望各单位在使用过程中对教材提出宝贵建议，以使不断改进，日臻完善。

在此谨向为编审教材做出贡献的各位专家和支持这项工作的领导们深表谢意。

《火力发电职业技能培训教材》编委会

2005 年 1 月

第二版编者的话

　　我国科学技术与经济的发展推动了工业的发展，使煤电行业也处于高速发展的时期。作为火力发电厂的核心设备，输煤系统日输送量从成千吨到现在的上万吨，输煤系统的管理和检修问题受到相关人员的高度重视。如何降低煤电设备发生故障的概率，提高其使用寿命以及在出现问题时如何快速解决，是机械管理人员和操作人员都必须考虑的问题。

　　本书主要从输煤系统设备入手进行输煤设备的故障诊断，并针对输煤设备提出了有效检修措施，面向装机容量为 1000MW 左右的大中型火电厂编写，多实际应用，少理论计算，从输煤一线职工的技术实用性出发，力求全面地介绍行业技术内容精华。本书按专业知识结构体系分类，并且增加了液压系统故障诊断、输煤现场环境治理设备以及一些精细化计量设备等新型设备内容，从结构原理到检修要求和方法进行讲解。

　　全书由刘志跃主编，参编人员为杜瑞祥、张新华、赵立强。

　　由于水平有限，书中难免多有不妥之处，敬请读者批评指正。

编　者

2020 年 1 月

第一版编者的话

　　1997年2月本社出版的"全国火力发电厂工人通用培训教材"《燃料设备检修》（初级工、中级工、高级工），在火电厂输煤行业得到了广泛的应用。随着火电厂的不断增容，燃料运输新技术不断提高，输煤设备单机出力已经由过去的300t/h增容到2400t/h，对于目前日耗煤量10000t以上的大中型火电厂，在资源稀缺和煤质标准降低的情况下要完成合格清洁的供煤任务，对输煤设备的可靠性要求必然更高。

　　本书面向装机容量为1000MW左右的大中型火电厂编写，多实际应用，少理论计算，从燃料车间一线工人的技术实用性出发，力求全面地介绍行业技术内容精华。本书按专业知识结构体系分类，并且增加了输煤电气控制部分内容，从结构原理到检修要求和方法进行讲解。

　　全书由张强主编，参编人员为王子寒、毛水法、张玉亮、徐峰、米志宏、韦公勋，全书由郭江东主审。

　　由于水平有限，书中难免多有不妥之处，敬请读者批评指正。

编　者

2004年3月

目　录

第一篇

输煤机械检修

第一章

胶带机检修

第一节　胶带机概述

一、概述

胶带机是带式输送机的简称，带式输送机是由挠性输送带作为物料承载件的连续输送设备，是连续运输机中效率最高、使用最普遍的一种机型，它广泛应用于电力行业、采矿行业、冶金行业、水电站建设工地、港口等。带式输送机有很多种类，电力工业常用的胶带机一般是指普通带式输送机，主要包括尼龙带输送机、帆布带式输送机、聚酯带式输送机、钢绳芯带式输送机等。

胶带机的特点是输送带既是承载件又是牵引件，依靠胶带与滚筒之间的摩擦力进行驱动，输送能力大，结构简单，对物料适应性强，生产效率高，运行平稳、可靠，输送物料连续均匀，运输费用低，维修方便，且易于实现自动控制及远方操作。

目前普通带式输送机在火力发电厂输煤系统中应用的标准主要是：TD62 型、TD75 型和 DTⅡ型。

TD62 型带式输送机是国家在 1962 年定型的带式输送机；在 1980 年前设计、投产的电厂中，基本是采用 TD62 型带式输送机。1980 年后设计、投产的发电厂已普遍采用 TD75 型带式输送机。TD62 型和 TD75 型带式输送机从设备组成来看基本相同，不同的是设计参数的选取及个别部件的尺寸。此外，在运行阻力、结构、制造、功率消耗等设计方面，TD75 型比 TD62 型带式输送机要先进。DTⅡ型带式输送机是以德国引进技术为基础，同时参考国内外有关标准，结合我国工业发展需要而发展起来的新标准系列胶带机。主要部件的技术性能具有国际 20 世纪 80 年代水平，在带宽、带速及运输量方面比 TD75 型标准扩大了 1～2 个等级。

二、胶带机的类型

（1）按输送机机架与基础的连接形式胶带机可分两大类：固定式带式输送机和移动式带式输送机。

（2）按输送带的类型可分为：通用胶带机、钢丝绳芯胶带机、钢丝绳牵引胶带机和特种带式输送机。

（3）按支承装置的结构形式可分为：托辊支承式输送机、平板支承式输送机、气垫支承式输送机。

（4）按牵引力的传递方法可分为：普通带式输送机、钢丝绳牵引式输送机。

三、胶带机的工作原理

胶带机是以输送带作为牵引构件和承载构件的连续运输机械。输送带绕经传动滚筒、托辊组和改向滚筒形成闭合回路，输送带的承载及回程面都支撑在托辊上，由拉紧装置提供适当的拉紧力，工作中通过传动滚筒与输送带之间的摩擦力驱动输送带运行，煤及其他物料装在胶带上与胶带一起运动。胶带输送机一般是利用上段胶带运送物料的，并在胶带机头部进行卸料，特殊的是利用专门卸料装置如犁煤器、配料车等在任意位置卸料。

四、胶带机的布置形式

（一）布置种类

胶带机可以用来水平或倾斜方向输送物料。根据安装地点及空间的不同，其安装布置形式一般可分为以下四种：

（1）水平布置方式。即胶带机的头尾部滚筒中心线处于同一水平面内，胶带机的倾角为 0°，如图 1-1 所示。

图 1-1　水平布置方式

（2）倾斜布置方式。胶带机的头尾部滚筒中心线处于同一倾斜平面内，且所有上托辊或下托辊处于同一倾斜平面内，如图 1-2 所示。

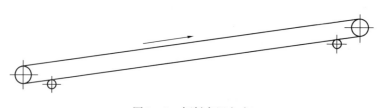

图 1-2　倾斜布置方式

（3）带凸弧曲线段布置方式。倾斜布置的后半段部与水平布置的前半段部的一种组合布置方式，如图 1-3 所示。

图 1-3　带凸弧曲线段布置方式

（4）带凹弧曲线段布置方式。水平布置的后半段部与倾斜布置的前半段部的一种组合布置方式，如图 1-4 所示。

图 1-4　带凹弧曲线段布置方式

（二）布置原则

胶带机倾斜布置时，其倾斜角有一定的范围限制。带式输送机的实际倾角取决于被输送的煤或其他物料与输送带之间的动摩擦系数、输送带的断面形状（平形或槽形）、物料的堆积角、装载方式和输送带的运动速度。

为了保证物料在输送带上不向下滑移，输送带的倾角应比物料与胶带间的静摩擦角小 10°～15°。当采用向上倾斜布置时，胶带机的倾角一般不超过 18°；对运送破碎后的煤，最大允许倾角可达 20°；若必须采用大倾角向上输送物料时，可采用花纹胶带机，最大倾角可达 25°或更大。

当用倾斜胶带机向下输送物料时，一般允许倾角为向上输送时的 80%。

五、胶带机的组成

胶带机主要由驱动装置、制动装置、支承部分、张紧装置、改向装置、清扫装置、装料装置、卸料装置和胶带等部分组成。

（1）驱动装置。驱动装置主要由电动机、联轴器、减速器、驱动滚筒或直接由电动滚筒组成。

（2）制动装置。制动装置主要是指制动器、逆止器，主要是用来防止胶带机带负荷停机时发生逆转，使物料外撒，严重时会使胶带断裂或机械损坏。一般当胶带机的倾角超过 4°～6°时，就必须设置制动装置。

制动装置主要有电动液压推杆制动器、液压电磁制动器、滚柱式逆止

第一章　胶带机检修

器和带式逆止器等。

（3）支承装置。支承装置主要是指承载胶带、物料并完成输送运行的系列设备。

胶带机的支承装置主要由上槽形托辊、下平形托辊及机架组成。

（4）张紧装置。张紧装置主要是用来拉紧胶带或补偿胶带的伸长，使胶带与滚筒间保持足够的摩擦驱动力。常用的拉紧装置有垂直滚筒坠重式拉紧装置、尾部小车坠重式拉紧装置、螺旋式拉紧装置、电动绞车式拉紧装置等。

垂直滚筒坠重式拉紧装置、尾部小车坠重式张紧装置主要由张紧滚筒、导轨、导轮组成的张紧小车及配重块组成，配重块的重量误差不应超过10kg。

绞车式张紧装置则还包括卷扬机、钢丝绳和滑轮组，螺旋张紧装置主要由丝杆与螺母总成及座板、轨道组成。

（5）改向装置。改向装置主要由改向滚筒、特殊支架、压轮组成。

（6）清扫装置。清扫装置由头部清扫器、空段清扫器及二级煤斗组成。

（7）装料装置。装料装置主要由落煤斗、落煤管、缓冲器、溜管、导料槽组成。

（8）卸料装置。卸料装置主要由犁煤器、配煤车组成。

（9）胶带。在带式输送机中，胶带既是承载构件，又是牵引构件，用来载运物料和传递牵引力。它呈环状贯穿输送机的全长，用量大，价格高，是胶带机中最重要、也是最昂贵的部件。胶带在带式输送机的成本中所占比重较大，约占总投资的25%～50%左右。

第二节　输煤皮带检修

胶带机的日常检修和维护工作是保证设备安全运行的主要手段。下面将介绍胶带机主要部件的检修。

一、减速器

减速器是安装在原动机与工作机之间的一种用来降低转速并传递扭矩，独立的闭式传动机构。广泛应用于火力发电厂输煤胶带机上的减速器主要有：圆柱齿轮减速器、蜗轮蜗杆减速器、摆线针轮减速器、行星齿轮减速器等。

（一）圆柱齿轮减速器的检修

1. 概述

圆柱齿轮减速器是最为通用、普及的一种减速器，广泛应用于冶金、矿山、电力、起重、运输、水泥、建筑、纺织、制药等行业。

电力企业使用的圆柱齿轮减速器一般多为外啮合渐开线圆柱齿轮减速器，它具有结构简单、效率较高、运转平稳、使用寿命长、承载能力高等优点；缺点是笨重、噪声大，易渗漏油。原 JZQ 系列圆柱齿轮减速器已属淘汰产品，新的外啮合渐开线圆柱齿轮减速器齿轮、轴等主要零件材料为高强度合金钢，采用渗碳、淬火、磨齿等制造工艺。

圆柱齿轮减速器适用条件见表 1 - 1。输入轴最高转速不大于 1500r/min，减速器齿轮传动圆周速度不大于 20m/s，减速器工作环境温度为 -40 ~ +45℃，减速器可用于正、反向运转。

表 1 - 1 　　　　　　　　圆柱齿轮减速器的参数范围

型号规格	速比范围	输入轴转速（r/min）	输入功率（kW）
ZDY80 - 560	1.25 ~ 5.6	750 ~ 1500	5 ~ 6666
ZLY112 - 710	6.3 ~ 20	750 ~ 1500	6.8 ~ 6229
ZSY160 - ZSY710	22.4 ~ 100	750 ~ 1500	4 ~ 1905
ZSYD224 - ZSYD710	100 ~ 500（加大速比）	750 ~ 1500	2.3 ~ 662

2. 结构原理

圆柱齿轮减速器主要由箱体（上箱体、下箱体）、齿轮组、齿轮轴、轴承、油位指示器、透气阀组成。

原动机（一般为电机）的转速通过联轴器传给减速器的第一级齿轮后，第一级齿轮与中间齿轮啮合，中间齿轮和第一级齿轮模数相同而齿数不同，从而使中间齿轮获得减速（或增速）。中间齿轮继续通过啮合将速度传递给二级齿轮，最终在减速器的输出轴获得需要的转速。

3. 检修项目

（1）清理、检查箱体及箱盖。

（2）检查、测量齿轮磨损及啮合情况，进行必要的修理或更换。

（3）检查、测量轴承磨损情况和检查内外套有无松动，必要时进行更换。

（4）检查、修理油位指示器。

（5）检测各结合面，消除渗、漏油。

4. 检修工艺

（1）拆卸减速器上盖。

1）用柴油或煤油清洗后检查外壳有无裂纹和异常现象。

2）打好装配印记，拆卸轴承端盖。

3）拆除上盖螺丝和联轴器螺栓，检查螺栓有无残缺和裂纹，将螺母旋到螺栓上妥善保存。

4）先检查有无被漏拆的螺丝和其他异常情况，确认无误后，将上盖用顶丝顶起，上盖吊起，放于准备好的垫板上。

5）用塞尺或压铅丝法测量各轴承间隙，每套轴承应多测几点，并做好记录。

6）将减速器内的润滑油放净存入专用油桶。

（2）齿轮的检修。

1）齿轮的检查与拆卸。

a. 将齿轮清洗干净，检查齿轮的磨损情况和有无裂纹、掉块现象。轻者可修理，重者需更换。

b. 利用千分表和专用支架，测定齿轮的轴向和径向跳动。如不符合要求，应对齿轮和轴进行修理。

c. 盘动齿轮，观察齿轮啮合情况；检查齿轮有无剥皮、麻坑等情况；用铜棒敲击法检查齿轮在轴上的紧固情况。

d. 用塞尺或压铅丝法测量齿顶、齿侧间隙，并做好记录。

e. 用齿形样板检查齿形。按照齿廓制造样板，以光隙法检查齿形。根据测试结果，判断轮齿磨损和变形的程度。

f. 检查平衡重块有无脱落。

g. 齿轮需要从轴上卸下时，可用压力机或齿轮局部加热法卸下。

2）齿轮各部尺寸的校核。

a. 用游标卡尺测量齿顶圆直径 d_a。

当齿数 Z 为偶数时，可直接测量出齿顶圆直径 d_a；当齿轮齿数为奇数时，齿顶圆直径 $d_a = KD$。其中，K 为直径校正系数，D 为齿数是奇数时测出的尺寸，如图 1-5 所示。K 值如表 1-2 所列。

表 1-2　　　　　　奇数齿齿轮齿顶圆直径校正系数 K

Z	K	Z	K	Z	K	Z	K	Z	K
5	1.0515	15	1.0055	25	1.0020	35	1.0010	49~51	1.0005
7	1.0257	17	1.0043	27	1.0017	37	1.0009	53~57	1.0004
9	1.0154	19	1.0034	29	1.0015	39	1.0008	59~67	1.0003
11	1.0103	21	1.0028	31	1.0013	41~43	1.0007	69~85	1.0002
13	1.0073	23	1.0023	33	1.0011	45~47	1.0006	87~99	1.0001

b. 测全齿高 h，如图 1-6 所示，全齿高可用深度尺直接测出。

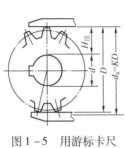
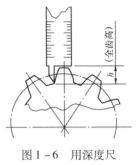

图 1-5　用游标卡尺
测量齿顶圆直径 d_a

图 1-6　用深度尺
测全齿高 h

c. 近似测量周节 p。对较大的齿轮可用游标卡尺或钢板尺直接进行测量，如图 1-7 所示。

d. 测量齿轮内孔、键与轴径，其配合公差均应符合要求。

3）齿轮常出现的故障及原因分析。

a. 疲劳点蚀。润滑良好的闭式齿轮传动，常见的齿面失效形式为疲劳点蚀。所谓疲劳点蚀，就是齿面材料在交变的接触应力作用下，由于疲劳而产生的麻点状剥蚀损伤现象（如图 1-8 所示）。齿面最初出现的点蚀仅为针点大小的麻点，然后逐渐扩大，最后甚至连成一片，形成明显的损伤。

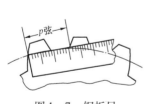

图 1-7　钢板尺
直接测量周节 p

图 1-8　齿轮疲劳点蚀

轮齿在靠近节线处啮合时，由于相对滑动速度低，形成油膜的条件差，润滑不良，摩擦力较大，因此点蚀首先出现在靠近节线的齿根面上，然后再向其他部位扩展。

b. 磨损。在齿轮传动中，当进入粉尘或落入磨料性物质（如砂粒、铁屑）时，轮齿工作面即被逐渐磨损，若不及时清除，就可能使齿轮报废。

c. 胶合。对于重载高速齿轮传动，齿面间的压力大，瞬间速度高，润滑效果差。当瞬时速度过高时，相啮合的两齿面就会发生粘在一块的现象。同时两齿面又作相对滑动，粘住的地方即被撕破，于是在齿面上沿相对滑动的方向形成伤痕，称为胶合，如图1-9所示。

图1-9　齿轮的胶合

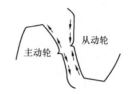

主动轮　从动轮

图1-10　齿轮塑性变形

采用抗胶合力强的润滑油，降低滑动系数，适当提高齿面的硬度和光洁度，均可以防止或减轻齿轮的胶合。

d. 塑性变形。在齿轮的啮合过程中，如果齿轮的材料较软而载荷及摩擦力又很大时，齿面表层的材料就容易沿着摩擦力的方向产生塑性变形。

由于主动轮齿齿面上所受的摩擦力背离节线，分别朝向齿顶及齿根方向，故产生塑性变形后，齿面上节线附近就下凹；而从动轮齿的齿面上所受的摩擦力则分别由齿顶及齿根朝向节线方向，故产生塑性变形后，齿面上节线附近就上凸，如图1-10所示。

提高齿面硬度及采用黏度较高的润滑油，有助于防止轮齿产生塑性变形。

e. 折断齿。当齿轮工作，由于危险断面的应力超过极限应力，轮齿就可能部分或整齿折断。冲击载荷也可能引起断齿，尤其是存在有锻造和铸造缺陷的轮齿容易断齿，断齿齿轮不能再继续使用。

（3）吊出齿轮部件。

1）在齿轮啮合处打好印记。

2）拆下轴承端盖，吊出齿轮组件。

3）吊出齿轮后，放在干燥的木板上，排放整齐、稳妥，防止碰伤。

（4）轴的磨损及缺陷。

1）对于磨损的轴，可采用刷镀或金属喷涂的方法进行修复，然后按图纸要求进行加工。对于磨损严重而强度又允许时，可用镶套的方法。为了减少应力集中，在加工圆角时，一般应取图纸规定的上限，只要不妨碍装配，圆角应尽量大些。

2）发现轴上有裂纹时应及时更换，受力不大的轴可进行修补，焊补后的轴一定要进行热处理。

3）发现键槽有缺陷时，应及时进行修补、处理。

（5）清理检查轴承盖和油封。

1）对磨损严重、有裂纹的轴承盖进行修理或更换，防止漏油。

2）对已经硬化、歪斜、磨损严重的油封应更换，新更换的油封应用机油浸透，安装时应切成斜口。

（6）清理、检查箱体。

1）对上、下机壳，先内后外全部清洗。死角和油槽容易积存油垢，要注意清除油垢。清理、检查油面指示器，使其标示正确，清晰可辨。

2）使用酒精、棉布和细砂布清理上、下结合面上的漆片，并检查接触面的平面度。

3）若箱内有冷却水管时，应检查有无缺陷，必要时应作水压试验。

4）清理机壳内壁时，若发现油漆剥落，应及时补刷。

（7）减速器的组装和加油。

1）组装。

a. 组装前应将各部件清洗干净。

b. 吊起齿轮，装好轴承外套和轴承端盖，平稳就位，不得碰伤齿轮和轴承。

c. 按印记装好轴承端盖，并按要求调整轴承位置。

d. 检查齿轮的装配质量，用压铅丝法或用塞尺测量齿轮啮合间隙，使径向跳动和中心距在规定范围内。

e. 在箱体结合面和轴承外圆上，用压铅丝法测量轴承紧力。

2）加油。

a. 对没有润滑槽的齿轮箱，其轴承在装配时要加润滑脂，加油时应用手从轴承一侧挤入，另一侧挤出。

b. 经工作负责人确认减速器内清洁无异物时，在结合面上呈线状涂上密封胶。然后立即将清理干净的箱盖盖好，装上定位销，校正好上盖位置，再对称地、力量均衡地将全部螺栓紧固。

c. 加入质量合格、符合要求的润滑油。

5. 质量标准

（1）齿轮齿面应光滑，不得有裂纹、剥皮和毛刺，各处几何尺寸应符合图纸要求。

（2）中心距极限偏差应在表 1 - 3 规定范围以内。

表 1 - 3　　　　　　　中心距极限偏差值

中心距（mm）	极限偏差值（μm）	中心距（mm）	极限偏差值（μm）
≤50	±60	>200 ~320	±120
>50 ~80	±80	>320 ~500	±160
>80 ~120	±90	>500 ~800	±180
>120 ~200	±105	>800 ~1250	±200

（3）齿轮啮合最小侧隙极限应在表 1 - 4 规定范围以内。

表 1 - 4　　　　　　　齿轮啮合最小侧隙极限值

中心距（mm）	侧隙极限值（μm）	中心距（mm）	侧隙极限值（μm）
≤50	85	>200 ~320	210
>50 ~80	105	>320 ~500	260
>80 ~120	130	>500 ~800	340
>120 ~200	170	>800 ~1250	420

（4）齿轮两轴线的平行度误差在等于全齿宽的长度上测量，其水平面平行度误差 Δf_x 和铅垂面的平行度误差 Δf_y 应在表 1 - 5 规定的范围以内。

表 1 - 5　　　　齿轮轴在水平面、铅垂面的平行度误差

程度等级	轴线方向（μm）	齿轮宽度（mm）					
		≤40	>40 ~100	>100 ~160	>160 ~250	>250 ~400	>400 ~650
5	Δf_x	7	10	12	16	18	22
	Δf_y	3.5	5	6	8	9	11
6	Δf_x	9	12	16	19	24	28
	Δf_y	4.5	6	8	9.5	12	14
7	Δf_x	11	16	20	24	28	34
	Δf_y	5.5	8	10	12	14	17
8	Δf_x	18	25	32	38	45	55
	Δf_y	9	12.5	16	19	22.5	27.5
9	Δf_x	28	40	50	60	75	90
	Δf_y	14	20	25	30	37.5	45
10	Δf_x	45	63	80	105	120	140
	Δf_y	22.5	31.5	40	52.5	60	70

（5）齿轮啮合沿齿长方向和齿高方向均不得小于表 1-6 的数值，且斑点的分布位置应趋近齿面中部。

表 1-6 圆柱齿轮啮合面积标准

接触斑点	齿轮精度等级					
	5	6	7	8	9	10
按高度不小于（%）	55	50	45	40	30	25
按长度不小于（%）	80	70	60	50	40	30

（6）齿顶间隙为齿轮模数的 1/4。

（7）齿轮轮齿在齿厚方向上的磨损量应小于 2.5%。

（8）当齿轮加有平衡重块时，平衡重块不得有脱落和松动现象。

（9）齿轮的齿顶圆的径向跳动公差，对于一般常用的 6、7、8 级精度的齿轮，齿轮直径为 80~800mm 时，径向跳动公差为 0.02~0.10mm；齿轮直径为 800~2000mm 时，径向跳动公差为 0.10~0.13mm。

（10）轴应光滑完好，无裂纹及损伤现象，其椭圆度、圆锥度公差一般应小于 0.03mm，轴颈的同轴度、径向跳动公差可参考表 1-7 的标准。

表 1-7 减速器轴颈同轴度、径向跳动公差 mm

应用范围	主要参数（轴长）							
	> 11~18	> 18~30	> 30~50	> 50~120	> 120~250	> 250~500	> 500~800	> 800~2000
6、7 级齿轮轴配合面	0.005~ 0.008	0.006~ 0.010	0.008~ 0.012	0.010~ 0.015	0.012~ 0.020	0.015~ 0.025	0.020~ 0.030	0.030~ 0.035
6、7 级齿轮轴配合面	0.012~ 0.020	0.015~ 0.025	0.020~ 0.030	0.025~ 0.040	0.030~ 0.050	0.040~ 0.060	0.050~ 0.080	0.080~ 0.120

（11）轴与轴端盖孔的间隙在 0.10~0.25mm，且四周均匀一致，密封填料填压紧密，与轴吻合，转动时不漏油。

（12）滚动轴承不准有制造不良或保管不当所造成的缺陷，其工作表面不允许有暗斑、凹痕、擦伤、剥落或脱皮现象。

(13) 齿轮箱不得有较大的变形, 不得有裂纹。油面指示器应指示清楚、正确。通气孔、回油槽要畅通。结合面要平滑, 其平面度不得超过表 1-8 的数值。结合面紧固后, 用 0.03mm 的塞尺检查不得塞入其内, 且定位孔和定位销接触面积在 80% 以上。

表 1-8   减速器接合面平面度

接合面长度 L（mm）	≤40	>40 ~100	>100 ~250	>250 ~400	>400 ~1000	>1000 ~2500	>2500 ~4000	>4000 ~10000
公差（μm）	≤10 ~15	>15 ~25	>25 ~40	>40 ~50	>50 ~80	>80 ~120	>120 ~150	>150 ~250

(14) 齿轮箱接合面处不准加垫, 密封涂料均匀, 轴承盖安装正确, 螺栓紧力一致。

(15) 减速器组装后, 用手盘动应灵活, 啮合平稳, 无冲击和断续卡阻现象。

(16) 电动机与减速器的联轴器应无裂纹、毛刺和变形, 各部尺寸应符合图纸要求。

(17) 齿轮箱找正时, 地脚螺栓处的垫片每处不得超过三片, 总厚度不得大于 2mm。

(18) 装联轴器螺栓和安全罩。

6. 验收

(1) 油位计清洁明亮, 标记清楚、正确, 不漏油, 润滑油无变色现象。

(2) 齿轮运转平稳, 无冲击声和不均匀音响。

(3) 试运不少于 30min, 轴承无杂音, 轴承温度小于或等于 70℃。

(4) 箱体无明显的振动现象, 当有冷却水管时, 通水应畅通, 阀门开关灵活。

(5) 减速器壳体应清洁, 无油垢, 接合面和密封处不漏油。

(6) 联轴器螺栓和安全罩应齐全。

(7) 记录齐全、真实、准确。

7. 圆柱齿轮减速器的一般故障及其消除方法

圆柱齿轮减速器的一般故障及其消除方法见表 1-9。

表 1－9　　　　　齿轮减速器的一般故障及其消除方法

故　障	产 生 原 因	消 除 方 法
有不均匀的声响	（1）齿轮径向跳动大； （2）主动齿轮轴或其他轴弯曲； （3）齿轮窜动与箱体碰撞	（1）轻者修齿形，重者换新齿轮； （2）选择合理的直轴工艺进行校直； （3）用调整垫调整轴向间隙
有撞击声	（1）断齿； （2）轴承损坏； （3）齿面有碰撞凸起高点或粘有铁屑等； （4）齿轮轴向窜动或互相碰撞	（1）更换齿轮； （2）更换轴承； （3）修齿面或消除齿面上的附着物； （4）加调整垫
轴承发热	（1）轴承内外套配合太紧； （2）轴承损坏； （3）润滑油不足或变质，油槽堵塞	（1）测量修理轴和孔，按减速器标准配合； （2）换新轴承； （3）及时加油，按期更换润滑油

（二）蜗轮减速器

1. 检修项目

（1）检查机壳有无裂纹和损坏，并进行修理。

（2）检查、处理蜗轮箱结合面有无渗、漏油。

（3）检查蜗轮、蜗杆的磨损情况，并进行修理或更换。

（4）检查轴承磨损情况并测量间隙，必要时更换轴承。

（5）检查油位计是否完好，检修后应进行加油或更换润滑油。

2. 检修工艺

（1）拆卸蜗轮减速器的轴承端盖时，应先做好印记。

（2）拆卸减速机的上盖螺栓，吊下上盖放在准备好的垫板上，注意不要损伤结合面和蜗杆。

（3）用塞尺或压铅丝法测量轴承间隙、齿顶和齿侧间隙，并做好记录。

（4）吊出蜗轮、蜗杆，放在准备好的垫板上，做好装配标记，以便回装时参考。

（5）清理、检查减速机外壳有无裂纹及其他缺陷，必要时进行修理。

（6）将蜗轮、蜗杆清洗干净，检查其外观有无裂纹和毛刺，并进行修理或更换。

（7）用铜棒敲击法检查蜗杆有无松动，观察其与轴配合有无滑动痕迹。

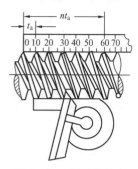

图 1 - 11 蜗杆的轴向齿距和压力角的测量

（8）拆卸蜗轮、蜗杆时，应使用专用工具，锤击的轴头部位应垫有软质垫板。

（9）蜗轮、蜗杆与轴配合过紧时，应使用千斤顶或拉马协助进行，并可用 120℃ 左右的机油浇泼在蜗轮、蜗杆上。

（10）新更换的蜗轮、蜗杆应进行全面检查，测得数据符合质量标准的方可使用。检查、测量的方法如图 1 - 11 所示。

a. 首先检查蜗轮齿数和蜗杆的头数；

b. 用游标卡尺或千分尺测量蜗轮、蜗杆的顶圆直径；

c. 用深度游标卡尺测出蜗杆齿高；

d. 用钢板尺或游标卡尺测量蜗杆轴向齿距；

e. 用量角器测量其压力角。

（11）蜗轮的轮缘和轮心应无裂纹等损坏现象。铸铜轮缘与铸铁轮芯的配合一般采用 H7/S6。轮缘与轮芯为精制螺栓连接时，螺栓孔必须绞制且螺栓孔的配合为 H7/m6。

（12）蜗轮齿的磨损量一般不超过原标准齿厚的四分之一。

（13）蜗轮与轴的配合一般为 H7/h6，键与键槽配合为 H7/h6。

（14）蜗杆齿的磨损一般不超过原螺牙厚度的四分之一。

（15）蜗杆的轴向齿距偏差（即在轴向剖面内，蜗杆两相邻齿形间实际距离与公称距离之差，在与轴线平行的直线上测量）应在表 1 - 10 中规定的数值内。

表 1 - 10　　　　　　　　蜗杆的轴向齿距偏差表　　　　　　　　μm

精度等级	轴 向 模 数				
	>1 ~ 2.5	>2.5 ~ 6	>6 ~ 10	>10 ~ 16	>16 ~ 30
7	±11	±14	±19	±25	±36
8	±18	±22	±30	±40	±55
9	±28	±36	±48	±60	±90

（16）回装蜗轮、蜗杆时，应首先清理或打磨干净与轴的配合面，并测量其配合公差是否符合标准。装配方法应采用温差法为宜，即将蜗轮或

蜗杆吊入油中，将油加热到 120℃，立即将热胀均匀的内孔与轴颈进行套装，再让其自然冷却。

（17）装配后齿顶间隙不超过蜗轮端面模数的 0.2～0.3 倍范围。

（18）新更换的蜗轮、蜗杆应保证蜗杆螺牙和蜗轮齿的非结合面间的间隙，在侧面的法向以长度单位测定的最小侧隙符合表 1－11 中的数值。

表 1－11　　　　　　　　蜗轮、蜗杆的啮合侧隙

中心距 （mm）	≤40	40～80	80～160	160～320	320～630	630～1250	≥1250
侧隙 （μm）	55	95	130	190	260	380	530

（19）装配好的蜗杆传动在轻微制动下，运转后蜗轮齿面上分布的接触斑点应位于齿的中部并符合表 1－12 中的数值。

表 1－12　　　　　　蜗轮减速器安装啮合接触斑点　　　　　　　%

精度等级	接 触 斑 点	
	按齿高不小于	按齿长不小于
7	60	65
8	50	50
9	30	35

（20）端盖孔与轴的圆周间隙应均匀，密封填料填压紧密，与轴吻合，运行时不得漏油。

（21）上盖与机座应结合紧密，每 100mm 范围内应有 10 点以上的印痕，未紧固螺栓前用 0.1mm 的塞尺塞不进去，且结合面处不准加垫。

（22）装配结束后在蜗杆齿面涂上少量的润滑脂。

（23）清理减速机箱体、油位计、回油槽和气孔是否完好畅通。

（24）箱体的振动值应在 0.05mm 以下，轴承运转的声音和温度正常。

（三）摆线针轮减速器

摆线针轮减速机是一种采用 K－H－V 少齿差行星传动原理的新颖传动装置。其传动过程如下：在输入轴上装有一个错位 180°的双偏心套，在偏心套上装有两个称为转臂的滚柱轴承，形成 H 机构，两个摆线轮的中心孔即为偏心套上传臂轴承的滚道，并由摆线轮与针齿轮相啮合，组成差为一齿的内啮合减速机构。摆线针轮减速机是一种采用摆线针齿啮合行

星传动原理制造设计的减速机，行星轮齿廓不是通常的渐开线曲线，而是采用变态外摆线的等矩曲线。中心轮齿廓采用圆柱形针齿，啮合齿数多，设计先进，具有承载能力大、传动效率高、使用寿命长、结构新颖紧凑、运转平稳、维修方便等显著优点。

1. 检修项目

（1）检查、更换摆线针轮减速器内的润滑油。

（2）检查摆线齿轮的磨损情况。

（3）检查销轴有无变形。

（4）检查、更换轴承。

2. 检修工艺

（1）摆线针轮减速器拆卸解体时，按轴向方向取出下面摆线齿轮，应注意记下齿轮端面数字记号相对于另一摆线轮数字记号的相对位置。

（2）清洗完零件进行组装前，最好对滑动和滚动表面涂润滑油以形成初润滑条件。

（3）组装摆线齿轮时，要注意两摆线轮数字相夹的孔相对180°，字面朝上安装，否则装不上，对其他零件无相对位置要求。

（4）在最后输入轴的销轴插入摆线齿轮相对的孔中时，特别要注意间隔环的位置，最好利用销套，使其定好位置，以避免压碎隔环。

（5）在拆卸中如果纸垫被损坏时，要换上新纸垫以免造成渗、漏油。对耐油橡胶密封环注意调整弹簧的松紧度，并涂满润滑脂，以保证良好的密封性。

（6）组装输入轴内部的轴承时，可采用热装或用铜棒轻轻打入，最好将输入轴支撑好，防止架空时把法兰盘损坏。

（7）减速箱装配好后，可用手转动高速轴来了解其传动情况。若确实无故障，即可正式试车运行。

（8）装配结束后按油镜指示加46号机油。

二、联轴器

联轴器是用来使两转动轴或两传动轴互相联结，并能一起回转而传递动力和扭矩的一种设备。主要有液力耦合器、柱销联轴器、弹性圈柱销联轴器、十字滑块联轴器、粉末冶金联轴器、齿轮联轴器等。

（一）液力耦合器

1. 概述

液力耦合器是利用液体动能来传递功率的一种传动设备，这种联轴器在输煤系统中普遍运用。

2. 结构

液力耦合器的结构主要由主轴套、转壳、易熔塞、泵轮、涡轮、后铺室、制动轮组成，结构如图1-12所示。

3. 原理

当主动轴带动泵轮旋转时，液力油在叶片的驱动下，因离心力作用由泵轮内侧（进口）流向外缘（出口），形成高压高速液流，冲击涡轮叶片，使涡轮跟着泵轮同向旋转。液力油在涡轮中由外缘（进口）流向内侧（出口）的流动过程中减压减速，然后再流入泵轮进口。在这种循环流动过程中，泵轮把输入轴的机械能转换为工作油液的动能和升高压力的势能，而涡轮则把工作油的动能和势能转化为输出轴的机械能，从而实现功率传递。

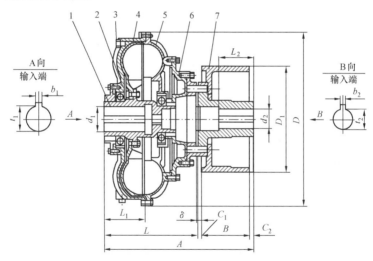

图1-12　液力耦合器的结构

1—主轴套；2—转壳；3—易熔塞；4—泵轮；5—涡轮；6—后铺室；7—制动轮

4. 特点

（1）隔离扭振。液力耦合器的扭矩是通过工作油来传递的，当主动轴有周期性波动时，不会通过液力耦合器传至从动轴上。

（2）过载保护。液力耦合器是柔性传动，当从动轴阻力扭矩突然增加时，液力联轴器可使主动滚筒轴减速甚至使其制动，此时电动机仍可继续运转而不至停车。

（3）均衡多台电机间的负荷分配。在液力耦合器工作中，主、从动轴转速存在滑差，电机转速稍有差异时，液力耦合器对扭矩的影响不太敏感，故在带式输送机双驱动装置中，液力耦合器能均衡它们之间的负荷分配。

（4）空载启动、离合方便。液力耦合器在流道充油时即承接传递扭矩，把油排空即自行脱离，因此，这点使之易于实现遥控。

（5）可实现无级调速。

（6）没有磨损，散热问题容易解决。由于泵轮和涡轮不直接接触，故运行时无磨损，使用寿命长。

（7）挠性连接。液力耦合器通过液体传递扭矩，主、从动轴间为无机械联系的型式，是一种挠性联轴器，允许主、从动轴之间有较大的安装误差。

5. 检修项目

（1）检查、补充或更换液力耦合器内的液力油。

（2）检查易熔塞。

（3）检查或更换密封。

（4）更换泵轮、涡轮。

（5）检查、更换轴承。

6. 检修工艺

（1）液力耦合器检修时，严禁用铁锤敲打或用火烤耦合器的铝合金外壳。

（2）液力耦合器拆装时应使用专用工具进行。

（3）各结合面有渗漏油时，应及时更换该结合面的密封。

（4）主、从动轴存在明显速差时，应及时更换泵轮、涡轮。

（5）当轴承有异声或发热严重时，应更换轴承。

（6）打开加油孔，检查耦合器内液力油质量应良好无变质。

（7）液力耦合器油腔的油量应为：当加油孔在垂直平面内时，打开易熔塞，液力油应无外溢为宜。

（二）弹性（尼龙）柱销联轴器

弹性柱销联轴器的工作原理为：两个圆柱外表面上带棒槽的刚性半联轴节通过尼龙棒销与钢套的装配而连接起来传递扭矩，结构如图 1 – 13 所示。

弹性柱销联轴器特点是：结构简单、装拆方便，有过载保护功能。即当胶带机发生过载时，柱销联轴器的销槽中的尼龙棒销保护性断裂，使电机与负载脱离。

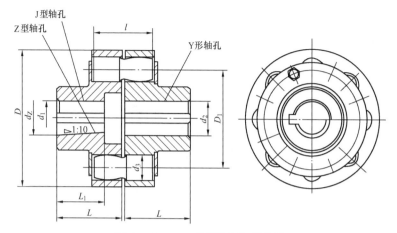

图 1 – 13　HL 型弹性柱销联轴器

1. 检修项目

（1）检查、调整两半联轴器的同心度、径向跳动及端面跳动。

（2）检查两半联轴器有无裂纹。

（3）检查、更换尼龙棒销的磨损。

（4）检查各半联轴节与轴的配合及键的固定情况。

2. 检修工艺

（1）当拆卸半联轴节时，应使用专用工具。必要时可用加热的方法对半联轴节的外部逐渐加热，并同时使用千斤顶或拉马将其顶或拉出。

（2）检查拆下的联轴器各尺寸是否符合图纸要求。

（3）检查拆下的联轴器有无毛刺、变形，用细锉刀清除轴头、轴肩等处的毛刺，并用细砂布将轴与联轴器内孔的配合面打磨光滑。

（4）安装前要测量轴颈、联轴器内孔、键与键槽各部分的配合尺寸，符合标准后，方可进行装配。

（5）装配时，可在轴颈和联轴器内孔配合面上涂少量润滑油脂。

（6）回装联轴器时，应在其端面垫上木板等软质材料进行敲击，不能用大锤或手锤直接敲击。必要时采用压入法或温差法进行装配。

（三）带弹性圈柱销联轴器

带弹性圈柱销联轴器的工作原理是：两个刚性半联轴节主要通过套有缓冲弹性胶圈的螺栓连接起来传递扭矩，柱销与锥孔形状及偏差标志如图 1 – 14 所示。

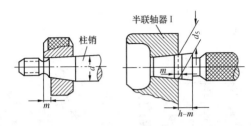

图 1-14　柱销与锥孔形状尺寸及偏差标示图

带弹性圈柱销联轴器的特点：结构简单、安装精度要求不高。

1. 检修项目

（1）检查、更换弹性圈与柱销。

（2）检查销孔磨损情况，必要时更换半联轴节。

（3）检查各半联轴节与轴的配合及键的固定情况。

（4）检查（可用探伤仪器）半联轴节是否有疲劳裂纹等缺陷。可用小锤敲击法，根据敲击声和煤油的浸润来判断裂纹。

2. 检修工艺

（1）装于同一柱销上的弹性圈，其外径之差不应大于弹性圈外径偏差的二分之一。

（2）柱销与锥孔的偏差应符合表 1-13 中的规定。

表 1-13　　　　　　　　　柱销与锥孔的偏差表

d_5	10	14	18	24	30	38	46
$m \leqslant$	0.30	0.35		0.45		0.50	

（3）半联轴器径向跳动、端面跳动、同轴度偏差等值参见图 1-15、表 1-14 的规定。

表 1-14　半联轴器径向跳动、端面跳动、同轴度偏差值表

D（mm）	105	120	140	145	170	190	200	220	240	260	290	330	350	410	440	500
ΔJ（mm）		0.07					0.08				0.09			0.10		
Δx（mm）		0.16					0.18				0.20			0.25		
Δy（mm）		0.14					0.16				0.18			0.20		
$\Delta \alpha$（′）								40								

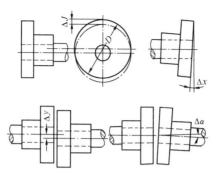

图 1 - 15 半联轴器径向跳动、端面跳动、同轴度偏差标示图

ΔJ—半联轴器径向跳动偏差；Δx—半联轴器端面跳动偏差；

Δy—半联轴器同轴度偏差；Δα—半联轴器角度偏差

（四）十字滑块联轴器

十字滑块联轴器的工作原理是：两个带有条形槽的刚性半联轴节中间通过十字滑块的配合而联结起来传递扭矩。特点是结构简单、装配方便、对中找正要求较低。

1. 检修项目

（1）检查两半联轴节及十字滑块有无裂纹。

（2）检查两半联轴节与轴间有无松动。

（3）检查、调整两半联轴节的同心度。

2. 检修工艺

（1）十字滑块联轴器拆卸时一般使用千斤顶或拉马进行顶或拉。

（2）检查拆下的联轴器各尺寸是否符合图纸要求。

（3）检查拆下的联轴器有无毛刺、变形，用细锉刀清除轴头、轴肩等处的毛刺，并用细砂布将轴与联轴器内孔的配合面打磨光滑。

（4）安装前要测量轴颈、联轴器内孔、键与键槽各部分的配合尺寸，符合标准后，方可进行装配。

（5）找正时应注意调整两半联轴节与十字滑块间的间隙，应保证两半联轴节与十字滑块间的间隙为 5 ~ 7mm。

（6）十字滑块联轴器的中间滑块凸肩与半联轴节滑槽的工作表面允许的不平行度一般为 3‰ ~ 5‰。

（7）十字滑块联轴器两轴允许的角位移和径向位移（如图 1 - 16 所示）须符合：

第一章 胶带机检修

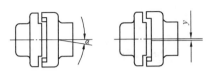

图 1-16 十字滑块联轴器两轴
允许的角位移和径向位移

角位移：$\alpha \leqslant 30'$；径向位移：$y \leqslant 0.04d$（d 为轴孔直径）。

（五）联轴器找正

主动轴的动力通过联轴器传递给从动轴，连接后两轴应完全位于同一条直线上，否则运行中将会产生振动。把两个半联轴器调整成同心并保持平行的方向，称为找正。联轴器找正及有关工艺参见第二篇第九章第二节。

三、制动器

制动器是用来当胶带机停止运转时及时进行制动，防止胶带机惯性运转或防止反转的一种设备。为了保证输煤系统设备的安全运行，各种制动器的性能必须可靠，动作必须灵活、准确。输煤系统中广泛使用的制动器主要有 YWZ 系列电动液压推杆制动器、滚柱式逆止器和带式逆止器。

（一）YWZ 系列电动液压推杆制动器

YWZ 系列电动液压推杆制动器主要由 YT_1 系列电动推杆、制动臂、拉杆、调节螺杆、闸瓦和底座等部件组成，如图 1-17 所示。

电动液压推杆制动器工作原理：电机转动驱动离心泵轮旋转使压力油推动活塞、活塞上的推杆及杠杆机构一起上升压缩圆柱弹簧，使制动臂、闸瓦打开；电机失电停转时，泵轮也停止旋转，这样活塞杆在弹簧力的作用和本身自重的作用下向下降落，使制动器抱闸。

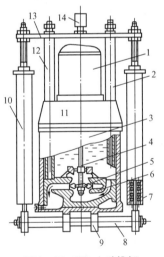

图 1-17 YT_1 电动推杆
结构示意图

1—电动机；2—推杆；3—缸体；4—转轴；5—叶轮；6—活塞；7—弹簧；8—轴；9—搭子；10—圆筒；11—盖；12—推杆；13—梁；14—连杆

电动液压推杆制动器制动平稳、无冲击和噪声，但制动缓慢，使用受到一定限制。

1. YWZ 电动液压推杆制动器检修项目

（1）检查制动架有无变形，各铰接点转动是否灵活。

（2）检查、更换制动瓦。

（3）检查、更换液压推杆密封。

（4）检查、更换液压缸内液压油、泵叶轮。

（5）检查、调整制动瓦松开时与制动轮的间隙。

（6）调整制动瓦与制动轮间的制动力。

2. YWZ 系列电动液压推杆制动器检修工艺

（1）YT_1 型电动液压推杆的检修工艺及质量标准。

1）从制动器上拆下电动液压推杆，打开放油堵头，放净液压油。

2）按顺序拆下横梁，取下电机，拆去缸盖的联结螺栓，取出叶轮与活塞。

3）解体清洗后，检查各轴承应转动灵活，叶轮无轴向和径向晃动。

4）叶轮若破损或腐蚀严重则需更换。

5）全部零件清洗并核对后可进行安装，安装的顺序是：叶轮、活塞与上盖组装为一体，再将叶轮、活塞装入缸体，调整好上盖与缸体，再对称紧固螺栓，最后装复电机、横梁等。

6）电动液压推杆装复后，叶轮应转动灵活。

7）推杆与活塞上下运动无卡涩。

8）结合面密封良好无渗漏，壳体无变形、裂纹。

（2）制动架的检修工艺及质量标准。

制动架包括制动轮、闸瓦及支架。

1）制动轮表面磨损了 1.5~2mm 时，必须重新车制，并表面淬火。

2）制动轮车削加工后，壁厚不足原厚的 70% 时，即应报废更新。

3）制动轮装配好后，其端面跳动量不得超过表 1-15 中的规定。

表 1-15　　　　　　　制动轮端面跳动量

制动轮直径	≤200	>200~300	>300~800
径向跳动量	0.1	0.12	0.18
轴向跳动量	0.15	0.2	0.25

4）闸瓦片磨损不应超过原厚的二分之一，否则应更换。更换制动瓦

时，应把石棉切成所需的尺寸，最好加热 100℃ 左右，弯压在闸瓦上，用铝铆钉铆接。闸瓦与瓦片接触面积应大于全部面积 75%，铆钉沉降头在瓦片上的沉降深度应大于瓦片厚度的二分之一。

5）制动轮中心与闸瓦中心误差不应超过 3mm，制动器松开时，闸瓦与制动器的倾斜度和不平行度不应超过制动轮宽的 1‰，如表 1-16 所示。

6）制动架各转动部分应灵活，销轴不能有卡阻；当销轴磨损超过原直径的 5% 或椭圆度偏差超过 0.5mm 时，即需更换。

7）轴孔磨损超过原直径的 5% 时，需绞刀绞孔，并配置新轴。

8）各转动部分的铰接点均需定期加润滑油。

（3）YWZ 系列电动液压推杆制动器的调整。

制动器调整前，先检查制动轮的中心高度与制动器的中心高度是否相同，两制动臂是否与制动器安装平面相垂直。上述部件在调整符合要求后，才可对制动器进行全面调整，调整过程中，闸瓦及制动轮表面不得有油污。

1）制动力矩的调整。通过旋转主弹簧螺母改变主弹簧长度的方法，可得到不同的制动力矩。在调整过程中，应以主弹簧架侧面的两条刻度线为依据，当弹簧位于两条刻度线之间时，即为额定制动力矩。超过刻度线或使螺母退回刻度线时，可使制动力矩增大或减小。调整时要特别注意拉杆的右端部不能与弹簧架的销轴接触或顶死，应留有一定间隙，如图 1-18 所示。

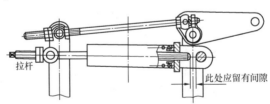

图 1-18　制动力矩调整示意图

2）制动瓦（闸瓦）打开间隙的调整。制动瓦调整时，必须使两侧的制动瓦间隙保持相同，可通过调整螺钉的松紧来实现。若间隙较大时，应当旋紧该处的调整螺钉；若间隙较小时，可旋松该侧的调整螺钉。

3）补偿行程的调整。可通过调整杠杆的位置来得到较理想的补偿行程。具体方法是：旋动拉杆，使杠杆右侧连接推动器的销轴与拉杆左侧的销轴中心线在同一水平线上。当装上推动器后，应检查推杆是否被动升起，其升高不应大于 10mm。

4）当制动器松开时，须检查闸瓦与制动轮是否均匀离开，闸瓦与制动轮的间隙应当保持一致，否则应根据上述 2）的方法进行调整。新更换的闸瓦与制动轮的最大间隙应符合表 1 - 16 的规定。

表 1 - 16　　　　　　　　闸瓦与制动轮间的允许间隙　　　　　　　　mm

制动轮直径	200	300	400	500
间　　隙	0.7	0.7	0.8	0.8

（二）滚柱式逆止器

1. 结构

滚柱式逆止器主要由轮心、套筒、滚柱、弹簧顶杆（或弹簧片）等组成，如图 1 - 19 所示。

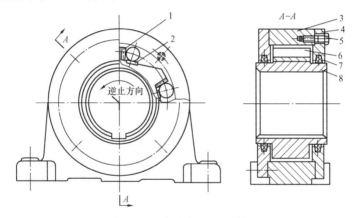

图 1 - 19　滚柱式逆止器结构

1—压簧装置；2—镶块；3—外套；4—挡圈；
5—螺栓；6—滚柱；7—毡圈；8—星轮

2. 原理

滚柱逆止器的心轮为主动轮，与减速器连接在一起，当其按逆时针方向运转时，滚柱在离心力的作用下被推至槽的最宽处，心轮运转不受影响，此时输送机处于工作状态。当输送机停止时，在负载的重量作用下，输送带带动心轮反转，滚柱在摩擦力的作用下滚向槽的狭窄处，并被楔在心轮与外套之间，于是输送机被制动。

滚柱式逆止器结构紧凑，制动力矩大，工作噪声小，逆转距离短，安装在减速器低速轴端，常与带式逆止器配合使用。

（三）带式逆止器

1. 结构

带式逆止器结构如图 1-20 所示。

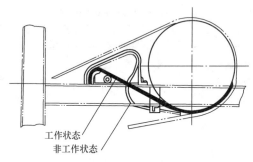

工作状态
非工作状态

图 1-20　带式逆止器结构

2. 原理

带式制动器是一种简单的制动器，其一端固定在带式输送机的架上，另一端自由地置于传动滚筒附近的输送带分支上。当输送机停止时，在负荷重量作用下，输送带逆转，自由端卷入滚筒与胶带之间，由输送带将制动胶带紧紧地压在滚筒与输送带之间，将滚筒绑住，从而起到制动的作用。

带式制动器结构简单，造价便宜，可自制，维护方便。其缺点是制动前输送带需逆转，容易造成给料处堵塞溢料；制动力矩小，为获得同样力矩，要求较大尺寸和重量，同时磨损不均匀，适用于倾角不大的输送机上。

四、滚筒

滚筒是用来驱动、承载胶带或增加头、尾部滚筒的围包角的，主要有电动滚筒、普通滚筒（头部驱动滚筒、尾部改向滚筒、增角滚筒等）。

（一）电动滚筒

电动滚筒是将滚筒体与动力及传动装置合成一体的一种驱动装置。电动滚筒的结构：（内部机构）电机、减速及传动齿轮组、轴、润滑油，（外部机构）滚筒体、轮毂、滚筒座。

电动滚筒与一般开式减速机相比，具有结构紧凑、重量轻、占据空间小、密封性好、外形美观、安装方便、维修简单等优点。

1. 电动滚筒的检修项目

（1）检查、更换电动滚筒内的润滑油。

（2）检查端结合面的密封情况，处理渗漏油。

（3）检查、更换传动齿轮。

（4）检查、更换轴承。

2. 电动滚筒的检修工艺

（1）电动滚筒的检修一般均应拆离现场后运回检修车间进行。

（2）开盖前先用检修电动葫芦或行车吊起电动滚筒，再旋开放油塞，放净滚筒内润滑油。

（3）开盖前应先做好盖与筒体间相对位置的记号，电气方面应做好电机电缆线头的相序记号。

（4）再拆卸两端盖上螺栓，并卸下电机远端的端盖。

（5）吊出电机及齿轮传动组。

（6）拆卸电机与齿轮组的连接螺栓。

（7）当传动齿轮的齿厚磨损超过三分之二时，应成对更换，并调整齿轮的间隙。

（8）更换有点蚀的轴承。

（9）检修完毕后，装复、连接各齿轮及电机并加注润滑油。

（10）电动滚筒加油不应超过内腔的三分之一。电动滚筒每运行5000h 就应进行换油。

（11）将电机及齿轮组总成吊入筒体内，装复端盖并拧紧螺栓。

（12）重新加注润滑油。

（13）连续试机 4h 以上，检查轴承温度、运转声音及空载电流有无异常。

（14）电动滚筒现场安装时应保持水平，其轴的倾斜角不应超过 5°。

（二）普通滚筒（驱动滚筒、改向滚筒和增角滚筒）

普通滚筒主要是用来驱动、承载胶带或增加头、尾部滚筒的围包角的，主要有驱动滚筒、尾部改向滚筒、增角滚筒。

驱动滚筒一般布置在胶带机头部位置，改向滚筒布置在胶带机尾部或垂直拉紧装置上方，增角滚筒一般布置在的回程段上的头、尾部滚筒附近。

普通滚筒的结构由滚筒体、轮毂、轮辐、轴承座、轴及键组成。

1. 普通滚筒的检修项目

（1）检查滚筒体有无变形或裂纹。

（2）检查轮毂、轮辐有无裂纹。

（3）检查键有无松动。

（4）检查、更换轴承。

2. 普通滚筒的检修工艺

（1）更换滚筒前均应先松开胶带，再拆卸滚筒轴承座的地脚螺栓。

（2）利用吊具将电动滚筒从胶带中抽吊出。

（3）滚筒的轮毂、轮辐若有裂纹，则一般均须更换滚筒。

（4）拆卸轴承时，应先拆卸轴承座的内侧端盖，再用拉马或其他机械方法卸下轴承座、轴承。

（5）若滚筒的轴有磨损，则应先进行填焊，再按图纸要求重新加工轴颈。

（6）装配新轴承可采用加热或冷却（用热油或冷却介质）的方法进行。

（7）滚筒的轴承座应保持水平，其轴的倾斜角不应超过5°。

五、托辊

托辊是用来承托胶带并随胶带的运动而做旋转运动的部件。托辊的作用是支撑胶带，减少胶带的运动阻力，使胶带的悬垂度不超过规定限度，保证胶带的平稳运行。

一台输送机的托辊数量很多，托辊质量的好坏直接影响输送机的运行，而且托辊的维修费用成为带式输送机运营费用的重要组成部分。所以托辊要求它能经久耐用，周围的灰尘、水不进入轴承，密封装置必须可靠，轴承才能得到很好的润滑。

1. 托辊结构

托辊主要由辊体、轴、轴承座、滚动轴承、密封装置、压紧垫圈组成，如图 1-21 所示。

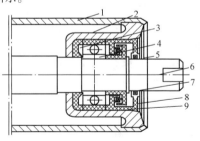

图 1-21　增强型托辊结构

1—管子；2—轴承座；3—后密封圈；4—轴承；5—挡圈；
6—轴；7—内密封圈；8—外密封圈；9—外密封圈盖

（1）辊体。辊体一般用无缝钢管制成，近年来也有用有缝钢管代替无缝钢管的。无缝钢管存在的主要问题是尺寸与几何形状偏差较大，外径偏差一般为1.25%，壁厚偏差为12.5%。国外目前大多采用有缝钢管，国内由于高精度有缝钢管制造还存在一些问题，因此仍然大量采用无缝钢管制作辊体。

辊体的其他制作材料还有塑料、陶瓷等，钢托辊多用无缝钢管制成。托辊的直径根据输送带宽度的增加而增加，一般取为89~200mm。

（2）轴。托辊轴一般有45钢或其他普通碳素钢制成的通轴，特殊轴也有制成两端伸出部分为半轴的。

（3）轴承座。轴承座有三种形式，即铸铁式、钢板冲压式及酚醛塑料加布轴承座。

铸铁轴承座刚性好，配合精度高，但重量大，机械加工量大，成本高。

钢板冲压轴承座质量轻，运行阻力小，在国外已广泛采用。国内冲压件由于精度不高，质量较低，同时由于刚性差，易变形，拆装中易损坏，故尚未普及。

塑料轴承座结构轻便，但目前生产精度不稳定，易变形，且辊体与轴承座之间是粘结的，因此未能广泛运用。

（4）托辊轴承。托辊轴承一般采用滚动轴承。现国外已发展、运用一种大游隙深槽型专用轴承，这种轴承优点是摩擦阻力小，使用寿命长。

（5）托辊密封。目前托辊的密封结构大多采用塑料密封环，它由内外两个密封环组成轴向迷宫式的密封结构。这种密封结构防尘效果好，阻力小，拆装方便。

2. 托辊类型

托辊按用途可分为槽形托辊、平行托辊、缓冲托辊和自动调心托辊。

（1）槽形托辊。槽形托辊一般由三个短辊子组成，中间的短托辊轴线与两边的短托辊轴线均形成一个夹角，称为托辊的槽角。TD62型式输送机托辊槽角为20°；TD75型带式输送机托辊槽角为30°；而DTⅡ型带式输送机的托辊槽角为45°，且设置成前倾形式。槽形托辊结构见图1-22。

托辊间距的设置应保证输送带在托辊间所产生的下垂度尽可能地小，下垂度值一般取为不超过托辊间距的2.5%。输送机上托辊的间距列于表1-17。

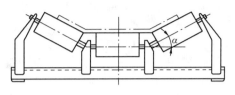

图 1 - 22　槽形托辊结构

表 1 - 17　　　　　　　　槽形托辊布置的间距　　　　　　　　　　mm

带宽（mm） 松散物料 堆积密度 ρ	300 ~ 400	500 ~ 650	800 ~ 1000	1200 ~ 1400
≤1.0	1500	1400	1300	1200
1.0 ~ 2.0	1400	1300	1200	1100
>2.0	1300	1200	1100	1000

（2）平行托辊。平行托辊一般为一长托辊，主要用作回程胶带的承托，支承空载段胶带，见图 1 - 23、图 1 - 24。

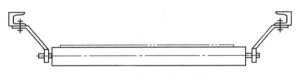

图 1 - 23　普通平行下托辊

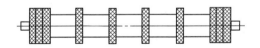

图 1 - 24　带胶圈平行下托辊

普通平行托辊在运行过程中存在粘煤、转动部分重量较大，装拆不便等问题，近年来，出现了带橡胶圈的平行下托辊。辊体采用无缝钢管制成，橡胶圈采用天然橡胶硫化成型，橡胶圈与辊体的固定采用氯丁胶粘剂。实际使用情况表明，橡胶圈的平行托辊具有转动部分重量轻、运行平稳、粘煤少的特点；缺点是胶圈易脱落、磨损。

下托辊的间距可按 2.5 ~ 3.0m 考虑，或取为上托辊标准间距的 2 倍。

端部滚筒中心到第一组槽形托辊的距离一般不大于 800~1000mm。

（3）缓冲托辊。缓冲托辊安装在落煤斗下方的尾部胶带段，主要起减少煤流对胶带的冲击，以保护胶带。

目前，缓冲托辊有多种形式，主要有弹簧板式缓冲托辊、橡胶圈式缓冲托辊、弹簧板式胶圈缓冲托辊，中空辊。橡胶圈式缓冲托辊、弹簧板式胶圈缓冲托辊见图 1-25、图 1-26。

缓冲托辊的间距一般为 300~600mm。

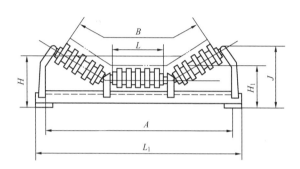

图 1-25　橡胶圈式缓冲托辊

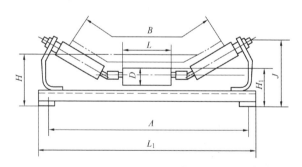

图 1-26　弹簧板式缓冲托辊

（4）自动调心托辊。自动调心托辊是一种对发生跑偏的胶带起调整、纠正及承载作用的托辊。

自动调心托辊可分为槽形自动调心托辊和平形自动调心托辊两类。

槽形自动调心托辊又包括单向转动自动调心托辊、槽形双向调心托辊和锥形双向调心托辊。单向转动自动调心托辊的结构如图 1-27 所示。

为了防止和纠正胶带的跑偏，保证输送机的正常运行，承载段的上托

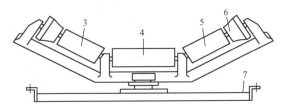

图 1 - 27 槽形自动调心托辊

辊一般每隔 10 组槽形托辊安装一组槽形调心托辊；回程段的下托辊一般每隔 6 ~ 10 组下平行托辊，安装一组平行调心托辊。

调心作用原理：当输送带跑偏时，胶带边缘的非工作面压于一侧立辊上或一侧的曲线盘上，因此产生一个摩擦力矩，使调心托辊支架回转一定角度 α（如图 1 - 28 所示）。这时垂直于托辊回转轴的托辊线速度矢量 V_G 与输送带的速度方向不一致。将 V_G 分为两个矢量 V_D 和 V_J，且 $V_J = V_D \tan \alpha$，这个速度 V_J 将促使胶带往输送机架的中心运动。

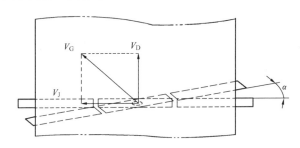

图 1 - 28 调心托辊调偏原理示意图

此外，为了防止跑偏，还可采用将侧托辊沿胶带运行方向向前倾斜 3° ~ 4° 安装槽形托辊组。这样在输送带与偏斜托辊之间将产生一相对的滑动速度，促使胶带回复到输送机的中心位置上。但必须指出，这种相对滑动将导致胶带的磨损，所以侧托辊向前倾斜角度不宜取得过大。

3. 托辊的主要失效形式

托辊的主要失效形式有轴承碎裂、轴承锈蚀卡死不转、辊体断裂或变形、磨损过度。

（1）轴承碎裂。由于水或灰尘进入轴承内部引起腐蚀，最终导致轴承的滚动体或支持架碎裂；

（2）轴承锈蚀卡死不转。轴承润滑不良或支持架变形无转动游隙导致滚动体不转卡死。

（3）辊体断裂或变形。辊体由于强度不足或辊体质量有隐患，经过一定时间运行后，最终疲劳断裂。

（4）磨损过度。托辊辊壁厚度磨损超过原厚的三分之二。

4. 托辊的检修项目

（1）检查辊体有无变形。

（2）检查、更换轴承。

（3）检查、更换轴承密封。

（4）检查辊子端盖与支架有无摩擦。

5. 托辊的检修工艺

（1）取下卡簧、大小密封盖、毛毡垫，用铜棒敲打出托辊轴并取下轴承。

（2）将轴再次套装入托辊内，用同样方法取出另一端轴承，进行清洗和检查。

（3）若轴端发生变形，应进行修整，以保持与托辊架有 0.2 ~ 0.3mm 的间隙。

（4）组装前用汽油或柴油清洗托辊轴、轴承座、密封及卡环。

（5）将轴承两面涂上清洁的润滑脂，轴承、密封圈中应充入锂基润滑脂。轴承充油量应为轴承间隙的三分之二，密封圈间隙中应全部充满。

（6）用专用工具将轴与轴承装配好，套进辊体内并装上毛毡垫、卡环。用同样的方法对托辊的另一侧进行组装。组装完毕后用手转动托辊，检验其灵活性。

（7）槽形托辊两侧辊子轴线水平投影与中间辊子轴线的夹角及带有前倾角的槽性托辊两侧辊子轴线的水平投影与中间辊子轴线的夹角的角偏差均不大于 40′。

（8）槽形托辊两个侧辊子端面与边支架间的最小间隙应大于 3mm。

6. 托辊支架检修工艺

（1）胶带机机架上必须有托辊。槽形托辊支架出现空缺时，严禁此胶带机运行。

（2）托辊支架应无扭曲、变形。对出现裂纹、脱焊、磨损严重的支架应更换。

（3）托辊支架应保证托辊水平，其不水平度应不超过 ±2mm。

（4）胶带机纵向中心线不垂直度允许误差为每 300mm 不超过 ±1mm。

（5）机架横向中心线对胶带机的纵向中心线的不重合度允许误差为 5mm。

（6）各托辊应处在同一平面上，其高低允许误差为 ±3mm。

六、胶带

1. 胶带的驳接工序

（1）先检查、确定并统计需更换的损伤段胶带，准备好备品及其他相关工作。

（2）办理工作票，确认所有安全措施落实后，方可进行工作。

（3）用葫芦吊起拉紧装置的配重（一般拉至上限位），松开液压推杆制动器。

（4）在胶带接头或需更换段的两侧装好胶带卡夹，一端与胶带架固定，另一端用手拉葫芦等工具收紧胶带然后再与胶带机机架固定。

（5）割断旧胶带并拉离现场。

（6）新胶带长度按旧胶带长度减去拉紧小车两倍需调整的行程长加上两个驳口长。

（7）将机上胶带和新胶带的端部切齐后按接头尺寸和规格划线。接头的做法应是在新带头部（与运转的方向一致）的非工作面上撕剥胶带的。

（8）按划线尺寸及台阶等要求撕剥覆盖胶和尼龙帆布层。

（9）对各接头处的驳口进行打毛处理，必要时烘干。

（10）涂胶三遍。

（11）胶带接头合口、粘接、修边、进行硫化。

（12）8h 后方可拆葫芦、卡夹等投入运行。

2. 胶带的连接方法

带式输送机的承载能力与胶带的接头质量有很大关系。接头的质量好，其承载能力就大，寿命长。故针对不同的胶带、不同的工况选择不同的胶带连接方法非常重要。主要的接头方法有三种。

（1）机械连接法。

一般采用钩卡联结。钩卡联结的联结件——胶带扣为多爪状，用锤子将钩爪楔入带端，再穿入销柱后即成。不同厚度的胶带，应选用与之相配的胶带扣。

这种接头方法优点是速度快，劳动强度低；缺点是强度损失大，卡接后的强度只有胶带自身强度的 35% ~ 40%，大、中型电厂不采用这种方法，一般多作临时应急措施。

（2）冷粘法。

近年来，胶带的冷胶接法（冷粘）是在室温下进行的，与硫化相比，现场要求的施工条件极其简单。冷粘法常用的胶粘剂主要有氯丁胶和天然胶等。

冷粘法的工艺如下：

1）胶带接头的制作、处理。将接口处胶带切成斜角，然后将接口均分成 $i-1$（i 为带芯层数）个台阶。制作台阶时，应逐层撕、切，以尽量减少胶带的强度损失。切裁时应保证两接头贴合严密，使其端头处间隙不大于 1mm。切割尼龙帆布层时，不得损伤其他尼龙帆布层。

2）打磨、对中撕切好台阶后，用电动手提钢丝刷将残余的胶粒打磨干净，打磨时不得损伤下层尼龙帆布。将两接头合拢，检查其贴合处是否严密和符合规定要求。若有错缝、歪斜，则应重新修整，再用汽油将其表面残胶、油垢清洗干净。

3）刷胶清洗好的两接头，待其汽油充分挥发，尼龙帆布层干透后再刷胶，一般刷三遍。刷胶应均匀，不宜太厚。太厚时，由于溶剂得不到充分挥发，使胶中存在气泡而呈海绵状，使粘着力显著下降。每涂一遍胶，都需待上次刷的胶充分挥发、干透，以不粘手为宜。

4）接头待刷涂的胶干透后，就可将两接头合拢、对接。从接头的一端起，由中间向两侧粘合，以利于空气排出。合拢后，在上下面接缝处涂以半凝固的胶浆，其宽度为 3～5mm，高度为 0.5～1mm。

5）接头处锤压合拢对接完后，应用木锤由中间向四周锤实接头，并用专用辊子滚压面胶接缝处。

6）施工环境要求。施工环境直接影响接口质量的好坏，施工地点的温度一般要求在 20℃～40℃，相对湿度不超过 80%。如果低温或阴雨天气施工，可使用碘钨灯、红外线灯或电热吹风，使尼龙帆布上的胶液加速干燥，保证冷粘地点的温度不低于 20℃。施工地点不应有灰尘，因为若有灰尘降落在未合拢的接头上，会大大降低胶液的粘着力。

（3）硫化法。

对经过机械处理的接头驳口涂完胶浆后，再进行一定时间的加温、加压，经过硫化反应，生橡胶变成硫化橡胶。硫化法使接头的强度损失少，接头强度可达原胶带的 85%～90%。硫化法工艺如下：

1）胶带接头的制作、处理。尼龙带需将接口处胶带切成斜角（20°），然后将接口均分成 $i-1$ 个台阶（i 为带芯层数），每个台阶的长度不少于 12cm。制作台阶时，应逐层撕、切，以尽量减少胶带的强度损失；

切裁时应保证两接头贴合严密，使其端头处间隙不大于1mm。

2）对中尼龙带撕切好台阶后，用电动手提钢丝刷将残余的胶粒打磨干净，打磨时不得损伤下层尼龙帆布。将两接头置于硫化板上合拢、对中，检查其贴合处是否严密和符合规定要求。若有错缝、歪斜，则应重新修整，再用汽油将其表面残胶、油垢清洗干净。

钢丝绳芯带应在接口处的硫化机的下加热板上先铺好底面覆盖胶，再将钢丝绳逐条拉直，按规范进行排序、修整、对中。钢丝绳的端部与另一带头钢丝绳的根部间距为50mm。

3）涂胶、搭接涂胶有两种方法，一种是先涂一遍稀胶浆，待胶干后（不粘手）铺一层1mm厚的胶片。另一种是涂三遍胶浆，需待前一遍胶彻底干燥后方能进行下一遍涂胶。胶带接头的贴合作业需待所涂的胶浆溶剂挥发干净后，调整胶带两边的松紧度，再对齐搭接，并加贴封口填充胶，用胶锤砸实。如有鼓泡应用锥子刺穿，排出气体后，再用胶锤砸实。

钢丝绳对中后，将两带头用卡子固定，再将两带头分别翻向两边（两边预先垫上干净白布），用干净毛巾蘸120号溶剂汽油，逐根擦拭钢丝绳两遍以上，用干净的毛刷蘸120号溶剂汽油涂刷打磨过的橡胶表面。汽油挥发干后，再涂胶浆2～3遍。注意前一遍胶浆干燥后再涂下一遍胶浆。

将备好的覆盖胶的一头垂直裁齐（另一头暂不裁），把裁齐的一头对准带头覆盖胶斜坡面的上缘，将覆盖胶平铺在硫化机的下加热板上。用毛刷蘸汽油轻擦覆盖胶2～3遍；同时轻擦芯胶胶片2～3遍；干燥后，将芯胶胶片贴合在覆盖胶胶片上压紧。（芯胶片一端距覆盖胶片断20mm左右）。将覆盖胶抬起，把少量滑石粉撒在硫化机的下加热板上，再将覆盖胶放下。用毛刷蘸汽油轻擦贴合好的芯胶表面2～3遍，晾干。

将带头及其钢丝绳铺放在芯胶表面上，将另一端带量好尺寸后，轻轻托起，把多余的覆盖胶、芯胶割去，将此带头及其钢丝绳也铺放在芯胶表面上。再找一次中心线，将钢丝绳逐根拉直，排列整齐均匀，用芯胶胶片作边胶将两边补齐。将上胶胶胶片的一面用毛刷蘸汽油轻刷2～3遍，干燥后朝下铺贴在钢丝绳上，再用毛刷蘸汽油分别轻刷芯胶片和上覆盖胶片2～3遍，干燥后将上覆盖胶胶片贴在芯胶胶片上。将带的头部两侧各让出10mm，其余的覆盖胶和芯胶全部割去。用毛刷蘸汽油将封口处清、擦一下，将上覆盖胶表面涂滑石粉。

4）硫化粘接后的接口放入硫化机的加热板中，注意接口带头的两端均应距平板端面 150mm 以上。在接口处胶带的两侧边分别铺上三组四层纱布，并用垫铁顶紧调整好后，紧固硫化机螺栓。

使用电动或手动泵对硫化机水压板加压到 15 ~ 25kgf（1kgf = 9.8N）接通加热板电源进行加热。当温度升到 133℃ 时，排气一次，再继续升温。当温度升到 139℃ 时，排气一次，再继续升温当温度升到 143℃ 时，再排气一次。此时必须把硫化机中的乏水全部排尽，再继续升温。当温度升到 145℃ 时，保持 20min。

七、拉紧装置检修

1. 简介

带式输送机的拉紧装置是用来保证胶带具有足够的初张力，使滚筒与胶带之间产生所需要的摩擦力，并防止胶带在托辊间过分下垂，保证输送机能正常运行。

2. 分类

常用的拉紧装置有螺旋式拉紧装置、垂直滚筒坠重式拉紧装置、尾部小车坠重式拉紧装置、电动绞车式拉紧装置等。

3. 结构特点

（1）螺旋式拉紧装置。螺旋拉紧装置主要是依靠两根螺杆与滚筒轴承座下螺母的配合，当转动螺杆时，张紧滚筒轴承座便产生一定的位移，其结构如图 1 - 29 所示。

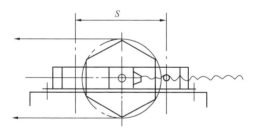

图 1 - 29　螺旋拉紧装置结构示意图

螺旋拉紧装置的行程较短，不能保证恒张力，一般适用于距离较短（小于 50m）、功率小的输送机，其拉紧行程一般可按机长的 1% 选取。

（2）垂直滚筒坠重式拉紧装置。由两个改向滚筒和一个张紧滚筒组成，可安装在输送机回程胶带的任何位置，张紧滚筒及其轴承座所在活动框架可一起沿垂直导轨移动。活动框架上系放一些铸铁重块，拉紧力便由

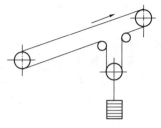

图 1 - 30　垂直滚筒坠重
式拉紧装置结构示意图

重块及垂直滚筒重量提供,如图 1 - 30 所示。

垂直滚筒坠重式拉紧装置有较大的拉紧行程,一般用在较长的尼龙或帆布胶带机上。能自动保证胶带张力恒定,可自动补偿由于温度改变、伸长或磨损而引起胶带长度的变化。缺点是要求回程胶带有一定的垂直空间,且维修不方便。

(3)尾部小车坠重式拉紧装置。由尾部改向滚筒、移动拉紧小车、拉紧钢丝绳、滑轮及配重块组成。尾部改向滚筒的轴承座固定在移动拉紧小车上,新型拉紧小车轨道由角铁的直角棱线构成,且两侧各有一组定位的导轮,如图 1 - 31 所示。

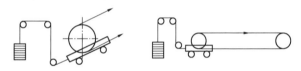

图 1 - 31　尾部小车坠重式拉紧装置

尾部小车坠重式拉紧装置有较大的行程,其行程由尾部拉紧钢丝绳滑轮固定位置到小车基础的空间的高度所决定。优点是自动保证胶带张力恒定,可自动补偿由于温度改变、伸长或磨损而引起胶带长度的变化。缺点是要求胶带机尾部有一定的水平和垂直平面内的空间。

(4)电动绞车式拉紧装置。主要由一个电动卷扬机、滑轮组、拉紧小车组成。此拉紧装置主要是通过卷扬机收紧钢丝绳,从而拉动拉紧小车,实现胶带的拉紧。卷扬机由电机、减速器、制动器、滚筒构成。

电动绞车式拉紧装置最大特点是可有很大的拉紧行程,且调整方便、快捷。缺点是拉力不恒定且不易掌握,装置复杂,拉紧小车笨重,维护量大,需要较大的拉紧小车移动空间。

4. 检修工艺

(1)螺旋式拉紧装置。

1)检查螺母、螺杆间有无积煤、锈蚀。

2)检查螺母、螺杆间有无滑牙。

3)检查拉紧滚筒轴承滑座、导板有无变形、卡阻。

4）检查拉紧滚筒的轴承并加润滑脂。

5）拉紧滚筒座中心线的水平度的偏差均应不大于0.5mm。

（2）垂直滚筒坠重式拉紧装置。

1）检查导轨有无变形、松焊。

2）检查垂直拉紧滚筒的移动小车架有无变形。

3）检查垂直拉紧滚筒的轴承并加润滑脂。

4）检查导轨或平台的基础有无沉降。

5）小车轨道的不垂直度误差不应超过1.5mm。

（3）尾部小车坠重式拉紧装置。

1）检查导轨有无变形、松焊。

2）检查拉紧滚筒的移动小车架有无变形。

3）检查拉紧滚筒的轴承并加润滑脂。

4）检查小车导轮有无变形、卡阻。

5）检查各滑轮转动是否灵活。

6）检查钢丝绳有无断丝、断股、锈蚀。

7）小车轨道不平行度误差不应超过±1.5mm，相对标高差不应超过2mm。

（4）电动绞车式拉紧装置。

1）检查电动绞车的减速器有无异声、发热、漏油。

2）检查制动器能否制动可靠，得电能否完全松开。

3）检查卷筒绳槽。

4）检查各滑轮转动是否灵活。

5）检查钢丝绳有无断丝、断股、锈蚀。

6）检查拉紧小车轨道、行走轮有无变形。

第三节　输煤胶带机的故障分析与处理

一、概述

输煤胶带机是输煤系统中的主要设备，也是运用最普遍的设备，输煤系统设备的故障和缺陷也主要集中在胶带机上，因此及时发现输煤胶带机的故障并准确地分析、判断其原因对保证胶带机的正常运行具有重要意义。

二、胶带机运行中常见的故障

胶带机运行中主要的故障有：

（1）胶带跑偏。胶带在运行过程中向一侧偏移，即胶带的中心线与胶带机机架中心线不在同一条直线上。

胶带跑偏的故障可能发生在胶带机的任何一点上，可能是头部、中部或尾部。

（2）胶带打滑。指胶带在运转过程中与滚筒产生相对滑动位移，即一般是胶带的转速慢于滚筒转动线速度。胶带打滑是一种对胶带危害较大的故障。

（3）胶带撕裂。是指胶带纵向上因异物卡阻或尖锐物刺穿而撕破、裂开的一种严重故障。

（4）驱动装置故障。胶带机的驱动装置故障主要表现为：电机异响、电机缺相、减速器异响、减速器发热、减速器振动超标等。

三、胶带机的常见故障分析及处理

（一）输送带跑偏

按输送胶带机使用规范要求，输送带允许跑偏量为输送带宽度的5%。当跑偏量超过5%带宽之后，即要采取调偏措施。输送带跑偏会使输送带与机架、托辊支架相摩擦，造成边胶磨损。若滚筒两端周围有凸起的螺丝头、清扫器挡块等物或机架间隙过小，均有可能引起输送带纵向撕裂、覆盖胶局部剥离、划伤等事故。由于跑偏会导致输送机停车而影响生产，跑偏还可能引起物料外撒，使输送机系统的运营经济效益显著下降，因而要注意预防和及时纠正输送带跑偏。

1. 故障分析

引起输送带跑偏的原因很多，它与输送机及输送带的制造质量、安装质量、操作水平、使用工况等有关，归纳起来，主要有下列因素：

（1）机架、滚筒安装质量不高。设备制造、安装质量是引起输送带跑偏的重要因素。首先要重视设备制造以及安装质量，机架安装时，对其直线度、水平度以及托辊架安装精度都有严格规定。施工中应按机架中心线直线偏差 Δs、机架同一横截面内机架水平度 H、承载托辊支架孔距及对角线公差、滚筒水平度及轴线垂直度等要求进行检查验收。

（2）机架基础出现不均匀沉降。人们可能认为，输送机单位长度负荷轻，因而忽视基础处理的重要性，实践表明：架设在软基上的输送机，应对机架基础进行预压。

（3）输送带质量不好。输送带机械性能的一致性、直线度及厚薄公差都是输送带质量的重要指标，在购买输送带时最好对各厂产品进行比较，胶带的伸长率不均匀、输送带不直都将引起胶带的跑偏。此外输送带存放、保管不善，也会使输送带出现缺陷，引起跑偏。

（4）输送带的接头不正。输送带接头需在现场硫化，距离越远，硫化接头越多，如有一条 1.5km 的输送带，接头数达十二个之多。实测结果表明：12 个接头中，由于有 1～2 个接头不垂直，输送带回转一圈跑偏量达 9cm，可见输送带接头量是引起跑偏的重要原因之一。

（5）输送带成槽性差，不能与槽型托辊充分接触。

（6）输送带出现局部损伤。

（7）给料位置不正即落料点不正。输送机转载溜槽处给料不正是引起输送带跑偏的重要原因，为防止物料偏置于输送带上，在转载槽溜处设可调节导料板，以调节物料落点。

（8）输送带清扫器性能不佳，以致滚筒、托辊表面粘附物料。

（9）移动式卸料小车歪斜。

（10）风、雨对物料输送过程的影响。

（11）使用维修不好以及调速不当。

2. 跑偏处理

跑偏的原因有多种，需根据不同的原因区别处理。

（1）调整承载托辊组。输送带在整个输送机的中部跑偏时可调整托辊组的位置来调整跑偏。在制作安装时，托辊机架两侧的安装孔都加工成长孔，以便进行调整。具体方法是输送带向哪一侧，托辊组的哪一侧朝输送带前进方向前移，或另外一侧后移。

（2）安装调心托辊组。调心托辊组有多种类型，如中间转轴式、四连杆式、立辊式等，其原理是采用阻挡或托辊在水平方向转动阻挡或产生横向推力使输送带自动向心达到调整输送带跑偏的目的。一般在胶带输送机总长度较短时或胶带输送机双向运行时，采用此方法比较合理，原因是较短输送胶带更容易跑偏并且不容易调整。而长输送带运输机最好不采用此方法，因为调心托辊组的使用会对输送带的使用寿命产生一定的影响。

（3）调整驱动滚筒与改向滚筒位置。驱动滚筒与改向滚筒的调整是输送带跑偏调整的重要环节。因为一条输送带运输机至少有 2～5 个滚筒，所有滚筒安装后的轴线必须垂直于输送胶带长度方向的中心线，若偏斜过大必然发生跑偏。其调整方法与调整托辊组类似。头部滚筒输送带如向滚筒右侧跑偏，则右侧的轴承座应向前移动；输送带向滚筒的左侧跑偏，则左侧的轴承座应当向前移动，相对应的也可将左侧轴承座后移或右侧轴承座后移。尾部滚筒的调整方法与头部滚筒刚好相反。经过反复调整直到输送带调到较理想的位置。在调整驱动或改向滚筒前最好准确安装其位置。

（4）张紧处的调整。输送带张紧处的调整是输送带运输机跑偏调整的一个非常重要的环节。垂直滚筒式重锤张紧装置上部的两个改向滚筒除应垂直于输送带长度方向的中心线以外，还应垂直于铅垂线，即保证其轴中心线水平。使用螺旋张紧或液压油缸张紧时，张紧滚筒的两个轴承座应当同时平移，以保证滚筒轴线与输送带纵向方向垂直。具体的输送带跑偏的调整方法与滚筒处的调整类似。

（5）调整物料转载处的落料点位置。转载处的落料点位置对输送带的跑偏有非常大的影响，尤其在两条输送带机在水平面的投影成垂直时影响更大。通常应当考虑转载处上下两条输送带机的相对高度。相对高度越低，物料的水平速度分量越大，对下层输送带的侧向冲击也越大，同时物料也很难居中。使在输送带横断面上的物料偏移，最终导致输送带跑偏。如果物料偏到右侧，则输送带向左侧跑偏，反之亦然。在设计过程中应尽可能地加大两条输送带机的相对高度。在受空间限制的移动散料运输机械的上下漏斗、导料槽等件的形式与尺寸方面应作相应的考虑，一般导料槽的宽度应为输送带宽度的三分之二左右比较合适。为减少或避免因落料点不正致使输送带跑偏故障的发生，可安装导料挡板调整、改变物料的下落方向及落点，也可安装锁气器，使物料通过锁气器后在输送带上居中。

（6）双向运行输送带跑偏的调整。双向运行的输送机胶带跑偏的调整比单向输送机胶带跑偏的调整相对要困难许多，在具体调整时应先调整某一个方向，然后调整另外一个方向。调整时要仔细观察输送带运动方向与跑偏趋势的关系，逐个进行调整。重点应放在驱动滚筒和改向滚筒的调整上，其次是托辊的调整与物料的落料点的调整。同时应注意输送带在硫化接头时应使输送带断面长度方向上的受力均匀，在采用导链牵引时两侧的受力尽可能地相等。

（7）清除托辊及滚筒上粘煤。由于湿煤粘附在滚筒、托辊表面后很容易引起胶带跑偏，故一般通过在头部滚筒处安装清扫器及在回程段安装清扫器，清除未落尽和洒落在回程段胶带上的煤，有效防止胶带因托辊、滚筒表面粘煤而造成跑偏故障。

（二）输送带打滑

输送机胶带打滑会造成严重堵煤，甚至磨断胶带等设备事故。

1. 原因分析

（1）输送机胶带在运行过程中，由于非工作面与滚筒间进水或进油后使滚筒与胶带间的驱动摩擦力减小。

（2）胶带使用日久后伸长而拉紧装置行程不足。

（3）拉紧装置失效或重锤配重过轻。

2. 预防措施

（1）防止、清除输送机胶带非工作面与滚筒间进水或油。

（2）胶带使用日久后伸长而拉紧装置行程不足时，应及时驳接胶带进行缩口。

（3）修复拉紧装置或重新调整配重块。

（三）输送带撕裂

由于胶带特别是钢丝绳芯带单价高，在日常运行中，一旦输送带被撕裂，往往造成的经济损失较严重，甚至威胁到向锅炉的正常供煤。胶带撕裂一般是由于尖锐异物卡阻造成的。

1. 故障分析

（1）导料槽钢板、清扫器碰刮输送带。

（2）托辊脱落或输送带跑偏严重，碰到支架。

（3）煤中大铁件、大块杂物砸刮输送带。

（4）拉紧滚筒或尾部滚筒扎入尖硬物。

（5）输送带接口或输送带欠头处碰刮。

（6）犁煤器犁刀磨损或犁刀落下卸料时夹卡住了异物。

（7）落煤管、导料槽内卡住铁件，碰刮输送带。

2. 预防措施

（1）加强运行监视，如发现输送带撕裂，立即停机，查找原因，防止输送带撕裂程度加大。

（2）清除输送机中的碰刮部位。

（3）发现托辊脱落，要及时装复托辊。

（4）胶带跑偏时要及时纠正跑偏，防止皮带跑偏后被托辊支架碰刮、撕裂。

（5）要及时清除输送带上大块杂物。

（6）对于接口质量不良处应重新胶接或者割除欠头。

（7）发现犁煤器犁刀磨损，要及时更换犁煤器犁刀。

（8）及时清除卡入落煤管、导料槽内的铁件和异物。

（四）驱动装置故障

输送带的驱动装置有两种形式，即电动机和减速器组成的驱动装置和电动滚筒装置。对于电动机和减速器组成的驱动装置，它是由电动机、液力耦合器、减速器、传动滚筒、制动器、低速端联轴器、逆止器、机座等组成。

驱动装置的故障主要集中在电动机和减速器上。

1. 故障分析

（1）电动机振动异常及嗡嗡异响。

1）电动机的地脚螺丝松动。

2）电动机侧的联轴节螺丝、橡皮圈磨损。

3）电动机轴的找正不符合质量标准。

4）电动机的轴承缺油或碎裂。

5）电动机的轴承间隙过大。

6）电动机的轴承安装不符合要求。

7）电动机的机体部分不平衡。

（2）电动机过热。

1）电动机的负荷过大。

2）电动机的电压低。

3）电动机的静动之间相碰。

4）电动机的轴承故障。

5）电动机的润滑油老化失效。

（3）电动机缺相（两相）运行。

1）电源线路开关或保险丝断了一相。

2）电动机的静子线圈断了一相。

（4）减速器强烈振动、异常声响。

1）减速器的地脚螺丝松动。

2）减速器侧的联轴节螺丝松动或橡皮圈严重磨损。

3）减速器输出、输入轴的找正不符合质量标准。

4）减速器的轴弯曲或齿轮折断、严重磨损。

5）减速器机内有杂物。

6）减速器的轴承损坏。

（5）减速器漏油。

1）减速器的箱体结合面加工粗糙，达不到加工精度要求。

2）减速器的壳体经过一定时间运行后，发生变形，因而结合面不严密。

3）减速器的箱体内油量过多。

4）减速器轴承盖漏油是轴承盖与轴承座孔之间的间隙过大或垫片破损造成的。

5）减速器端盖的轴颈处漏油的主要原因是因为轴承盖内的回油槽堵

塞或毡圈、油封等磨损使轴颈与端盖间有一定的间隙，油会顺着这个间隙流出。

6）减速器的观察孔结合面不平，观察孔变形或螺栓松动，或原来在结合面上加的纸垫经过几次拆装后，纸垫损坏，密封不严、漏油。

2. 故障处理

（1）电动机振动超标的处理方法。

1）电动机振动强烈时，应立即停止运行，查明原因。

2）如果电动机的地脚螺丝松动，应进行紧固。

3）由于电动机轴承故障导致振动的，应更换电动机轴承。

4）因联轴器找正不合格的，应重新进行找正处理。

（2）电动机过热的处理方法。

1）电动机负荷过大时应减少负荷。

2）电动机的电压低时应进行相关稳压处理。

3）如果电动机的静动之间相碰，则应检修电动机。

4）若电动机的轴承故障，可以检修轴承即可。

5）润滑油变质老化的情况下应更换润滑油。

（3）电动机两相运行的处理方法。

1）发现电动机缺相运行时，应立即停止运行进行检查。

2）若为电动机绕组线圈断相，则应更换电动机或修复线圈。

（4）减速器有强烈振动、异常声响的处理方法。

1）紧固地脚螺丝。

2）紧固联轴器螺丝或更换弹性柱销联轴器的弹性圈。

3）重新对联轴器进行找正。

4）检查、矫正齿轮轴，更换磨损严重的齿轮。

5）更换失效的轴承。

（5）造成减速器漏油的处理。

1）刮研减速器壳体结合面，使其结合良好。

2）在减速器壳体轴承座孔的最低部位开回油孔，以便将润滑油回流到箱体中。

3）采用密封胶和密封圈。结合面漏油一般采用密封胶来解决，动密封处漏油采用橡胶密封圈密封效果较好。

4）排出过多的润滑油。

5）更换漏油结合面处破损的垫片。

给 煤 机 检 修

第 一 节　叶 轮 给 煤 机

一、概述

叶轮给煤机是适用于长形缝隙式煤沟下部煤槽中的一种给煤机械。叶轮给煤机利用其放射布置的叶片（又称犁臂），将煤槽平台上的煤拨落到叶轮下面的落煤斗中，再从落煤斗引到胶带运输机的胶带上。其出力可方便地调整，从 100t/h 到 1000t/h 都可以调整。叶片的工作面有圆弧状、对数螺线面、渐开线面等。

叶轮给煤机根据其结构的不同可分为桥式叶轮给煤机和门式叶轮给煤机。桥式叶轮给煤机和门式叶轮给煤机结构基本相同，仅行车机架与轨道布置不同。

二、结构与原理

1. 结构

叶轮给煤机主要由机架、叶轮转动机构、行车机构、电缆供电机构、除尘机构、电气控制六部分组成。叶轮转动部分由主电动机、联轴器、减速器、柱销联轴器、锥齿联轴器、叶轮等；行车传动部分由联轴器、行星摆线针轮减速器、蜗轮减速机、车轮、车轮轴及弹性柱销联轴器等组成；电缆供电机构一般由电源滑线、滑线车及受电装置组成，也可用滑缆式供电装置组成。

2. 工作原理

（1）桥式叶轮给煤机（QYG 系列）。

桥式叶轮给煤机四个车轮的轨道安装在运输框架上，它可以在轨道上沿煤槽行驶。四个车轮都是与驱动机构连接的主动轮。在运输框架中间布置着胶带运输机。叶轮旋转时叶片就从煤槽平台上把煤拨到运输机上，再由胶带把煤输出。

桥式叶轮给煤机的工作现场用水冲洗和清扫煤沟地面较为方便。它使用的钢材量较大，适用于较短的煤沟，如图 2-1 所示。

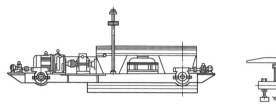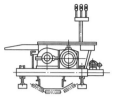

图 2 - 1　桥式叶轮给煤机

（2）门式叶轮给煤机（MYG 系列）。

门式叶轮给煤机的支承轨道直接铺设在地沟的地面上，它的两个支腿跨在胶带运输机的两侧。因此使用门式叶轮给煤机节省了支承轨道的行驶框架，适用于长度较长的煤槽。

采用门式叶轮给煤机可以节省钢材，比较经济实用，如图2-2所示。

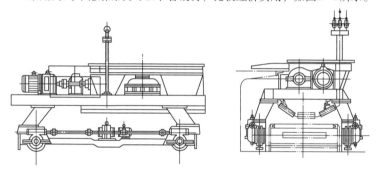

图 2 - 2　门式叶轮给煤机

三、检修项目及工艺标准

1. 检修项目

（1）检查叶轮转动机构的高、低速轴联轴器。

（2）对叶轮旋转机构减速器进行开盖大修，检查齿轮的磨损情况。

（3）更换轴承，并给减速器换润滑油。

（4）检查或更换锥齿。

（5）更换叶轮的轴承，检查、更换叶轮。

（6）对行走机构减速器进行开盖大修，检查各齿轮的磨损情况，对磨损严重的齿轮应成对更换。

（7）检查、更换齿轮联轴器齿轮和蜗轮联轴器的蜗轮、蜗杆。

（8）检查行走轮及其轴承的磨损情况。

（9）更换行走轮的轴承并加润滑脂。

（10）检查、修正行走机构的轨道。

（11）检查行走轮的联轴和通轴有无弯曲，有弯曲时应进行直轴或更换处理。

2. 检修工艺标准

（1）圆锥齿轮减速器的拆、装工序。

1）先打开叶轮顶部护罩。

2）拆下立轴上端的轴端挡圈。

3）拆下叶轮。

4）拆掉下方煤斗。

5）拆下尼龙柱销联轴器的尼龙柱销，或将十字滑块联轴器的十字盘转到适当位置后，再松开减速器的地脚螺栓，将减速器整体吊出进行开盖检修。

6）各传动部件及连接件的装复时按拆卸的逆顺序进行。

（2）蜗轮减速器的拆、装工序。

1）拆下齿轮联轴器的连接螺栓。

2）拆开蜗轮减速器与机架连接的安装螺栓。

3）将蜗轮减速器整体吊出。

4）蜗轮减速器按第一章中第二节的蜗轮减速器规定的检修项目进行。

5）各传动部件及连接件的装复时按拆卸的逆顺序进行。

3. 工艺标准

（1）叶轮给煤机各减速器的齿轮若出现严重磨损或腐蚀坑时，应成对更换齿轮。

（2）大修时，应检查各机构所有的轴承，凡出现点蚀或麻坑的轴承皆应更换。主要机构的轴承大修中可全部进行预防性更换。

（3）叶轮转动机构的圆锥齿轮减速器应选用 HL - 30 齿轮油，其立轴颈部轴承应定期加钙基润滑脂；叶轮行走机构的蜗轮减速器应使用 HG - 24 号饱和汽缸油，其他减速器可使用 20 号机油。

（4）蜗轮减速器装配时应保证蜗轮中心线与蜗杆轴线重合，公差为 0.085mm，侧隙为 0.19mm，并用涂色法检查蜗轮齿面的接触情况，接触斑点所分布的面积沿齿高、齿长均不得小于 50%。

（5）蜗轮减速器装配时应调整轴向间隙。对蜗杆上的轴承，其轴向间隙为 0.05 ~ 0.10mm，对蜗轮上的轴承其轴向间隙为 0.08 ~ 0.15mm。

四、常见故障及处理方法

叶轮给煤机常见故障及处理方法见表 2 - 1。

表 2 - 1　　　　　　叶轮给煤机常见的故障及处理方法

故 障 现 象	产 生 原 因	处 理 方 法
按启动按钮，主电动机不动作	(1) 未合电源开关； (2) 熔断器损坏； (3) 控制回路接线松动； (4) 电机缺相或短路	(1) 合上刀闸开关； (2) 更换熔断器； (3) 检查、修复接线； (4) 检查、修复电机
合上滑差控制开关，指示灯不亮	(1) 220V 电源未接通； (2) 控制器内部熔断器损坏； (3) 指示灯损坏； (4) 组合插头式电子线路板插座接触不良	(1) 检查电源接线； (2) 更换内部熔断器； (3) 更换指示灯； (4) 检查、修复插头和插座
调节主令电位器时，叶轮无转动，转速表无指示	(1) 控制器输出端接线松动； (2) 控制器本身故障	(1) 检查、修复线路； (2) 逐级检查控制器
转速失控	(1) 可控硅击穿； (2) 电位器损坏； (3) 电子线路板插座接触不良	(1) 更换可控硅； (2) 更换电位器； (3) 检查、修复线路板插座
转速摆动	(1) 励磁线圈接线接反； (2) 微分电路损坏	(1) 检查、调换接线； (2) 检查、更换线路板
按前进或后退按钮，叶轮给煤机行车不动作	(1) 行车电机熔断器坏； (2) 热继电器动作未复位； (3) 回路接线松动或断线	(1) 更换熔断器； (2) 按热继电器复位按钮； (3) 检查、修复回路接线
圆柱齿轮减速器转动正常而锥齿轮减速器不转动	尼龙柱销联轴器的尼龙柱销剪断	(1) 检查叶轮工作面有无卡阻； (2) 对尼龙柱销联轴器的两半轮重新进行找正； (3) 更换剪断的尼龙柱销

第二节 环式给煤机

一、概述

环式给煤机是火力发电厂储煤圆筒仓下部使用的大型给煤设备，由于环式给煤机工作时是沿边圆弧轨道行走的，因此它可以沿整个筒仓圆周缝隙均匀拨煤，从而使筒仓蓬煤、堵煤现象大有改善。

二、用途

使用筒仓储煤充分利用了空间高度，减少了占地面积，解决了煤的干储存，有利于通风，防止自燃，同时避免了环境污染。使用环式给煤机配套储煤筒仓卸煤有如下优点：

（1）安装环式给煤机的筒仓下部卸料口为环形缝隙，卸料口面积大，理论研究和实践经验均证明，卸料口面积愈大，卸料条件愈好。

（2）环式给煤机沿环缝四周卸煤，使筒仓内形成平稳、均匀、连续的整体流动，流料通畅，没有死角，不能形成拱脚，不会出现堵塞。

（3）环式给煤机从筒仓内卸煤时，可实现先进先出，按水平层次逐层排出，即有利于防止存煤自燃，又能使卸出的煤流颗粒组成保持原样，有利于带式输送机安全运行。

（4）采用交流变频调速装置无级调节给煤能力，给煤车跟踪犁煤车，以一定的比例改变回转速度，使输出煤流连续均匀，能保证带式输送机正常运行。

（5）几个筒仓联用，利用环式给煤机配煤、混煤燃烧，配比可达到相当高的准确度。

三、基本结构

HG 型环式给煤机由一台犁煤车、一台给煤车、相应的驱动及定位装置、四台卸煤犁及电气控制系统等组成。

环式给煤机的犁煤车是一圆环车体，用均布在底面周围的 8 个车轮支撑在环形轨道上，环形车体外侧布置有柱销，用来传递动力。犁煤车上部及底部配有密封装置，以防止工作过程中粉尘向外扩散。为保证销齿传动的啮合精度，沿车体外缘布置有 6 个定位轮，以防车体转动时产生过量的径向窜动而影响传动精度。

给煤车也是环形车体，上部是较宽的承煤平台，平台顶部衬耐磨钢板，材质为 16Mn。车体下部用 8 对车轮支撑在两条同心圆环轨道上。车体外缘同样配有柱销，并设有 6 个定位轮定位。为防止犁煤车犁下的煤产生粉尘向外扩散，沿给煤车内、外圆周分别设有两圈环形密封罩，使煤流与粉尘被密闭在一个空腔内。

卸煤犁由两个支座横跨在给煤车的上方，犁体固定在转动轴上，通过电液动装置，可驱动其转动适当角度，带动犁体完成抬起或落下动作。

四、工作原理

犁煤车的驱动方式为三点立式同步驱动，与减速机连接的输出齿轮通过与柱销的啮合传动，带动犁煤车体沿环形轨道均匀转动。同时固定在车体上的犁爪将筒仓环形缝隙中的煤连续、均匀、定量地犁出，落到下面的给煤车上。

为了保证销齿传动的啮合精度，犁煤车体转动时，其外圆靠 6 个布置在基础上的定位轮定位，以防车体水平方向的过量窜动，影响传动精度。

卸煤犁由两个支座支撑横跨在给煤机上，犁体通过电机驱动液压推杆控制犁煤器的抬落，当卸煤犁犁体下落到给煤车上时，可以把给煤车上的煤全部犁入侧面的落煤斗中，进入下面对应的皮带运输机，四台卸煤犁两两对应于皮带机。

五、环式给煤机的结构特点

1. 机械结构特点

（1）环式给煤机的传动采用销齿传动，具有承载能力大、加工制造简单、造价低、维修方便等特点。

（2）环式给煤机采用三点立式同步驱动，整个圆周共有 6 个定位轮定位，保证了较好的传动精度。

（3）犁煤车及给煤车的环形梁均为箱形结构，其优点是刚度大、变形小、承载能力强，在长期的运转过程中可以减少永久变形，保证设备的平稳运行。

（4）环式给煤机的直径 15m 的箱型梁采用分体结构，便于加工、运输及安装。

（5）犁煤车及给煤车均配有密封装置，且结构设计比较合理，使粉尘与设备及外界均隔离。

（6）卸煤犁的起落采用电液推杆驱动，布置在机体外侧，检修、维护方便，并与煤流隔离。

（7）卸煤犁的犁体由原平面犁体改为弧型犁体，弧型犁体在刮煤时可减小运行中的阻力，克服了以往由于阻力过大造成负载过重的不足。

2. 电气控制系统结构特点

（1）变频调速器选用进口名牌厂商产品，与给煤机控制单元、调速

第二章　给煤机检修

单元、保护单元等相结合，构成一套性能完整的变频调速系统。

（2）变频调速装置具有过流过压、欠压、过载、过热、缺相、失速、短路和就地等保护功能，并具有显示故障原因的功能。

（3）每台给煤机有一套变频调速装置控制犁煤车，变频器及其装置具备完善的保护功能及信号显示和记忆功能，变频器出现故障时能够列解，保证在工频状态下设备正常工作。

（4）控制方式为远方自动控制（由输煤程控室 PLC 送信号）和就地手动控制两种方式。两种方式可相互切换，并互留接口。变频器或 PLC 出现故障时，可手动切换到工频电源，不影响机械设备的运行。

（5）调速方式不论自动或手动，均可实现无级平滑调速，变速范围可依现场要求任意调整，以满足给煤量由最小到最大的需求。两车转速可单独调节，也可相互自动跟踪。两车每车的三台电机同步启停，同步运行，使环式给煤机达到无级调速、运行平稳、均匀给料、性能稳定、安全可靠的效果。

（6）变频器可在远方和就地调速，并在柜上设转换开关，犁煤车的速度可由输煤程控自动调节，也可在变频柜上手动调速。

六、运行中注意事项

（1）检查各电动机、减速机温升正常，无异常声音。

（2）各行走轮无窜动，转动灵活。

（3）犁煤车、给煤车电流表指示正常，无太大波动。

（4）犁煤车犁下的煤不应落入备用侧煤斗。

七、检修注意事项和技术条件

（1）组装给煤车轨道时，内外轨道的接头不能出在同一横断面上，应相互错开，间距不得小于 1000mm。

（2）安装时，切勿在本体钢结构上进行气割或可能使钢结构强烈受热的作业，以免导致钢结构变形。

（3）卸煤犁与给煤车回转方向的夹角为 40°，卸煤犁端部与车体内侧挡板的间距为 20 ～ 30mm。

（4）给煤车和犁煤车的轨道垫板：同一部件的轨道垫板应处在同一水平面上，各垫板间的总高差小于 5mm。

1）沿轨道圆周长 10mm 范围内高差小于 2mm。

2）每一个垫板均应呈水平，垫板周边的高差小于 0.5mm，给煤车轨道垫板在轨距 700mm 的同一横断面上两个垫板间的高差小于 1mm。

（5）轨道误差：

1）轨道直径误差小于±3mm，

2）轨道全圆周平面度小于5mm。

3）给煤车内外轨间的误差小于1mm。

4）两轨道接头顶面各侧面偏差小于1mm。

5）两轨道接头间隙小于5mm。

6）给煤车内外轨道同一横断面上的高差小于1mm。

（6）齿轮和齿条：

1）齿顶间隙（沿齿轮直径测量）最小8.9mm，最大7.5mm。

2）齿侧间隙（沿齿轮分度圆周测量）最小0.66mm，最大1.82mm。

3）接触斑点，沿齿高大于等于30％，沿齿长大于等于齿条长度40％。

（7）各车轮与轨道应接触良好，最多只允许1个（给煤车一对）车轮脱离轨道，间隙不得大于2mm。

（8）运转中的摆动：

1）齿圈运转重的平面摆动小于等于±10mm。

2）齿圈在同一点的上下跳动小于等于3mm。

（9）犁煤车的犁煤板：

1）对水平面的垂直度小于等于3mm。

2）底面全长的高差小于等于2mm。

（10）卸煤犁：

1）长轴全长的高差小于等于±1mm。

2）落下时底面全长的高差小于等于5mm。

（11）轴承温度：减速机连续运转，轴承温度不超过80℃。

（12）靠轮与轨道间隙小于等于5mm。

第三章

筛碎设备检修

第一节 筛煤设备检修

一、概述

火力发电厂的燃煤在进入磨煤机前须经过碎煤机破碎，而燃煤在进入碎煤机前，一般需要经过筛煤机筛分，大煤粒落入碎煤机内，小煤粒直接落到下一级胶带机上。特别是现代的大型火力发电厂，输煤系统中都设计布置有筛煤设备来提高碎煤机的效率，实现节能降耗。通常将筛煤机与碎煤机布置在同一个转运站内的第四、三层，此转运站统称为筛碎机室。

输煤系统中常用的筛煤设备是煤筛，煤筛根据其结构不同可分固定筛、振动筛、滚筒筛、滚轴筛、链条筛、共振筛和概率筛等。目前，大型火力发电厂普遍使用共振筛和概率筛。

二、固定筛

1. 结构

固定筛主要由筛框、算条和护罩构成。筛框由钢板和型钢焊接而成；算条由圆钢或特制的算条焊接而成；筛框上方装有封闭的护罩，下方有落煤斗和落煤管，筛下的小颗粒煤直接进入下一级胶带，算子上的大颗粒煤溜入碎煤机进行破碎。

2. 筛分原理

固定筛主要有一个固定式倾斜布置的筛算，煤流落在筛算上后自然滚动，小于筛算缝隙尺寸的小粒煤漏入筛子下面的料斗，大于筛算缝隙尺寸的大颗粒煤进入碎煤机。

3. 检修项目

（1）检查筛框有无变形、脱焊；

（2）检查筛算有无大面积穿孔；

（3）检查筛孔尺寸是否符合规定值。

4. 检修工艺

（1）固定筛的倾斜角一般在 45°～55°之间。当落差小、煤的水分大和松散性较差时，应采用较大的角度；反之，选用较小的角度。

（2）筛面的外形尺寸一般为：$L = 2B$（L 为筛箅长度，B 为筛箅宽度）。当大块煤较多时，至少满足筛箅宽度 $B = 3d$（d 为煤块的最大尺寸）；若大煤块不多时，按最大煤块直径的两倍加 100mm。

（3）筛箅子的筛孔尺寸应为筛下煤粒度尺寸的 1.2 ~ 1.3 倍。

（4）筛框完整，筛条间隙均匀。

三、滚轴筛

1. 老式滚轴筛

（1）结构。

它的传动型式是由电动机经减速器带动筛轴转动，各筛轴间用链条传动，筛轴上按一定的间隔排列筛片（又称筛盘）。筛轴与筛片有整体式的也有套装式的。筛片形状有三角形和偏心圆形的，如图 3 – 1、图 3 – 2 所示。

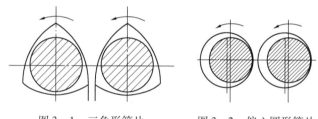

图 3 – 1　三角形筛片　　　图 3 – 2　偏心圆形筛片

三角形筛轴由于最小间隙 e_{min} 在安装过程中和链条传动过程中存在误差，往往使相邻的两筛片的三角尖不能保证设计要求的最小间隙，容易发生卡轴故障，造成轴弯或链条断裂，使用效果较差。

偏心圆筛片的间隙容易调整，又能确保运行中无卡轴故障，筛分效果较好。

（2）工作原理。

老式滚轴筛滚轴按一定间隔沿一倾斜面平行安装在筛架上，倾斜角一般为 12° ~ 15°，各滚轴上装有筛片（筛盘），如图 3 – 3 所示。各筛轴沿同一方向转动，当煤流落入筛面上时，煤在筛面上被向前推动，小颗粒煤从筛片间的最小间隙中落到筛下的胶带机，大颗粒煤则向前移动到碎煤机里。

2. 新型 GS 系列滚轴筛

（1）结构。

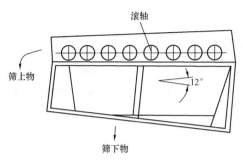

图 3 - 3 老式滚轴筛结构

新型 GS 系列滚轴筛与老式滚轴筛不同,其筛轴为水平布置即其倾斜角为0°,传动方式是采用联轴器和锥齿传动,传动性能比较平稳,传递的功率也比较大。GS 系列滚轴筛基本由传动机构和筛机本体两部分组成,如图 3 - 4 所示 。

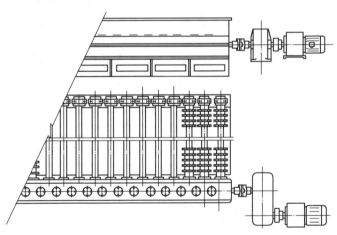

图 3 - 4 新式滚轴筛结构

传动机构由电动机、联轴器、减速器及锥齿轮减速箱组成。锥齿轮减速箱中有多级纵向轴和锥齿轮,由于有密封式箱体,密封及润滑条件良好,故能够保证传动机构可靠运行。

筛机本体由筛框、筛轴和筛盘组成。每根筛轴上均装有几片耐磨性能良好的筛盘,相邻两筛轴上的筛盘交错排列,形成滚动筛面。筛片是套装在筛轴上的,为铸钢件,形状主要有梅花形和指形等,磨损严重的可单独进行更换。筛轴的其中一端装有锥齿轮,与多级纵向轴上的锥形齿轮相啮合，由传动装置带动所有筛轴转动。

（2）工作原理。

GS 系列滚轴筛的工作机构是一排排筛轴在水平面内平行布置，各筛轴按同一方向旋转，使煤流沿筛面向前运动。同时搅动煤层，使小于筛孔尺寸的颗粒从筛孔中落下，大于筛孔尺寸的颗粒留在筛面上继续向前移动，落入到碎煤机里。

（3）检修项目。

1）检查各紧固螺栓有无松动或断裂，并进行紧固或更换。

2）检查筛架有无变形、扭曲、脱焊的缺陷并进行相应的修理。

3）对驱动装置的圆柱齿轮减速器进行开盖、解体检修。

4）对轴承齿轮箱进行开盖、解体大修，各齿轮、轴承检修安装完毕后，需对齿轮的啮合间隙进行测量和调整。

5）检查各轴承有无异声及超温现象，并应根据实际情况及时进行更换；检查各结合面及通轴处有无渗漏并进行处理。

6）解体检查多级纵向轴和锥齿轮的磨损、啮合情况，并进行必要的调整、修理和更换。

7）检查筛轴有无弯曲变形情况，变形严重者应进行更换。

8）检查、更换筛轴上的全部筛盘。

（4）检修工艺标准。

1）各筛轴间保持平行，倾斜角保持为 0°（GS 型）。

2）筛轴上的各筛盘应交错排列，且应保持固定，无窜动。

3）长锥齿轮减速器内的锥齿轮的磨损量应不超过 25% 。

4）锥齿轮更换时应成对更换。

5）锥齿轮应浸入润滑油中 10 ~ 15mm。

6）长锥齿轮减速器内的多级纵向轴应无变形、弯曲。

7）各结合面间应无渗漏油。

8）电动机与筛间的减速器的检修工艺标准同 " 第一章中第二节的一、减速器"。

四、概率筛

随着大型火力发电厂的不断发展，对输煤系统的设备的出力要求也越来越大，老式的筛分设备越来越难以适应生产的需要。经过我国有关科研单位的不断研究探索，研制生产出一种单位面积生产量大、筛分效率高、工作可靠、维修量小及维护方便的新型筛分设备——概率筛。根据概率筛的结构差异，可分为自同步概率筛、概率等厚筛、惯性共振筛等。

1. 自同步概率筛

（1）结构及组成。

ZGS 系列自同步概率筛的结构主要由筛机体、减振系统、前罩和底罩等部分组成，如图 3-5 所示。

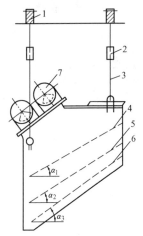

图 3-5　自同步概率筛结构
1—减振弹簧；2—调节装置；
3—钢丝绳；4—上筛板；
5—中筛板；6—下筛板；
7—振动电机

1）筛机体。

筛机体由筛箱、激振器（振动电机）和筛面组成。

筛箱是概率筛的工作主体部件，它由侧板、顶板、加强横梁和加强筋等部件构成。筛箱外壳采用板式焊接结构，在筛箱外部焊有加强筋，以保证在激振力的作用下钢板有足够的刚性，并减少钢板的二次振动所产生的噪声。此外在筛箱侧板内侧嵌有 $\delta = 10 \sim 14mm$ 的橡胶防磨板或橡胶涂层，以减少噪声的产生和侧板的磨损。

激振器（振动电机）是筛机的振动源，两台特性相同的振动电机牢固地安装在筛箱上部，并使两台振动电机激振力的合力作用线通过筛箱的重心，以保证筛箱各部位的振幅均衡。

两台轴端带有偏心块的振动电机，其等速、反向旋转产生的激振力在水平方向上的分力互相抵消，在垂直方向的力合成后使概率筛实现直线振动。根据自同步理论，在两台电机完成启动后，可将其中的任意一台电机停止供电，仍可保证同步振动，而振幅几乎不变。因此，在运行过程中可采用此种方法，达到提高电机使用寿命和节省电能的效果。

筛面是筛煤机的主要磨损部件，一般分为三层，采用焊接或螺钉连接的方式与筛箱固定。筛面的角度自上而下递增，而筛孔的尺寸自上而下递减。筛条一般采用 $\phi 20$ 或 $\phi 30$ 的圆钢制成。实际使用中，由于圆钢刚度不够，故常常须进行焊接加强处理或选用轨道钢加工。

2）减振系统。

减振系统由四组减振器组成，并将筛机体吊挂在特制的支架上，使筛机体（振动部分）与其他固定部分处于自由状态，不与其他固定部件接触，以免影响振动效果和产生不必要的噪声。

第一篇　输煤机械检修

每一组吊挂的减振器由减振弹簧、钢丝绳和调整用螺栓等组成。

3）前罩和底罩。

为了便于检修，出料口端设计成开口式，在筛箱前部加一固定罩子，以便使筛上物集中到前端罩（即前罩）内以进入碎煤机。

另外，筛箱下部也设计为开口式，筛下物可直接落入到煤管而进入下一条胶带，这样可以避免由于筛箱底板上易于粘煤而造成的堵塞现象。

同时前罩和底罩与筛机体之间采取软连接密封结构，使筛机的密封性能良好。

（2）筛分原理。

概率筛进行筛分的原理是：根据入料粒度等级组成的不同，相应地采用多种不同筛距的筛面上下重叠组成筛体。筛面的倾斜角度从上至下逐层增加，而筛孔的尺寸则逐步减少，筛孔尺寸比实际分离粒度大 2～10 倍。由于概率筛是由多层筛面组成，能使物料按粒度等级迅速分离。其透筛率高，物料在筛面上的停留时间短，通过向透筛方向的重复筛分，以达到某一筛分粒度。按照入料的粒度组成，调整筛面的倾角，同时适当地选择各层筛面筛条孔尺寸，便可实现理想筛分效果。

概率筛的这种结构和筛分原理可根据实际需要，一次筛分出两种以上的产品，同时在一定条件下还可达到非常高的粒度要求。

但是，由于概率筛的筛面层数多，筛孔尺寸又大于物料分级粒度的尺寸，所以不可避免地有些大于分级粒度的物料混入筛下，因此概率筛属于近似筛分。

（3）检修项目。

1）测量筛体振幅及各减振弹簧的压缩量；

2）检查、紧固各地脚螺栓；

3）检查、修复筛体有无破损；

4）检查、修复各筛条及横梁部分；

5）检查、调整激振器的偏心块或更换激振器总成；

6）检查、更换减振器的弹簧；

7）更换振动部分与固定部分的弹性联结软体即尼龙帆布。

（4）检修工艺及质量标准。

1）在筛煤机的整机安装或检修过程中，须保证筛机的入料口保持水平，且四组减振弹簧应均匀受力。

2）四组减振弹簧受力是否均匀一致，可通过测量各弹簧的压缩高度来确定。

3）调整筛机的整体水平时，前后两组的减振弹簧须调整至相同高度，保持各自水平。但前后的弹簧高度允许有误差，即筛机整体允许有前后水平误差，不允许有左右水平误差。

4）减振弹簧更换时须成对更换。

5）减振系统安装或调试结束后，必须使筛机保持在自由状态，即不与其他固定部件碰触。

6）调整同步振动概率筛的振幅时，应打开两振动电机的外罩，将装在轴上偏心块螺钉松开，改变电机两端两个偏心块的重合角度。调整时必须对两台电机上的四组偏心块同时调整且使其重合角度保持一致。在达到所需要的振幅时，再拧紧各组偏心块固定螺钉，并锁紧轴端的止退垫圈和锁紧螺母。

7）惯性共振概率筛调整筛幅时，可直接调整两激振转盘上各组偏心块的重合角。

8）概率筛的空载振幅一般为 4～5mm，最大振幅一般不超过 6mm。

9）概率筛的筛面一般采用条形筛面，筛面的筛条选用轨道钢、A 钢或 20 号圆钢。

10）各地脚螺栓无松动，惯性共振概率筛的三角带无松弛、打滑。

2. 惯性共振概率筛

（1）结构及组成。

GGS 系列惯性共振概率筛的结构主要由筛机体、减振系统、激振总成、密封罩组成，具体结构如图 3-6 所示。筛机体由筛箱、筛面及进料

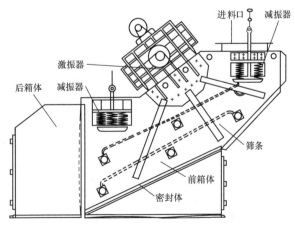

图 3-6　惯性共振概率筛的结构示意图

口组成，减振系统由四组减振弹簧组成（同自同步概率筛），筛机的振动是由装于平衡质体中间的单轴惯性激振器发生的。激振器主要由电机、三角带、带轮、带偏心块的转盘组成，密封罩同自同步概率筛。

（2）原理。

电动机得电工作后，通过三角带驱动单轴上带偏心块的（双质体）两转盘做旋转运动，两转盘上的偏心块产生的离心力便是工作所需的激振力。此双质体振动系统，在近共振状态下工作，它的工作频率略低于主振系统的固有频率，且通常为隔振系统固有频率的 3 倍以上，获得了良好的隔振效果。筛箱的运动轨道是接近于直线的椭圆。

（3）惯性共振筛的检修项目与工艺基本同自同步概率筛。

五、摆动筛

SBS 型梳式摆动筛，属我国专为输煤研制的首个具有独立自主知识产权粗筛，始用于 20 世纪 90 年代。投用后，技术性能和使用效果一直处于粗筛上位。不但在新建工程得到广泛采用，早在上个世纪末就开始在一些电厂被选为替代拆除劣筛的改造用筛。

现在 SBS 型梳式摆动筛，已经创新升级为 SBS. × 型耦合式梳式摆动筛，技术性能获得以下重大突破：①筛分效率高达 90% 以上；②具有强力破解粘煤及杂物堵塞；③筛分粒度受控，开创粗筛煤机粒度达标新纪元。

（一）结构组成及筛分原理

本筛主要核心机构为筛网和驱动机构两大部分。

1. 筛网

筛网面布置与梳式摆动筛煤机相同，由数个平行轴组从入料口向出料口呈平面下倾斜布置。

每根轴组由单轴和等距数个带齿筛盘（无齿也可，但是有齿效果最佳）串装组成。

每相邻两轴组齿筛盘错位互插排列，盘缘互近对方轴边，形成齿筛盘耦合。

筛网的带齿筛盘，为圆盘或约 270° 圆缺体，圆周上布置有一定数量推料齿。每个轴上的齿筛盘取相同位置安装。圆缺体位工作时摆动于 3、4 象限两位。筛面整体组装时，同取相同象限位置进行，不可两个象限位置混搭。筛网面的平行轴组的奇、偶两级，结构、安装和布置关系各自完全相同，以便筛分动作一致。SBS 型梳式摆动筛结构组成如图 3 - 7 所示。

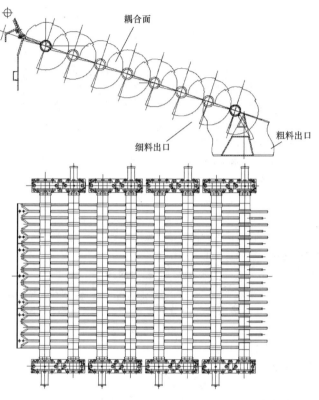

图 3 - 7　SBS 型梳式摆动筛结构组成

新型梳式筛煤机，梳齿采用交错布置，组成筛孔的两片梳齿运动方向相反，可保证任何时候筛孔通畅，梳齿间不被异物缠绕，不粘煤。

2. 驱动机构

本机驱动机构组成与曲柄布置不同，本筛取两个曲柄左右对称布置，布置如图 3 - 8 所示。

本机构功能，就是实现筛煤时，两种轴组以 90°相同旋转角度，一起同步"顺、逆"变换摆动。

驱动机取电动机，经联轴器驱动减速器，再经两侧联轴器带动传动轴，通过轴承座驱动曲柄。两侧同位的两个曲柄，各带动一侧主、从动连杆，分别对同侧轴组进行驱动，实现整个筛面各个轴组同步反复"顺、

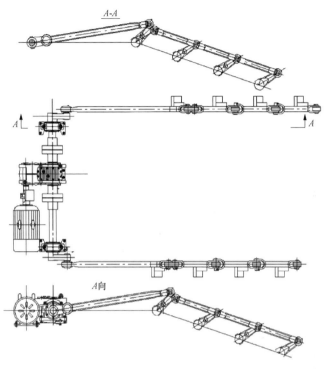

图 3 - 8　驱动机构组成

逆"摆动。

3. 筛煤原理

本机筛分作业时,筛网轴组以相同频率、同步反复"顺、逆"摆动。进入筛煤机的原煤,以一定速度冲向最高位轴组,进入齿筛盘后在固定梳齿配合齿筛盘作用下,受到筛分并将筛上余煤推向后路。

凡是进入到前、后两轴间的细煤,以其自身能量借助耦合齿筛盘反复"顺、逆"作用,顺利透筛,未透筛的筛上煤被推向后路。无论煤质干燥或者粘湿,在耦合齿筛盘反复"顺、逆"作用下,被筛分原理是相同的,效果自然也无区别。筛盘上的单向齿,具有冲击筛上煤向出口运动功能,提高排煤块和杂物效果。

本筛的另一个特点,就是为了防止耦合出现自堵卡锁死事故,把耦合动作设计成反复"顺、逆"变换方式,不但有利安全运行而且降低功耗。

采用圆缺体，可以使筛面以下部分，交替出现两轴间无耦合和筛盘耦合面积减少情况，减少筛面以下部分透煤阻力。

（二）检修

1. 小修基本项目

（1）驱动机构减速机旁路机构减速电动机更换新油。

驱动机构减速机采用重工业齿轮油 VG460，每半年更换一次，油量约45L，实际加油以油尺为准。采用进口油，可采用 Mobil、BP、ESSO 等牌号。

旁路减速电机出厂时已注好油，运行前检查油位，每三个月检查一次油质，如有污染则应换油。润滑油采用 VG220。建议采用 Mobil、BP、ESSO、Shell 等牌号，最好采用合成油，如果采用矿物油，最少每一年更换一次润滑油，如果采用合成油，最少每三年更换一次，换油时要在运行温度下换油，因为冷却后油的黏度增大，放油困难。

旁路减速电动机上带橡皮圈螺栓为透气阀，红色油堵为油位堵，最下端油堵为放油堵。

（2）连杆、摇杆铰部销轴、轴承、定位套检查、清洗；更换损坏件；加油油脂，轴承润滑采用二硫化钼锂基润滑脂。

（3）安全销、接近开关检修。

（4）驱动机构联轴器易损柱销、弹性块检查。

（5）曲柄销轴、轴承及辅件检查。

（6）梳齿轴承座与驱动轴承座内轴承及辅件检查。

（7）梳齿清污齿磨损检查，磨损到不能清除对下级梳齿侧部进行清理需补焊。

（8）旁路机构限位开关动作检查。

2. 大修基本项目

（1）连杆、摇杆铰部销轴、轴承、定位套拆下检查，更换损坏件；

（2）连杆、摇杆、曲柄检查，更换损坏件；

（3）梳齿轴组梳齿检查，当有损坏和变形进行更换；

（4）梳齿轴承座轴承盒进行全面检查，更换损坏件；

（5）梳齿驱动轴座轴承及附件全面检查，更换损坏件；

（6）梳齿驱动输入轴联轴器，更换弹性块、松动键，输出轴联轴器更换销轴和损坏附件；

（7）梳齿驱动减速机更换新油，机内清洗干净；

（8）更换松动键；

（9）驱动机构、旁路减速机更换新油；

（10）机座、机壳间密封更换；

3. 检修前准备

（1）作业现场进行安全隔离；

（2）检修起重工具检查；

（3）电焊器具、火割器具准备。

4. 检修工艺及质量标准

（1）检修工艺：

1）梳齿轴组检修。

程序：开机壳（用钢丝绳锁住，防止机壳自行下落）→把各轴组用铁棒卡住定位（防止连杆拆除时翻转）→拆下连杆（主、从动连杆）→拆下轴承压盖→拆下轴组（移动机外地面）→检修拆下轴组或更换新备轴组。装配亦然。

2）驱动机构检修。

程序：拆下主动连杆→拆下从动连杆→拆下曲柄→拆下传动轴→拆除联轴器→放掉减速机内润滑油、清洗内部、装上新油→检修已拆下件（包括电机）→组装成部件。装配亦然。

（2）质量标准：

1）梳齿装配部分。

梳齿与清污齿不碰；

边梳齿与机壳不碰；

摇杆中平面位置度 0.2mm。

2）梳齿驱动机构。

输入端联轴器：径向跳动 <0.5mm；两半体间隙差 <1.5mm。

输出端联轴器：径向跳动 <0.6mm；两半体间隙差 <3mm。

5. 试运

（1）空载试车：

1）空载试车前先点动主机，观察有无异常。站在本机驱动机构电机一侧，观察驱动大联轴器旋转方向为顺时针。

2）经手动盘车，无异常现象后，各电动机绝缘测量合格，机旁手动启动驱动机构，运行 0.5h。

3）检测关节温升，减速机和电动机温升（40℃为限）；

4）有无异常声响出现；

5）设备运动有无水平移动现象。

6）连锁试车，检查连锁动作可靠性。

（2）带载试车：

1）经空载试车合格后，方可进行带载试车；

2）半载运行 0.5h；

3）检验项目同空载，无误后，进行 0.5h 满载试验；

4）满载试验合格（检验同空载），进行连锁运行 4h。

（三）故障现象及处理方法

故障现象及处理方法如表 3-1 所示。

表 3-1   故障现象及处理方法

故障现象	发生部位	故障原因	处理方法
联轴器两半体间隙变化	主减速机输入端	两半体间隙变化值超过 1.5mm； 径向跳动 >0.5mm	调整电动机安装位置
	主减速机输出端	两半体间隙变化值超过 3mm； 径向跳动 >0.6mm	调整减速机或轴承座安装位置
设备无法启动	电气控制柜	连锁未接	修改接线
	摇杆拐臂	安全销断	更换安全销，接好安全线

第二节 碎煤机检修

一、概述

碎煤机是火电厂输煤系统中重要的辅机设备，它承担煤流进锅炉前进行破碎加工的任务。由于国内生产的煤都为粗煤，含较多的大煤块及煤矸石，此种燃煤若直接进入煤仓，将损坏给煤机并影响磨煤机的出力，故火力发电厂输煤系统须设计、安装有碎煤机。燃煤经破碎机破碎加工为合格的燃料后，再输往煤仓。

碎煤机的种类主要有环锤式、反击式、颚式、锤式、辊式，目前在电厂中应用较普遍是环锤式和反击式碎煤机，下面重点介绍环锤式碎煤机的检修工艺要求。

二、环锤式碎煤机检修

1. 结构

主要由机体、转子、筛板架、筛板调节机构构成，如图3-9所示。

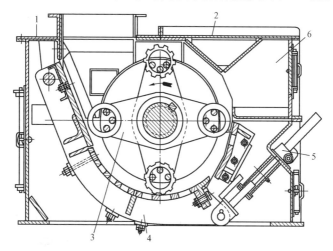

图 3-9　环式碎煤机结构图

1—机体；2—机盖；3—转子；4—筛板架；5—筛板调节器；6—除铁室

（1）机体。碎煤机的机体由钢板组焊而成，箱体盖板上焊有反击板，上部是进料口及拨料器，下面是落料口；机体的左右两侧为主轴孔及护板；机体前部为除铁室、检查门，后面有观察门。整个外部箱体材料为A3钢，内部的衬板、护板、反击板的材料为Mn13。

（2）转子。转子由主轴、圆盘、摇臂、隔套、环轴、锤环、平键、轴承及轴承座组成。

转子上各组摇臂由隔套分开，均布在主轴上，每组摇臂垂直交叉布置，通过平键与主轴连接；齿环锤、光环锤通过环轴间隔地串装在摇臂与圆盘间。

转子两端的主轴承一般采用双列向心球面滚柱轴承，轴承座固定在机体两侧的基础平台上。主轴与电动机通过挠性联轴器或蛇形弹簧联轴器连接。

主轴为45号优质钢锻制而成，锤环用ZGMn13铸造而成。

（3）筛板架是采用40mm钢板和角钢焊接而成。上部焊有悬挂轴，挂在机体上的轴座内，由卡板限位。支架下部的耳孔与筛板调节器的丝杆相

第三章　筛碎设备检修

连。破碎板、大筛板、小筛板通过沉头螺钉固定在筛板架上。

破碎板、大筛板、小筛板的材质为 ZG40Mn 耐磨材料。

（4）筛板调节机构。筛板调节机构一般有两种形式，一种是布置在机体前侧的由 U 形座、丝杠及蜗轮传动箱等组成的调节器，另一种是布置在机体后侧的由弧形支座、丝杆、六角螺母、密封罩、调节支架等组成的调节器。

2. 原理

碎煤机工作时，转子高速旋转，煤流受到转子及环锤的高速碰撞、冲击，完成第一次破碎。经过第一次破碎后的煤块迅速进入破碎板、大筛板、小筛板弧面处，受到环锤与破碎板、大筛板、小筛板的进一步的挤压、剪切和碾磨，完成第二次破碎。

由于筛面滚落的大块煤及各种硬的杂物不断受到转子及环锤的高速碰撞、冲击，大块煤经过破碎板、大筛板、小筛板后基本被撞碎、剪切、挤碎而落入下级胶带机。同时，硬的杂物及铁块继续随转子向前运动，并在小筛板的出口沿转子切线飞出，撞击到碎煤机盖板内侧的反击板上后弹回到除铁室，所以环式碎煤机具有一定的排除硬的杂物及铁块的能力。

碎煤机在工作过程中，当硬的杂物及铁块和环锤发生强烈碰撞，由于环式碎煤机转子上的环锤穿套在环轴上，环轴于环锤孔间有很大间隙，环锤受到撞击后，在径向可自由前后进退，避免发生硬性碰撞，保护环锤免受损伤，所以环式碎煤机对各种煤具有很强的适应性。

3. 特点

（1）结构简单、体积小、重量轻。

（2）环锤磨损小，维护量小，更换易损件方便。

（3）能排除杂物，对煤种的适应性强。

（4）出力大，不易堵煤。

4. 技术参数

技术参数见表 3－2。

表 3－2　　　　　　HS 型环式碎煤机技术参数

项　目	型　号		
	HS300	HS700	HS$_1$800
转子直径（mm）	1065	1115	1370
转子长度（mm）	950	1400	1970

项　目		型　号		
		HS300	HS700	HS₁800
转子重量（kg）		2300	3100	6970
转子线速度（m/s）		41.2	43.2	42.3
最大进料粒度（mm）		250	250	350
出料粒度（mm）		≤30	≤30	≤30
出力（t/h）		20～300	60～700	700～800
锤环	排数	4	4	4
	数量	齿环：22	齿环：22	齿环：20 光环：18
	重量（kg）	20	20	36；47
电动机	型号	JS147－8	JS157－10	JS1510－10
	功率（kW）	200	320	400
	转速（r/min）	740	740	590
	电压（kV）	6	6	6
	重量（kg）	2900	3800	4100
长×宽×高（mm）			3090×2750×1645	2900×3445×1930
机重（t）		6.3	9	18
破碎物料		烟煤、无烟煤和褐煤等		
生产厂家		沈阳电力机械厂		

5. 检修项目

（1）更换各密封面的密封胶条；

（2）更换上下落煤管及落煤斗；

（3）更换除铁室的箅子；

（4）检查、修理筛板调整装置；

（5）检查、更换转子、转盘、隔套及摇臂；

（6）更换护板、衬板及紧固螺栓；

（7）更换破碎板、筛板、反击板；

（8）更换锤环及环轴；

（9）检查、修补有磨损的转盘；

（10）检查主轴、更换主轴承；

（11）更换铰制螺栓、垫片（挠性联轴器）或蛇形弹簧（蛇形弹簧联轴器）；

（12）解体检修液压系统油泵、阀门，更换磨损件、密封件及液压油并调整压力；

（13）检查、紧固各部位的螺栓；

（14）转子进行找平衡。

6. 特殊项目

（1）更换转子总成；

（2）更换主轴或摇臂；

（3）更换整个机壳；

（4）整机表面进行防腐油漆。

7. 检修工艺

（1）锤环组配。

1）为保证环式碎煤机的静、动平衡，避免转子因不平衡而产生振动，故在碎煤机的机盖拆卸前，先必须严格按要求进行锤环组配。

2）首先将需要组配的锤环分别称重，在每个锤环上标明其重量，并按对称及平衡的要求将重量相等或重量相近的锤环布置好。

3）然后分别累计一下对称两排锤环的总重量，其重量误差应小于200g。若达不到要求，则要反复平衡或通过更换锤环等方式来保证对称两排锤环达到宏观平衡，总重量差必须小于200g。

4）在完成上述平衡调整工作后，还要对每排锤环进行平衡和重量调整，以每一排中间为基准，两侧的对应锤环找平衡。经反复计算、调整后，应使其重量尽量保持一致，最后将稍重一些的锤环放置于电机一侧。

5）在更换装配前，应进一步校核四排锤环的重量差和平衡。在破碎段长度内，以其中心为界，将四排锤环一分为二，计算其总重量及差值。在不破坏每排平衡及两排对称平衡的基础上，调整到四排总体对称平衡为最佳。

（2）更换新锤。

1）拆解联轴器；拆卸碎煤机盖板上所有螺栓，吊下盖板。

2）拆下主轴两端的侧板。

3）配有液压开启装置的碎煤机则起用此装置自动打开前机盖。

4）转动转子，使转子上一排锤环向上处于开口处，卡住转子，使其不能转动。

5）再用专用吊具将这一排锤环全部夹住或吊住，拆下环锤轴末端挡盖，并将环轴取出。这样一排锤环在环轴取出过程中就逐个被吊出拆下。

6）将已配置好的一排锤环用专用起吊工具吊起并一次吊入，将环轴穿入后，装复末端挡盖。取掉起吊工具，将一排锤环放下，至此第一排锤环更换完毕。

7）松开转子，使第二排锤环转动至开口处，按以上方法继续更换，这样逐排、逐个地将四排锤环全部拆、装完毕。

（3）破碎板、筛板的更换。

当破碎板、筛板的磨损量达到原厚度的 60% ~ 75% 时，或有断裂、破损时则须更换，更换程序如下：

1）将碎煤机的电机停电，拆下机体与机盖结合面螺栓及转子轴端与机体的密封法兰、侧板。

2）用液压开启装置将机盖顶起至 90° 位置（无液压装置时直接吊出机盖），拆除转子轴承座螺栓及紧固件。

3）将转子吊出。

4）在煤斗上方做好防止人跌落安全措施后，检修人员进入碎煤机内拆卸破碎板、大筛板、小筛板上的紧固螺栓，用钢丝绳、起吊工具将破碎板、大筛板、小筛板上逐一吊出。

5）装复新破碎板和筛板后，紧固好螺栓，再按上述逆顺序回装。

（4）筛板调节机构的调整。

筛板调节机构是用来调节锤环与筛板之间间隙的。因筛板和破碎板都安装在筛板支架上，筛板支架通过其调节机构进行调整。筛板与锤环之间的间隙大小决定破碎粒度的大小。适宜的间隙既可保证破碎粒度，又可减少筛板、破碎板与锤环的磨损。在碎煤机的使用过程中，可根据碎煤机出力的大小和破碎粒度的变化，随时调整锤环与筛板之间的间隙。

1）该间隙的调整在碎煤机空载情况下进行：用专用扳手转动调整丝杠，通过蜗轮蜗杆机构使筛板支架绕其上铰支座转动。

2）当听到机体内有沙沙撞击声后，停止调整；然后反转丝杠，退回 1 ~ 2 扣螺距即可（一般新更换筛板和锤环后，使螺纹丝杠外露 250mm 左右为宜）。

3）调整后，可观察碎煤机带负荷情况下的破碎粒度是否符合要求，再做适当调整。

（5）转子轴承的检修工艺及更换要求。

1）将转子机构用起重工具吊起，并将转子垫好固定，使其两轴承座下部留有一定的空隙，以便于检查及拆装轴承座和更换轴承。

2）拆除轴承座端盖及油封。

3）拆除上下轴承座固定螺栓，卸下轴承座。

4）在更换电动机侧轴承时，需将联轴器拆出，并要先松开锁紧螺母，取下止退垫圈和定位套。

5）拆出需更换或检修的轴承。

6）将检修好的轴承清洗后，直立放在干净的平台上。

7）测量更换轴承的滚子与外圈的径向间隙，将其间隙数值记录下来，以确定是否符合规范的要求。

8）在安装新轴承前，要用干净的棉布将轴颈处和轴承内套擦拭干净。

9）用敲击法或热装法将轴承安装在轴上。冷装时，可在装配面涂一层干净的机油。

10）在装上锁紧螺母、止退垫圈和定位套后，一定要调整好止退垫圈与锁紧螺母的开口位置，使其相对应。

11）轴承及锁紧螺母等定位后，撬起止退垫圈锁片，并锁入锁紧螺母槽内。

12）安装轴承座时，一定要将座内孔、座与盖的接合面清理干净。

13）轴承的润滑要采用二硫化钼润滑脂，其注入量为油腔的 $1/3 \sim 1/2$。

14）检查油封、定位套、锁紧螺母是否齐全，对位后，装好轴承端盖。

（6）挠性联轴器的拆卸与安装。

1）拆下两半联轴器的螺栓、螺母及垫圈，将其顺序和位置做好记录，以便于安装时顺序正确。

2）拆下中间的联轴节及两端半联轴节。

3）检查传动轴（主、从动轴）半联轴器法兰内孔、键和键槽，应清洁、无毛刺，确保各配合适当。

4）联轴器与轴的装配为过渡配合，在安装时，应当将联轴器放入油中加热后再安装，确保其整体加热，切忌局部加热安装，以防变形。

5）装挠性联轴器时，应保证两半联轴器在径向任意位置的间距相等即保证两联轴节端面平行。

6）检查、找正两半联轴器的同轴度、垂直度，使其误差在规定范围内。

7）拧紧联轴器的螺栓、螺母，并注意拆前的位置及顺序。

8）待碎煤机运转数小时后，重新检查并紧固全部螺母，防止松动。

8. 检修质量标准

（1）各紧固螺栓、螺母完整、严密、牢固。

（2）各接合面、密封垫应结合严密，垫片完好，不应有漏粉、漏煤现象。

（3）联轴器锁片、护罩要紧固牢靠。

（4）空载及带负荷运转后，其振动值应在规定范围内，即垂直、水平振幅小于或等于 0.07mm（双振幅），轴向窜动小于或等于 0.03mm。

（5）碎煤机运转 4h 后，轴承温度小于或等于 80℃。

（6）碎煤机运转平稳，机体内无金属撞击声。

（7）调整筛板与锤环的间距，保证排料粒度小于或等于 25mm。

（8）碎煤机轴承推荐使用锂基润滑脂，注入量应为油腔三分之一至三分之二为宜，每隔三个月添油一次，每年清洗不少于两次。

（9）大、小孔筛板和碎煤板的磨损量达到原厚度的 60%~75% 时，必须更换。

（10）锤环的旋转轨迹与筛板的间隙应调整至 20~25mm 范围内。

（11）碎煤机主轴的轴承为双列向心球面滚子轴承，滚子与外套的径向间隙应为 0.20~0.26mm。

（12）对称转臂上的两组锤环的总重量应不大于 0.20kg，同排的各锤环间的总重量应不大于 0.17kg。

（13）挠性联轴器的角度误差及同轴度误差不大于 0.33mm。

9. 常见故障及排除方法

常见故障及排除方法见表 3-3。

表 3-3　　　　　　环式碎煤机常见故障及排除方法

故　障	原　因	排　除　方　法
轴承温度过高（超过 80℃）	（1）轴承保持架、滚珠或锁套损坏； （2）轴承的装配力过紧； （3）轴承游隙过小； （4）润滑脂过少或污秽	（1）更换轴承或锁套； （2）调整装配紧力； （3）更换大游隙轴承； （4）清洗轴承，更换、填注润滑脂

故　障	原　因	排　除　方　法
振幅超标（大于 0.06mm）	（1）锤环及轴失去平衡或转子失去平衡； （2）铁块及其他坚硬杂物进入碎煤机，未及时排除； （3）轴承游隙大或装配过松； （4）联轴器与主轴、电动机轴的不同轴度过大； （5）给料不均造成锤环不均匀磨损，失去平衡	（1）更换锤环并找平衡； （2）停机清除铁块及杂物； （3）更换轴承或重新调整紧力； （4）重新调整、找正； （5）调整导流板并更换锤环，找平衡
排料粒度大于规定值	（1）锤环与筛板间隙过大； （2）筛板的筛孔有折断处； （3）锤环或筛板磨损过大	（1）调整筛板调节机构，保证环锤与筛板间的间隙合适； （2）更换筛板； （3）更换环锤或筛板
碎煤机内产生连续撞击声	（1）有坚硬的杂物进入碎煤机内； （2）筛板衬板松动，与锤环撞击； （3）除铁室内金属杂物过多，未及时清理； （4）环轴窜动或磨损过大	（1）停机，清理杂物； （2）停机，重新紧固螺栓； （3）停机，清除铁块、杂物； （4）更换环轴或紧固两端的止退挡圈
停机后惰走时间过短	（1）机内阻塞或卡阻； （2）轴承损坏或润滑脂变质； （3）转子不平衡	（1）清除机内的卡阻物； （2）更换轴承或润滑脂； （3）重新配环锤并找平衡
出力明显降低	（1）筛板的栅孔部分堵塞； （2）入料口部分堵塞； （3）给料不足	（1）停机，清理筛板栅孔； （2）停机，清理入料口； （3）调节给料装置
启动后转动缓慢或堵转，电流值最大不回落	（1）机内有杂物卡死； （2）煤堵塞破碎室	（1）停机，清理杂物； （2）停机，清除堵煤
电流摆动	给料不均匀	调整给料

第四章

配 煤 设 备 检 修

第一节 配煤车检修

一、概述

火力发电厂燃料输送系统中的配煤车是一种将胶带上的煤卸入各个煤仓的专用配煤设备。配煤车又称为电动双滚筒卸料车或移动式卸料小车,它一般安装在原煤仓上部或缓冲仓上部的固定胶带机上,完成卸、配煤任务。

优点:设置配煤车使煤仓间设备简化,每条皮带机只需一台配煤车即可完成整个煤仓间的卸煤加仓任务,提高了配煤自动化程度;配煤车通过在原煤仓上方来回移动卸煤,使煤仓各位置的卸煤均匀。

缺点:因配煤车移动卸料,需要安装动力滑缆及滑缆小车,配煤车移动过程中需要拖动电缆一起移动,增加了卸料车的负荷;系统胶带带速不宜过高,限制了系统胶带机的出力;运行中容易发生影响安全的"冲车"现象;配煤车一旦出现故障时,煤仓沿线均无法卸煤。所以,目前大型火力发电厂应用较少。

二、结构及原理

1. 结构

配煤车主要由金属构架、卸料滚筒、改向滚筒、走行机构、落煤筒、皮带清扫器、滑缆供电系统、密封皮带、闸门执行机构、各种保护装置及就地操作站等组成。可分为五大部分:机架、行走、卸煤、控制和电气。机架部分由金属构架、槽型托辊、调偏托辊、滚筒轴承座等组成。行走部分由驱动电机、减速器、制动器(缓速器)、行走轮(轴)、链轮及链条组成。卸煤部分由卸料滚筒、改向滚筒、清扫器组成。控制部分主要由远程控制柜、控制回路及就地控制箱组成。电气部分主要由电源箱、动力电缆、接线箱、滑缆小车等组成。配煤车结构示意如图 4 - 1 所示。

第四章 配煤设备检修

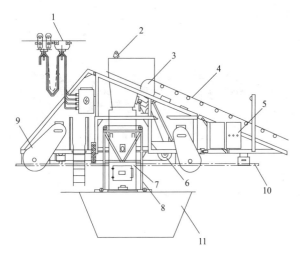

图 4 – 1　配煤车结构

1—滑缆供电系统；2—声光报警装置；3—卸料滚筒；4—皮带；5—控制箱
6—改向滚筒；7—落煤筒；8—密封皮带；9—行走链传动；
10—轨道；11—煤仓

　　行走机构采用 VFD（指变频器）进行控制，变频器驱动的原理是以频率的改变来决定速度的改变，同时也可以通过磁通量和扭矩的大小进行矢量调节，以适应不同情况下速度的需求。配煤车可以在配煤时处于低速运行状态，跨越煤仓、跨机组或返回时处于高速运行状态。

　　电涡流缓速器属于一种可调力矩的制动装置，其工作原理和发电机类似，在设备传动轴上安装盘状金属转子，当定子组的励磁线圈有电流通过时，便产生磁场，阻止切割磁力线的转子旋转，形成制动力矩，同时，转子中产生的电涡流将动能转化成热能。它在设备运行过程中需要减速时接通电源，定子与转子之间形成电磁涡流，产生相反的扭矩而达到减速的作用。其制动过程反应时间和制动距离均大幅缩短。

　　滑缆供电系统主要由导轨梁、滑轮、连接拖轮、连接拖链、牵引链、平式电缆（包括线夹）、平式电缆法兰、防爆外壳、端子排和密封胶接材料等组成。其中，牵引链起牵引和保护滑缆的作用，两个滑轮之间的牵引链的长度要短于电缆的长度。

　　闸门执行机构相当于两个三通挡板，也是起切换通道的作用。它有程控和就地两种控制方式，就地控制站又包括就地手动和就地电动两种方式。正常配煤时，闸门执行机构位于煤仓位；跨越不需要加煤的煤仓或跨越机组时，闸门执行机构位于皮带位。闸门执行机构示意如图4-2所示。

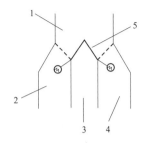

图4-2　闸门执行机构示意
1—头部落煤筒；2、4—侧面落煤筒；3—中间落煤筒；5—闸门执行机构（粗线区域），其中实线为煤仓位，虚线为皮带位

在煤仓间皮带的两侧，即卸料车两侧落煤筒下方是通向煤仓的煤槽，为了防止异物掉落煤仓和运行中抑制粉尘，密封皮带将此煤槽全线覆盖，途径卸料车位置时，密封皮带绕过卸料车两侧落煤筒（通过改向托辊），两端丝杠拉紧。这样就使得密封皮带既不影响卸料车的正常卸煤，又能起到密封作用。密封皮带结构示意如图4-3所示。

2. 工作原理

煤仓间皮带通过配煤车的两个改向滚筒来与其连接，煤仓间的输送机胶带绕过上部改向滚筒，经下部改向滚筒改向后形成S形，这样煤仓间皮带上的煤可直接卸入配煤车头部的落煤筒，经过闸门机构分配后再进入煤仓来完成配煤。正常机组配煤时，配煤车的闸门位于煤仓位，煤通过配煤车两侧的落煤筒卸入煤仓；当配煤车跨越不需要加煤的煤仓或跨越机组时，将配煤车的闸门打至皮带位，这样皮带上的煤通配煤车中间侧落煤筒后再流回皮带上，顺皮带运转方向卸入尾仓，实现配煤车的完整连续配煤。

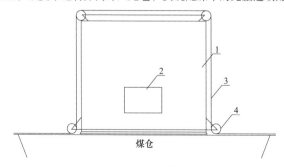

图4-3　密封皮带结构示意
1—落煤筒；2—观察门；3—密封皮带；4—改向托辊

配煤车的控制方式分为远方和手动两种。当就地转换开关切换到手动位，可进行就地定点配煤，当就地转换开关切换到远方位，可实现控制室远程操作。远程操作分为远程手动配煤和远程自动配煤。远程手动配煤：程控开关切换到手动位，程控操作员根据情况随时可启动配煤车行走到任何一个煤仓配煤，也属于定点配煤的一种。远程自动配煤：程控开关切换到自动位，配煤车在某一煤仓前、后限位开关之间自动来回行走配煤，当煤仓煤位达到设定的高煤位后（或某煤仓煤位低于预警煤位），配煤车自动行走至下一煤仓配煤（或直接开至预警煤仓）。

在每个原煤仓的前、后位置都装有限位开关，配煤车的位置是通过限位开关的动作与否，给程控系统发命令，从而将配煤车的位置显示在上位机画面上。

三、检修项目

（1）减速机解体检查，更换所有轴承，更换润滑油。

（2）卸料滚筒和导向滚筒的检查、加油，磨损严重时应更换。

（3）检查、更换导向滚筒轴承。

（4）检查、更换托辊及支架。

（5）检查、更换清扫器，检查、更换行走轮轴承。

（6）检查、更换链轮和链条。

（7）检查、调整电磁制动器。

（8）检查、更换配煤车的机架和落煤斗。

（9）检查车轮及轮缘的磨损情况。

（10）检查轨道、紧固螺栓及基础，测量两轨道的水平度、中心距。

四、检修工艺及标准

（1）减速机、滚筒、胶带机架的检修工艺及质量标准见"第一章 胶带机检修"。

（2）行走机构链轮链齿厚度磨损超过25%时，应进行更换。

（3）链条允许的磨损值超过链条棒料直径或辅具厚度的10%，应进行更换。

（4）链条的任何部位出现裂纹、弯曲或扭曲现象和环链间有卡死或僵涩等现象，且不能排除时禁止使用。

（5）主动链轮和从动链轮应在同一平面内，其端面偏差不应大于1mm。

（6）链轮主轴的不平行度允许（指沿轴向）为每米0.5mm。

（7）链条垂度为（0.01～0.015）L（L 为两链轮中心距）。

（8）两链轮中心连线与水平面的夹角应符合规定要求。

（9）链轮与链条运行时，应啮合良好，运行平稳，无卡阻和撞击。

（10）链轮跳动量允许值见表 4-1。

表 4-1　　　　　　　　　链轮跳动量允许值　　　　　　　　　mm

链轮直径	跳动量	
	径向	轴向
100 以下	0.25	0.3
100～200	0.5	0.5
200～300	0.75	0.8
300～400	1.0	1.0
400 以上	1.2	1.5

（11）行走轨道无变形、裂纹，不直度小于千分之一；两轨道面水平误差小于 3mm，两轨距误差小于 2mm，两轨道接缝小于 3mm。

（12）清扫器的清扫片与皮带应调整轻微受力的程度，不能过紧或过松。

五、故障及处理

配煤车的常见故障及处理方法见表 4-2。

表 4-2　　　　　　　　配煤车的常见故障及处理方法

故障现象	故障原因	处理方法
减速器有异音	（1）齿轮磨损严重； （2）轴承轴向间隙大； （3）润滑油太多； （4）机内有异物进入； （5）地脚螺栓松动	（1）成对更换齿轮； （2）重新调整轴承轴向间隙； （3）减少润滑油； （4）开盖检查清理； （5）紧固地脚螺栓
减速器轴承发热	（1）轴承轴向间隙太小； （2）轴承碎裂、损坏	（1）重新调整轴承轴向间隙； （2）更换轴承
滚筒轴承发热	（1）轴承润滑脂不足； （2）轴承润滑脂变质； （3）轴承碎裂、损坏	（1）补充润滑脂； （2）更换润滑脂； （3）更换轴承

故障现象	故障原因	处理方法
链轮链条啮合不畅	（1）链轮磨损严重或松脱； （2）链条垂度过大； （3）两链轮轴线不平行	（1）更换链轮或紧固； （2）调整链条长度； （3）调整链轮轴线平行度
制动器刹车不灵	（1）弹簧紧力不足； （2）刹车片磨损太多； （3）线圈存有剩磁	（1）调整弹簧紧力； （2）更换刹车片； （3）更换线圈及衔铁
自行"跑"车	（1）制动器不能正常夹紧； （2）负荷过大； （3）配煤车段的胶带跑偏严重	（1）修复制动器； （2）降低上煤量至额定出力内； （3）对跑偏胶带进行调整、纠偏
不能行走	（1）驱动装置损坏； （2）链条断裂； （3）控制系统故障	（1）检修驱动装置； （2）更换链条； （3）检查控制系统
行走打顿	（1）轨道不平； （2）车轮磨损不均造成走行轮与轨道不能同时接触	（1）找平轨道； （2）更换车轮使之与轨道接触均匀
加仓时落煤点过后	（1）胶带打滑使带速过低； （2）电机缺相运行或电机达不到正常处理	（1）检查打滑原因，并处理； （2）检修电机
胶带在配煤车段跑偏	（1）配煤车的两改向滚筒中心线不平行或滚筒与机架中心线不重合； （2）配煤车段托辊、滚筒粘煤严重	（1）调整滚筒中心线位置； （2）清除托辊、滚筒粘煤，调整清扫器
三通挡板打不动或打不到位	（1）挡板处有粘煤或杂物； （2）挡板限位故障； （3）执行机构故障	（1）清理粘煤或杂物； （2）调整挡板限位； （3）检修执行机构

第一篇 输煤机械检修

第二节 犁煤器检修

一、概述

犁煤器用于电厂配煤，可实现胶带输送机的中途卸料。犁煤器全称是犁式卸料器，一般有固定式和可变槽角式两种，固定式是一种老式犁煤器，可变槽角式是一种新式犁煤器，目前电厂主要使用的是可变槽角式每种又可分单侧犁煤器和双侧犁煤器（见图 4 - 4）。它可直接安装在胶带输送机的中间架上，实现将胶带机上的物料在固定地点均匀、连续地卸入漏斗并流到需料的场所。

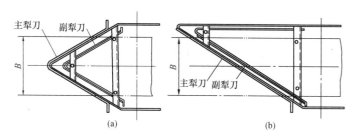

图 4 - 4　槽角可变形电动犁煤机
(a) 双侧组合犁刀；(b) 单侧组合犁刀

二、结构

槽角可变电动犁煤器主要由机座、电动推杆、驱动杆、拉杆、主犁刀、犁头、副犁刀、框架、滑动架、滑轮、滑轮支座、定位轴、长辊、短辊、边辊、中辊、门架和连接梁等组成。犁头固定在主犁刀上，主犁刀与门架通过拉杆和电动推杆相连接。电动推杆可布置在支架中间，也可布置在支架的单侧，结构如图 4 - 5 所示。

犁煤器特点是：结构合理、动作灵活、工作可靠、运行平稳、卸料干净、维修方便、能有效地克服输送带溢煤。

三、原理

犁煤器的工作原理比较简单，当电动推杆电机正转时，推杆推出，犁刀下落，驱动杆带动滑动框架后移，使边辊落下，使托架上托辊成平形，输送胶带在犁煤机上截面处于水平状，犁刀与胶带面接触、贴紧，处于工作状态。来煤通过犁刀卸入料斗，部分细小的煤末留在胶带上则通过副犁刀继续将煤末卸入料斗。当电动推杆电机反转时，此时推杆返回，犁刀抬

第四章　配煤设备检修

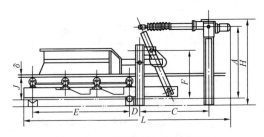

图 4 - 5 犁煤器结构示意图

起，驱动杆带动滑动框架前移，边托辊升起，使托架上的托辊成槽形，胶带上的煤流便正常通过，不被卸落，也不向外溢煤。

四、检修

犁煤器目前在我国尚处于发展阶段，国家也无统一标准，各厂家均生产不同规格、类型的产品，且材料选择上更是因厂而异。

犁煤器的结构比较简单，主要部件是电动推杆、犁刀和滑动框架。除电动推杆、托辊外，其余部件均为焊接件。主要缺陷集中在：电动推杆故障、犁刀磨损、托辊失效及机架脱焊。其主件电动推杆以电机为动力源，通过齿轮传动、减速后，带动一对丝杆与螺母传动，把旋转运动转变为推杆沿导轨的直线运动，利用电动机的正反转来实现往复进退动作。故犁煤器使用中重点须维护好电动推杆，其防护罩必须装好，以免煤尘进入推杆活动部分。电动推杆检修时必须更换导套内轴承的油脂，一般润滑脂应加到空腔的 40% ~ 70% 为宜。

1. 检修项目

（1）推杆的检查、清洗、加油或更换。

（2）检查犁头磨损情况，磨损严重的应更换。

（3）检查驱动杆行程，变形严重的应更换。

（4）检查滑动架，变形严重应修整。

（5）检查定位轴、导套磨损情况。

（6）检查、更换长短托辊。

2. 检修质量标准

（1）电动推杆的解体、清洗、加油，当齿轮螺杆磨损严重时应予以更换。

（2）犁头磨损到与胶带接触面有 2 ~ 3mm 间隙时，应予以更换。

（3）驱动杆变形应修整，变形严重时应予以更换。

（4）拉杆弯曲变形应予以校正。

（5）滑动架变形严重时，应予以修整。滑动板要求平直，两滑动板要求平行，不平直度不得超过 $2 \sim 3mm$，不平行度不允许超出 $3mm$。

（6）定位轴与导套应伸缩灵活，无晃动。当晃动超过 $0.5mm$ 时，应更换导套。

（7）托辊的检查。当发现托辊不转时，应打开两端密封装置，清理、加油；发现轴承损坏时，应予以更换；当托辊壁厚小于原厚度的三分之二时，应予以更换。

（8）检修质量标准：犁煤器的电动推杆驱动要灵活、可靠，同时手动用的手轮必须配备齐全；犁煤器与胶带表面应接触良好，不漏煤；犁煤器犁板必须平直，不平度不得大于 $2mm$。

第五章

除铁器检修

第一节 电磁除铁器检修

一、概述

我国供发电厂燃用的燃料都为未经加工的初级燃料——原煤，其中常常夹杂着各种不同形状、大小的金属物（包括磁性的和非磁性的金属物）。这些金属物若进入输煤系统的碎煤机或制粉系统，都将会造成设备的严重损坏事故。特别是装有中速磨、风扇磨的制粉系统，对金属杂物更为敏感。同时，这些金属杂物在输送的过程中若不能及时除去，也将会给采样机、给煤机等设备带来严重威胁，尤其是一旦纵向划破胶带，将给输煤系统造成重大经济损失，甚至威胁到向锅炉的正常供煤。因此，合理地设置、及时维护好除铁设备是保证输煤系统正常、安全运行的一项重要工作。

目前国内燃煤火力发电厂采用的除铁设备大致有两种：电磁除铁器、永磁除铁器。由于永磁除铁器采用永磁系，能保持恒定的磁场，无需励磁线圈，无需冷却系统，省电节能，可靠性显著提高，能适用于任何恶劣的环境，所以越来越得到广泛应用。由于带式电磁除铁器结构较为复杂，涵盖了其他除铁器的检修内容，下面重点介绍带式电磁除铁器的检修。

二、带式电磁除铁器原理和构造

1. 工作原理

当电磁铁线圈通入直流电后，磁极间隙中便产生非均匀磁场。输送带上的物料经过电磁铁下方时，混杂在物料中的铁磁性物质，在磁场力的作用下向电磁铁方向移动并被吸附到除铁器的胶带上，并随着胶带一同运转。当运行到无磁区时，铁块在重力的作用下，随惯性抛出，从而达到除铁的目的。

2. 主要结构

电磁除铁器的主要结构包括励磁系统、传动系统和冷却系统。

励磁系统：包括励磁线圈、导磁铁芯、磁板以及接线盒等。电磁铁通常采用铸钢铁芯及特殊加工的铜或铝绕组经过高温绝缘处理制成，耐温等级为 H 级。当配有金属探测器时，还可经探测器自动进行常励磁和强励磁的切换。非导磁部分常采用不锈钢板，从而提高整机性能。

传动系统（指自动弃铁部分）：包括驱动装置、主动滚筒、改向滚筒、托辊和弃铁胶带等。驱动装置采用摆线针轮减速器通过链传动带动主动滚筒，也有的是直接用油冷式电动滚筒传动；主动滚筒、改向滚筒支座与机架连接均为可调整式；弃铁胶带采用环形带，胶带上装有非磁性金属制作的刮板，用于防止所吸出的铁块在胶带上打滑，确保自卸效果。

冷却系统：直流电磁铁的励磁线圈，在工作时产生大量的热量，致使励磁线圈的温度升高，因此必须对电磁铁进行降温以保证其良好运行性能。电磁铁的冷却方式有自然冷却、强迫风冷和油冷式。强迫风冷是采用离心式风机进行强迫冷却；油冷式电磁除铁器是将油浸电力变压器的冷却技术应用到电磁除铁器上，用变压器油浸渍线圈，并用波纹散热翅片帮助冷却。

油冷式电磁除铁器本体在结构上与强迫风冷式电磁除铁器有点区别，油冷式电磁除铁器采用全封闭式结构，其本体的四周是钢板，磁轭是钢板，底部是无磁钢板。焊成不透油的箱壳，既能盛油，又兼作磁体，排除了有害气体和粉尘对励磁线圈的影响。与强迫风冷式电磁除铁器相比，具有更高的可靠性。

三、电磁除铁器检修工艺

无论是 DDC 系列带式电磁除铁器还是 RCD 系列悬挂式电磁除铁器，在结构组成上都大致相同。由于电磁除铁器的励磁系统采用了有效的密封和冷却方式以及选用较好的电磁导体和线圈，基本上维护量极少。本节着重介绍电磁除铁器结构组成部分中冷却系统和传动系统的检修。

1. 冷却风机检修（RCD 或 DDC 系列）

（1）检查风机叶轮与风筒内壁的间隙是否为 2mm，叶轮安装角度误差不大于 ±10°。

（2）风机固定螺栓不应有松动现象。

（3）叶轮振动幅度超过额定值时，应及时检修、调整。

（4）风机座与风筒垫板应自然结合，不平时应加垫片调平，但不应强制连接。

（5）风机叶轮键连接不可松动，叶轮与风筒内壁不得有相碰现象。

（6）风机轴承应润滑良好。

2. 摆线针轮减速机检修

（1）检查摆线齿轮及销轴的磨损情况，检查输出轴键槽有无损坏，对磨损严重或因损坏而无法修复的应更换。

（2）检查轴承的磨损情况，磨损严重的应更换。

（3）检查耐油橡胶密封环的磨损及老化情况，磨损及老化严重的应更换，并调整弹簧松紧度。

（4）消除机壳和轴承盖处的渗漏油。

（5）检查减速器的油量是否符合要求，对变质的润滑油进行更换。

（6）检查机壳是否完好，有裂纹等异常的需进行修复或更换。

3. 链传动组检修

（1）检查滚子链铰链的磨损情况，严重的应对滚子链予以更换。

（2）检查滚子链板及滚子表面有无疲劳点蚀和疲劳裂纹，严重时应更换。

（3）检查链轮轮齿的磨损或塑性变形情况，检查轮齿孔轴配合有无松动，连接键有无受剪滑移，严重时应更换。

（4）检查滚子链的润滑情况，清洗后应加新的润滑脂以确保润滑良好。

（5）调整链传动的松紧度。

（6）检修防护罩。

4. 弃铁胶带检修

（1）弃铁胶带接头搭接长度为 690mm，三阶梯式硫化胶接（热胶接），硫化温度为 140℃，硫化压力为 1MPa，硫化时间为 20min。如采用冷粘方式时，要保证接口质量，接口处应平顺整齐无翘曲。

（2）带齿为橡胶齿时，与胶带采用冷粘胶接，胶接后带齿与胶带轴线不垂直度不大于 5mm；带齿为不锈钢时，与胶带采用铜螺钉或不锈钢螺钉紧固。

（3）胶带胶接后，两侧内周长误差不大于 2mm。

5. 滚筒、托辊检修

（1）检查滚筒托辊轴承的磨损情况，严重时应更换。

（2）检查滚筒筒身各焊接处有无裂纹，修复处理。

（3）每三个月补充一次润滑脂，一年更换一次。

6. 油枕检修（RCDF 系列）

（1）检查冷却油油位是否正常，冷却油有无变质，作补充或更换。

（2）检查硅胶干燥剂有无受潮变色，受潮则应更换。

（3）检查结合面有无渗漏现象并做处理。

7. 弃铁胶带跑偏调整

（1）胶带在工作过程中受张力作用被拉长，发生打滑或跑偏时应进行调整，以防胶带磨损而缩短使用寿命，胶带损伤时应及时修补。

（2）弃铁胶带跑偏时，可调整改向滚筒（拉紧滚筒）的螺栓，其调整方法同带式输送机的调整方法。

四、电磁除铁器检修质量标准

（1）各部连接螺栓、螺母应紧固，无松动现象。

（2）各托辊及滚筒应转动灵活。

（3）主动滚筒、改向滚筒的轴线应在同一平面内，滚筒中间横截面距机体中心面的距离误差不大于1mm。

（4）改向滚筒支座张紧灵活，弃铁胶带无跑偏现象。

（5）摆线针轮减速机空载及25%负荷跑合试验不得少于2h，跑合时应转动平稳、无冲击、无振动、无异常噪声，各密封处不得有漏油现象，工作时油温不得大于65~70℃。

（6）风机经30min试运转。叶轮径向跳动不大于0.06mm。风机满载运行时，风量不低于4800m³/h，风压不低于265Pa。

（7）整机运行驱动功率及温升不得超过规定值。

（8）励磁切换要准确无误，动作灵活。

（9）弃铁胶带旋向应正确。

五、带式电磁除铁器的故障处理

带式电磁除铁器在运行过程中常见的故障处理，见表5-1。

表5-1　　　　带式电磁除铁器常见的故障
及 处 理 方 法

故障现象	故障原因	处理方法
接通电源后，启动除铁器不转动，无励磁	（1）分段开关未合上； （2）热继电器动作未恢复； （3）控制回路熔断器熔断	（1）合好分段开关； （2）恢复热继电器； （3）更换熔断器
接通电源后，启动除铁器转动，但给上励磁后，自动控制开关跳闸	（1）硅整流器击穿，电压表指示不正常； （2）直流侧断路，电流指示不正常	（1）更换硅整流器； （2）检查直流励磁回路

故 障 现 象	故 障 原 因	处 理 方 法
接通电源后，启动除铁器转动，但励磁给不上	（1）温控继电器动作； （2）冷却风机故障； （3）励磁绕组超温	（1）检查温控继电器； （2）检修冷却风机； （3）待绕组冷却后，恢复温控继电器
常励和强励切换不正常	（1）金属探测器不动作； （2）金属探测器误动作； （3）时间继电器定值不好； （4）时间继电器故障	（1）检修金属探测器； （2）调整金属探测器灵敏度至金属探测器动作正常； （3）核对时间继电器定值； （4）更换时间继电器
电动机、减速箱温升高，声音异常	（1）电动机过载或轴承损坏； （2）减速箱内部件损坏； （3）减速箱无油	（1）检查皮带是否被杂物卡住，更换轴承； （2）检修减速器； （3）给减速箱加油至正常油位

第二节 带式永磁除铁器检修

一、概述

1. 用途及结构

带式永磁除铁器用于电厂的输煤系统，与带式输送机配合使用，有效地清除混在煤中的铁件，对完好的保护胶带机皮带，环式碎煤机和锅炉磨煤机安全正常运行起重要作用。

本机由永磁铁、弃铁胶带、驱动装置和机架连接而成。陈铁胶带及驱动装置是由带胶带、从动滚筒及旁挂式减速机组成，机架采用低磁材料制成，能克服因机架磁化对磁场的影响。

2. 工作原理

当弃铁胶带旋转后，磁力线通过不锈钢板和弃铁胶带吸出煤中的铁件，通过弃铁胶带的旋转脱离磁力区，将铁件抛至接铁槽。

二、检修项目

1. 小修项目

（1）更换弃铁皮带；

（2）换油；

（3）各转动部分检查磨损情况，加注润滑油指或更换损坏部件；

（4）检查悬挂装置；

（5）电动机检修；

（6）电磁铁测量。

2. 大修项目

（1）包括小修项目内容；

（2）解体大滚筒，减速箱；

（3）更换滚筒和其他零部件；

（4）检查修理悬挂和行走机构。

3. 机械部分检修工艺

（1）拆卸悬挂装置：

1）用倒链将带式除铁器吊起后，拆除吊挂装置，然后两个倒链互相配合，将除铁器缓缓卸下。

2）将拆下的除铁器放到指定位置或运回检修间，进行检修。

（2）减速机的检修：

1）将减速机拆下清洗，并检查其外壳有无裂纹等缺陷。

2）将减速机解体检修，检查轴、轴承、各零部件有无毛刺，起皮，脱落及其他异常情况，必要时进行修复或更换。

3）组装后，检查其装配质量；在齿轮上薄薄的涂上一层红丹粉，然后互相啮合转动，观察接触斑点，斑点应分布于齿轮面的高度和长度的中部，沿齿高和齿长不少于50%，齿磨损不超过厚度的1/3。

4）经检查合格，工作负责人验收后，加油将机盖坚固就位。

（3）驱动滚筒和从动滚筒的检修：

1）将螺丝拆除，取下滚筒与弃铁皮带。

2）将滚筒进行清理、解体，拆除轴承时，由滚筒侧用 $\phi6$ 销子顶住轴承外座圈，再由外侧轴承座打向滚筒即可。解体后进行清理、检查，必要时进行修理或更换零部件。

3）回装时，应注意全部装配尺寸，装后滚筒应转动灵活，加注油脂时，不宜过多，应留有1/3空腔余隙。

4）将滚筒就位，弃铁皮带装好，找正后应调节好带的松紧度，既不可打滑，也不可过紧，以防胶带寿命降低。

（4）回装：

1）待滚筒、减速机、电动机等部件装好后，将带式除铁器运至现场。

2）使用倒链将除铁器吊起进行回装，并调整悬吊位置，使其除铁效果置于最佳位置。

三、机械部分检修质量标准

（1）检修前办理工作票等相关检修手续，并准备好相应检修工器具。

（2）单级减速机：

1）蜗轮的齿面接触斑点，沿齿长和齿高均不少于50%。

2）中心间隙误差±0.065mm，侧隙应为0.13mm。

3）该减速机内应加220号齿轮油，其油位适中。

4）轴承的轴向间隙应符合规程要求。

5）减速机轴孔从箱体支持中心测量，中心线歪斜度公差不大于0.052mm。

6）安装后试车时，各密封处不得漏油，运转平稳，无冲击，振动和噪声。在额定转速及额定负荷下，其油温≤85℃。

（3）驱动滚筒和从动滚筒：

1）装配后，驱动滚筒与从动滚筒的轴承间隙在0.08～0.15mm范围内；

2）轴承座应无变形，漏油现象，油杯等配件应齐全；

3）滚筒厚度磨损量不得超过原厚度的1/3，组装后应转动灵活、无卡涩现象。

（4）胶带不准有损伤现象，松弛度小于70mm；

（5）带式永磁除铁器悬挂位置的调整：吸铁箱底部距皮带表面的垂直距离≤450mm，倾斜角为15°～20°。

四、除铁器检修后的试运及故障处理

（1）检修工作结束后，工作负责人做全面检查，确认无误后，要求运行人员送电，进行设备试运，试运转合格后，注销工作票，办理设备验收；

（2）维护及故障处理：

1）滚筒轴承应每隔三个月补充一次黄油；

2）主从动滚筒不转动、轴承损坏，无油，应更换轴承或加油；

3）驱动装置电动机温升，减速箱温升的原因：①电动机过载，由于皮带过于张紧或轴承卡住；②减速机严重损坏；③减速机无油或油量过多。

第六章

除尘器检修

第一节 概 述

由于燃煤在火电厂输煤系统的输送过程中因落差而产生大量煤尘，污染了输煤系统的环境，威胁、损害了燃料运行和检修人员的身体健康。同时煤尘进入控制箱、配电柜后，容易造成电气元件的腐蚀和引起误动作。特别是高挥发分煤尘积聚后，还会引起爆炸和自燃，故输煤系统中安装除尘设备非常必要。

输煤系统的除尘设备一般布置在胶带机尾部所在的转运站里，即在尾部落煤点处的导煤槽上布置吸尘罩、循环风管，也有在煤仓间或翻车机室多点布置吸尘罩进行除尘。煤尘经除尘器收集后经二级回收煤管落入系统胶带或由排污系统排到污水池中沉淀后再回收，如图 6 - 1、图 6 - 2 所示。

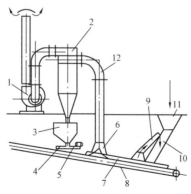

图 6 - 1　转运站通风除尘示意图

1—排风机；2—除尘器；3—尘斗；4—水管；5—卸尘机；6—吸尘罩；

7—导煤槽；8—带式输送机；9—循环风管；10—落煤管；

11—落煤斗；12—风管

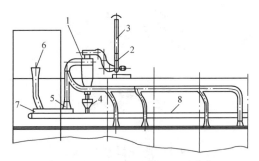

图 6 - 2 煤仓间通风除尘示意图

1—除尘器；2—排风机；3—风管；4—卸尘机；5—吸尘
罩；6—落煤管；7—导煤槽；8—带式输送机

随着科技的发展及制造技术的进步，除尘器的技术、性能也日渐成熟。输煤系统中常见使用的除尘器主要有布袋式除尘器、冲击水浴式除尘器、旋风式除尘器、电除尘器等。

第二节　布袋式除尘器

一、概述

布袋式除尘器是一种利用有机纤维或无机纤维制成的过滤袋将气体中的粉尘过滤出来的净化除尘设备，属于干式除尘器。它主要是在除尘器的机体内悬吊多条纤维织物制作成的滤袋来过滤含尘气体，随着滤袋上的积尘增厚，气体的通流阻力增大，当压力达到 1500Pa 时，就要进行清理。按其过滤方式可分为内滤和外滤两种，按清尘方式可分为机械振打和压缩空气冲击式。

布袋式除尘器的优点是：除尘效率高，高达 99.9%，能捕捉的粒径范围广，可以小到 $0.0025\mu m$，在粒径 $0.003 \sim 0.5\mu m$ 以内，捕捉的效率为 99.7%，其除尘效率不受煤尘化学成分变化的影响，效率稳定。当除尘器阻力在 1000Pa 以下时，入口含尘浓度即使有较大的变化，对除尘器的阻力和效率影响也不大。布袋除尘器适应的粉尘浓度范围可从 $0.1 \sim 1000~g/m^3$。

布袋式除尘器的缺点是：滤袋的寿命短，更换布袋的费用高。当布袋被湿灰堵塞，高速气流冲蚀或布袋承受不了温度变化而变质时，都会降低其使用寿命。

二、结构

布袋式除尘器的结构主要由主风机、箱体、滤袋框架、滤袋、压缩空气管、排尘装置、脉冲阀、控制阀、脉冲控制仪、U 型压力管等组成，如图 6 – 3 所示。

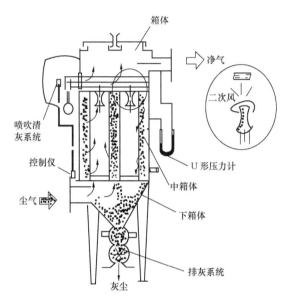

图 6 – 3　布袋式除尘器的结构示意图

滤袋是袋式除尘器的主体部分。含尘气体的净化就是通过滤袋的功能来实现的，因此袋式除尘器的净化效率、处理能力等基本性能在很大程度上取决于过滤材料的性质。这就要求滤袋必须具有过滤效果好、容尘量大、透气性好、耐腐蚀、机械强度高、抗皱褶性好、吸湿小、不粘性好、耐高温等性能。

三、工作原理

（一）布袋式除尘器除尘的基本原理

（1）利用重力沉降作用。当含尘气体进入布袋除尘器后，颗粒大，密度大的煤尘在重力作用下首先沉降下来。

（2）筛滤作用。当含尘气体在风机的抽吸作用下通过滤袋时，直径较滤料纤维的网孔间隙大时，则气体中的煤尘便被阻留下来，称之为筛滤作用。当滤袋上煤尘积聚过多时，筛滤作用增强，但降低布袋式除尘器的出力。

（3）惯性力作用。含尘气体通过滤袋时，气体可透过纤维的网孔，而较大的煤尘颗粒在惯性力的作用下，仍沿原方向运动，当与滤袋相撞时而被捕获。

（4）热运动作用。质轻体小的煤尘（1μm 以下），随气流以近似于气流流线运动时，往往能穿过纤维。但当它们受到热运动的气体分子碰撞后，改变了运动方向，这就增加了煤尘与滤袋纤维的接触机会，使煤尘被捕获。

（二）脉冲式布袋除尘器

脉冲式布袋除尘器安装了周期性向滤袋反吹压缩空气装置以清除滤袋积灰。

（1）脉冲式布袋除尘器的工作原理。含煤尘气体进入除尘器后，分散至各个滤袋，煤尘被阻留在滤袋外侧，气体穿过滤袋即被净化，再通过喇叭管进入上部箱体，然后从出口管排出。积附在滤袋外侧的煤尘，一部分在自重的作用下落入集尘箱，尚有少部分粘附在滤袋上，这样使滤袋的透气阻力增加，降低除尘器的出力。故应定时向滤袋内反吹一次压缩空气，将积附在滤袋外侧的煤尘吹落。

脉冲袋式除尘器按其不同规格，装有几排到几十排滤袋，每排滤袋有一个执行喷吹清灰的脉冲阀。由控制元件控制脉冲阀，按程序自动进行喷吹，每对滤袋进行一次喷吹工作就为脉冲。每次喷吹时间为脉冲宽度，约 $0.1s$，一条滤袋上两次脉冲的间隔时间称为脉冲周期 T，约为 $30 \sim 60s$，喷吹压力约为 $0.6 \sim 0.7MPa$。

（2）脉冲喷吹清灰（集尘）的原理。从喷嘴瞬间喷出压缩空气通过喇叭口时，从周围吸引了几倍于喷出空气量的二次气体与之混合，而后冲进滤袋，使滤袋急剧膨胀，引起一次振幅不大的冲击振动。同时瞬间内产生由内向外的逆向气流，将积附在滤袋外侧的煤尘振落下来。

脉冲袋式除尘器的脉冲控制器可分为机械脉冲控制器、无触点脉冲控制仪和气动脉冲控制仪等几种控制方式。

机械脉冲控制器是利用机械传动装置，直接逐个触发脉冲阀进行喷吹。它的优点是工作可靠，维护方便，脉冲宽度较易调节，不受温度影响；缺点是脉冲周期固定，不能调整。无触点脉冲控制仪由晶体管电路构成，优点是脉冲宽度和周期可随意调节，适用性好，使用可靠，调节容易，并可实现远距离控制；缺点是要求维护管理水平高，受环境影响大，一般温度在 $-20 \sim 55℃$，相对湿度在 85% 时比较合适。

气动脉冲控制仪是由气动脉冲组合仪表组成。其优点是脉冲宽度和周期可随意调节,易于实现自动化;缺点是周期和宽度在使用一段时间后就要变化,维修量大。

四、布袋式除尘器检修

1. 检修项目

(1) 检查、清理风机及其输风管道;

(2) 检查、更换叶轮;

(3) 检查、更换轴承;

(4) 检查、补焊加强箱体;

(5) 检查、更换滤袋;

(6) 检查、更换滤杯,检查、更换压缩空气反吹管;

(7) 检查、维修排灰(煤尘)用的蜗轮和蜗杆;

(8) 检查、维修脉冲阀和控制阀;

(9) 检查、更换喷吹管;

(10) 检查、调整 U 形压力管;

2. 检修工艺

(1) 主风机。

1) 清除风机及气体输送管内部煤尘、污垢和其他杂质,使其洁净、顺畅。

2) 风机叶轮磨损严重时应更换。由于磨损不均匀等因素造成叶轮不平衡时,应重新找动平衡。

3) 检查轴承的磨损情况,更换磨损严重的轴承并加润滑脂,使其润滑状况良好。

4) 紧固各密封螺丝,保持密封点不泄漏。

5) 风机安装完毕后,用手盘动转子,检查有无摩擦现象。

6) 按要求校正进风口与叶轮之间的间隙,并使轴保持水平位置。

7) 重新调整、找正风机主轴与电机主轴的同心度及联轴器两端面的不平行度。

8) 试运转时,风机轴承温度应不高于80℃。

(2) 除尘器主体。

1) 检查并拧紧密封部位的螺丝,保持检查门、上盖活动门等处的填料及密封垫严密,损坏部分应及时进行更换。

滤袋破损要及时更换。排风口冒粉即表明滤袋有破损,应停机打开上盖,查出破损的滤袋进行更换。更换时还要检查框架,如有破损或腐蚀应及时修好。框架应打磨光滑后方可安装，否则易损伤滤袋。滤袋绒面朝外装好后，上口翻边在花板上面的铝短管上，用 $\phi 1.2$ mm 左右的铁丝扎紧。

2）当煤尘湿度大时，若滤袋使用时间过长，滤袋上积尘不易吹落，使袋的透气性变差，阻力增大。此时应及时清洗滤袋，保证其透气性良好。

3）对能修补且不影响过滤面积的破损滤袋，应尽量修补后再用，即把更换下来的滤袋用压缩空气或水将煤尘清除掉，将破损处缝合，并再用新滤布缝补牢固。缝补用的材质应与原滤袋的材料的材质、强度相近。

（3）压缩空气管网。

脉冲布袋式除尘器清灰用的压缩空气要干净，气包中的压力为 $0.4 \sim 0.5$ MPa，管网要定期检查，发现漏气时应及时处理，过滤器及气包中的油水要定期排放，滤杯要经常清洗。

（4）排灰系统。

检查电机及其轴承的温度，电机机体温度不得超过 $85\,℃$，轴承温度不得超过 $80\,℃$，磨损严重的蜗轮、蜗杆、螺旋叶轮应及时更换。下壳体磨损后要及时补焊。

（5）脉冲阀与控制阀。

脉冲阀与控制阀是喷吹系统的关键部件，直接影响喷吹效果。可通过检查 U 形压力管的波动范围、箱体鼓出的情况或声响来判断喷吹系统是否正常。

脉冲阀正常运行的声响是短促的闷声，若喷吹时出现清脆的爆破声，说明接头漏气。波形膜片和弹簧是脉冲阀的易损件，一旦发生故障，应及时更换，防止杂物进入阀内。

控制阀要定期检查，防止密封件老化、变形、密封不严，弹簧失去弹力或折断而导致失灵。电磁阀则要防止铁芯沾上油污或线圈烧坏、弹簧折断、不动作等缺陷。

（6）喷吹管。

检查喷吹管受高压空气及粉尘冲刷、磨损情况，若出现破损或严重磨损，则需及时更换或修补。

（7）除尘器滤袋通流阻力的检测。

除尘器滤袋的通流阻力（透气能力）的大小反映了滤袋的工作状况，通流阻力的大小主要靠 U 形压力计来检测，并依此来对除尘器进行调整维修。表 6－1 所示为 U 形压力计的压差变化分析。

表 6 - 1脉冲布袋式除尘器压差变化分析

液柱变化情况	原 因 分 析	检 查 调 整
液柱压差超出 限定范围	（1）喷吹压力过低； （2）喷吹管堵塞或喷吹系统漏气； （3）喷吹周期长； （4）粉尘湿度大，滤袋被糊住； （5）U 形压力计进口堵塞	（1）调整喷吹压力在0.4 ~ 0.5MPa； （2）检查喷吹系统并处理； （3）缩短喷吹周期； （4）采取措施，防止堵塞； （5）检查 U 形压力计进口及连接胶管
液柱压差低 于限定范围	（1）滤袋破损或脱落； （2）含尘浓度小； （3）滤袋的网孔过大	检查滤袋，适当调节脉冲周期
液柱压差为零	U 形压力计进口堵塞	检查 U 形压力计进口及连接胶管

第三节 冲击水浴式除尘器

一、概述

冲击水浴式除尘器是利用含尘气体与水、水雾接触后，其中煤尘与水滴粘附而沉降下来，使气体得到净化的一种除尘设备。早期的冲击水浴式除尘器一般都是用砖石砌筑水池，用钢板现场制作。这是一种结构简单、造价低廉的除尘设备。进入 20 世纪 90 年代后，这种除尘器得到了进一步发展和完善，其除尘效率得到进一步提高（可达 95% 以上）。下面着重介绍 CCJ/A - GZ 型冲击水浴式除尘器。

二、结构

CCJ/A - GZ 型冲击水浴式除尘器主要由通风部分、进水部分、反冲洗部分、箱体部分、排污部分组成。通风部分由进气管、S 形通道、净气分雾室、净气出口、风机组成，进水部分由进水手动总阀、过滤器、磁化管、进水管、供水浮球阀、电磁阀组成，反冲洗部分由进水管、电磁进水阀、手动门组成，箱体部分由外部壳体、内部上叶片和下叶片、挡水板、机架部分组成，排污部分由溢流管、排污门、排污管组成，具体结构如图 6 - 4 所示。

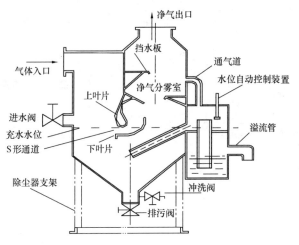

图 6-4　冲击水浴式除尘器结构图

三、工作原理

打开供水总阀后，浮球阀和液位自动控制器给出低水位信号，于是电磁进水阀打开自动进水。当自动充水至工作水位时，风机启动，含尘气体由入口进入除尘机组内，气流转向冲击水面，部分较大的煤尘颗粒被水吸收。当含尘气体以 18～35m/s 的速度通过上下叶片间的 S 形通道时，激起大量水花，于是含尘气体与水充分接触，绝大部分微细尘粒混入水中，使含尘气体得以充分净化。经由 S 形通道后，由于离心力的作用，获得尘粒的水又回到灰斗。净化后的气体由分雾挡水板除掉水滴后经净气出口排出机体外。老式的冲击水浴式除尘器灰斗里的污水一般是由特制排污系统定期排放，新型的冲击水浴式除尘器则在风机停下后由虹吸排污系统自动进行排污。新水再由浮球和液位自动控制器重新补充。

四、冲击水浴式除尘器检修项目

1. 检修项目

（1）通风部分。

1）检查进气管有无腐蚀穿孔，穿孔处应进行补焊或更换。

2）检查 S 形通道有无变形和腐蚀。

3）检查、修补净气分雾室与净气出口的内壁腐蚀情况。

4）检查、更换风机叶片和轴承；并对轴承进行加润滑脂。

（2）进水部分。

1）检查、修理进水总阀、浮球阀、电磁阀。

2）检查、更换磁化管、进水管。

3）检查、清洗过滤器。

（3）反冲洗部分。

1）检查、修理电磁进水阀、手动门。

2）检查、更换进水管。

（4）箱体部分。

1）检查、修补外部壳体和机架。

2）检查、更换内部的上下叶片和挡水板。

（5）排污部分。

1）检查、更换溢流管和排污管。

2）检查修理排污门。

2. 检修质量标准

（1）通风部分。

1）进气管一般是用 3mm 的钢板卷制，腐蚀到 1mm 时就需更换。

2）S 形通道必须完整无变形、无破损，其一般用不锈钢制作的上、下叶片构成。

3）风机运行时的轴承温度不超过 75℃。

4）风机叶片与壳体不应有摩擦，新更换的叶片应做平衡试验。

5）风机运行时的振幅不应超过 0.06mm。

（2）进水部分。

1）进水总阀、浮球阀、电磁阀的密封性应良好，不应有渗漏。

2）拆卸磁化管、过滤器并进行清洗，更换密封。

（3）反冲洗部分。

1）手动门和电磁进水阀应密封良好，无渗漏。

2）进水管无破损、渗漏。

（4）箱体部分。

1）外部壳体和机架完好无破损，无穿漏。

2）内部的上、下叶片构成的 S 形通道完整顺畅。

（5）排污部分。

1）溢流管、排污管和排污门检修后应无破损，消除渗漏。

2）排污部分在风机停止运转后能正常进行虹吸排污。

第四节　旋风除尘器

一、概述

旋风除尘器属于干式除尘器中的一种，它是一种采用离心力及重力原理进行除尘的设备。它的特点是结构简单，造价较低，没有运动部件，压力损失一般为 500～1500Pa，适用于除去大于 $5\mu m$ 的粉尘，除尘效率在70%以上。

旋风除尘器主要有扩散式、长锥体式、多管式、单旋风和双旋风等类型。近年来旋风除尘器有了新的发展，即结合了湿式除尘器的原理，发展出一种新型旋风式洗涤除尘器。

旋风式洗涤除尘器在除尘器上部安装水雾喷嘴，沿切线方向将水雾喷向筒体内壁，并形成一层薄薄的流动水膜。含尘气体从下部沿切线方向进入筒体，气水逆向流动。尘粒在离心力作用下甩向筒壁并被水膜粘附，然后随水流下。这种除尘器能够捕集粒径小于 $10\mu m$ 的尘粒，但烟气进入除尘器的速度要求在 15～22m/s 之间。旋风式除尘装置使用方法简单、费用低廉。

二、结构

（一）CLP 型旁路式旋风除尘器

CLP 型旁路式旋风除尘器（即原先的改进型），结构如图 6－5、图 6－6所示。CLP 型旋风除尘器主要由入口、上部洞口、隔离室、中部内壁、中部洞口、集尘斗、回风口、排风口及箱体部分组成。

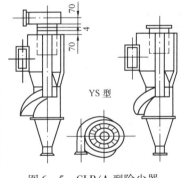

图 6－5　CLP/A 型除尘器

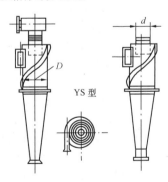

图 6－6　CLP/B 型除尘器

根据安装位置的不同，CLP 型旋风除尘器分吸出式 X 型及压入式 Y 型两种，其中 X 型是在除尘器本体增加了出口螺旋壳。X、Y 型根据蜗壳旋转方向不同又分 N 型（左回旋）和 S 型（右回旋），进口风速为 12 ~ 27m/s。

（二）XLP 型旋风除尘器

XLP 型旋风除尘器也是一种带煤尘隔离室的旋风除尘器，它是 CLP 的改进型。

XLP/A 型旋风除尘器的结构与 CLP/A 型旋风除尘器的结构类似，筒体部分仍为双锥体，煤尘隔离室的上段仍为直线，而下段改为螺旋线型，使煤尘隔离室沿下筒切向引入，避免扰动、破坏筒体内的气流。

XLP/B 型旋风除尘器的结构与 CLP/B 型旋风除尘器的结构相比，差异较大。XLP/B 型旋风除尘器的筒体设计成单圆筒单锥体，煤尘隔离室为螺旋线型。

XLP 型旋风除尘器工作原理与 CLP 型旋风除尘器相似。

（三）双级蜗旋除尘器

双级蜗旋除尘器是由惯性分离器与 C 型旋风除尘器组合而成的。它实质上是一台复合式除尘装置，其结构和工作原理如图 6-7 所示。

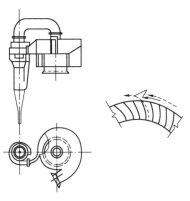

图 6-7　双级蜗旋除尘器结构和工作原理

含尘空气以较高的流速（一般为 18 ~ 20m/s）切向进入蜗壳，在蜗壳内形成强烈的旋转运动，煤尘在离心力的作用下迅速向蜗壳外缘分离。经过这一次离心分离，可除去气体中的较大颗粒的煤尘，接着这部分含尘气体中的大部分（约占 80% ~ 90%）又通过蜗壳中部的固定叶片，沿叶片间隙改变流向（固定叶片起到一台惯性除尘器的作用），使含尘空气中一部分尘粒在惯性力的作用下，撞击叶片表面并反向弹出，再次向蜗壳外缘分离。一次净化的含尘空气由中心排气口排出。含尘空气中绝大部分尘粒在蜗壳分离器中被分离（浓缩），并随同少量含尘空气（10% ~ 20%）沿蜗壳外缘分离器，进入第二级 C 型旋风除尘器进行二次净化，尘粒被分离沉降到贮尘斗。被二次净化的含尘空气经 C 型旋风除尘器的排气管引出，并与一次净化含尘空气汇合，经中心排气管和排风机排至大气。

采用双级蜗旋除尘器应注意以下几个问题：

（1）保证制作、安装质量。蜗壳分离器的固定叶片应冲压成型，C 型除尘器内通往煤尘隔离室的狭缝，必须按图纸要求制作。

（2）防腐蚀。除尘器布置在室外时，应做好防雨及冬天的防结露措施，以防止造成除尘器内壁腐蚀或造成固定叶片的堵塞。

（3）处理含尘浓度较大或流速较高的气体时，宜在除尘器的内壁装设耐磨材料，以防止除尘器磨损，延长其使用寿命。

（4）除尘器在系统中一般采用负压吸出式连接方式，必要时也可采用正压压出式。在选用此类除尘器时，要根据现场实际情况合理选用具体型号，避免除尘器长期处于低负荷或过负荷的运行状态。

三、工作原理

当含尘空气从入口进入后，沿蜗壳旋转180°，气流获得旋转运动的同时，上下分开成两支，于是形成双涡旋运动，构成上下两个含尘气环，并经上部洞口切向进入煤尘隔离室。同样，下旋涡气流在中部形成较粗、较重的尘粒组成的尘环，浓度大的含尘空气集中在筒壁附近，部分含尘空气经由中部的洞口也进入煤尘隔离室。其余尘粒沿外壁走向下气流带向尘斗。煤尘隔离室内的含尘空气和尘粒，经除尘器外壁的回风口引入锥形筒体，尘粒被带回集尘斗。含尘空气在回风口附近流向排风口时，又遇新进入的含尘空气的冲击，再次进行分离，使除尘器能达到较高的除尘效率。旋风式除尘器的工作原理可大概地利用其流线图（如图 6 - 8 所示）来说明。

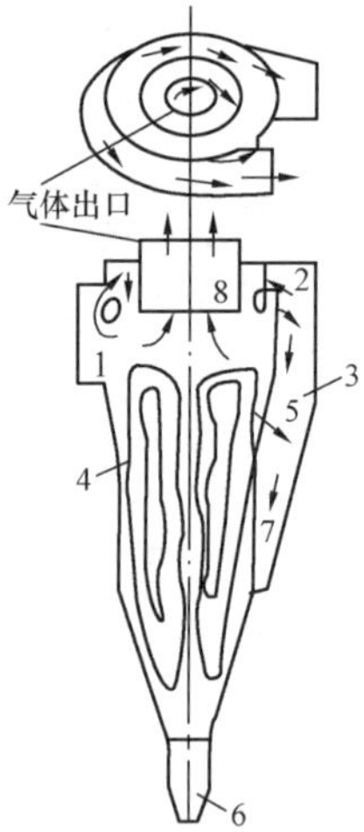

图 6 - 8　气体流线图

1—入口；2—上部洞口；
3—隔离室；4—中部内
壁；5—中部洞口；
6—尘斗；7—回
风口；8—排风口

四、运行与维护

旋风除尘器的工作原理是通过气体的回转运动，对气体中的尘粒施加离心力，从而使尘粒从烟气流中分离出来，并借助重力沉降在灰斗里，干净气体从上口排出。由此可知：除尘器内气体流动速度越高，产生的离心力越大，越容易分离较细的尘粒和提高除尘效率。为了防止速度过高造成压力损失过大和运行费用过高，气体在除尘器入口的速度限制在 8～18m/s 左右。使用离心除尘器需注意以下三点：

（1）选用设备时应综合考虑压力损失、动力消耗、除尘效率等多种因素，这是因为如果要求过高的效率，势必引起压力损失和动力消耗也太大。

（2）除尘器进口速度既不能太高，也不能太低。这是因为速度太大，压力损失增高、而速度太低，除尘效率下降。

（3）卸灰部分必须严密无隙，若稍有漏风，会导致除尘效率大幅度降低。不少用户因卸灰部分管理不善，导致除尘效率不高。排出口粉尘浓度超过国家规定的排放标准。

（4）旋风除尘器的主要检修工作为维修风机和风管。

第五节　电　除　尘　器

一、概述

电除尘器是利用电晕放电，使粉尘带上电荷，在静电引力的作用下，被集尘电极所捕获，从而达到净化空气的目的。由于它的除尘效率高，特别是对其他除尘器难以捕集的极微细，而且又对人体危害很大的微颗粒飘尘捕集力特别强，它捕集粉尘的颗粒度范围很宽，为 0.01～100μm，除尘效率可达到 99.5% 以上，且压力损失小，一般只损失 20～40mm 水柱（196～392Pa），故其电耗比沉降除尘以外其他所有的除尘器都低。此外，温度、湿度对它的正常运行影响小，维护管理方便，使其成为当代的先进除尘手段。

近年来，电除尘器发展很快，种类繁多。下面介绍一种在输煤系统中使用比较成熟的新型除尘器，即 MZ 系列煤粉专用电除尘器。该除尘器采用了恒功率脉冲电源和电磁卸灰系统，解决了常规电除尘器在常温、高湿、低比电阻的煤粉工况下，易发生闪络、破坏绝缘、堵灰等故障，提高了电除尘器的抗短路性能和安全性能，其除尘效率可达 99.6% 以上。

二、结构

MZ 系列电除尘器结构型式有两种，卧式和立式，其本体结构主要包括壳体、阳极系统、阴极系统、阴阳极系统振打装置、进出口喇叭、气流均布装置、绝缘子箱、灰斗等。

本章对 MZW 型（卧式）和 MZL 型（立式）电除尘器两种本体的主要结构分别进行重点介绍。

（1）壳体。

MZW 系列电除尘器壳体由侧板、立柱、上端板、下端板、顶板系统、下部承压件、进出口走道、中部走道等部件组成，如图 6 – 9 所示。

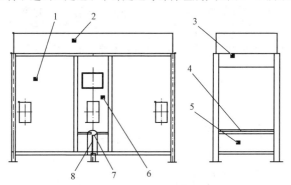

图 6 – 9　MZW 型电除尘器壳体示意图

1—侧板；2—顶板系统；3—上端板；4—进出口走道；
5—下端板；6—立柱；7—中部走道；8—下部承压件

MZL 型电除尘器壳体由前端板、侧板、顶板、中隔板等部件组成，如图 6 – 10 所示。

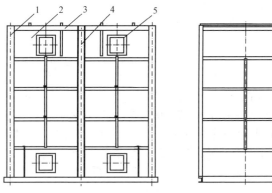

图 6 – 10　MZL 型电除尘器壳体示意图

1—前端板；2—侧板；3—顶板；4—中隔板；5—人孔门

第一篇　输煤机械检修

壳体是电除尘器的工作室，里面容纳阴、阳极系统。本产品具有足够的强度、稳定性，以及良好的密封性能。为避免气流短路而降低除尘效率，壳体还设有侧部、上部阻流板及下部阻流板。

（2）阳极系统。

MZW 型电除尘器的阳极系统由阳极板排、振打杆及防摆装置组成，如图 6-11 所示。板排主要由阳极吊板、极板、限位板、防摆叉、振打杆组成。阳极板的外形与 C 型相似，采用耐磨性能好的 SPCC 板轧制成，腹部为平板，两侧纵向轧有防风沟，刚性较好。每排阳极板排通常用 3～4 块板构成，组件出厂。

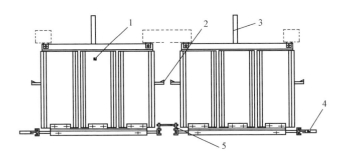

图 6-11　MZW 型电除尘器阳极系统图
1—阳极板排；2—定位耙；3—振打砧梁（用顶部电磁振打）；
4—振打杆（用侧部电磁振打）；5—防摆装置

阳极板排采用上吊下垂方式悬挂，上部通过两点铰接自由悬挂在壳体顶梁底部的吊耳上，下部设置防摆导向机构，仅允许阳极板排在热胀冷缩时上下自由伸缩。阳极板排振打清灰方式采用侧部电磁振打或顶部电磁振打。振打器设置于壳体之外，一般每个振打器控制一排至三排阳极板排，振打力通过振打杆传递到极板排上，如图 6-12 所示。

MZL 型电除尘器阳极系统和阴极系统做成一个整体框架，由阳极板、防摆装置、阴极线、绝缘吊挂、阴极线吊管、电场顶框、阴极线吊梁、电场支撑弹簧、阴极线下横管、限位块等组成。其阴阳极系统的振打方式采用顶部电机整体振打，如图 6-13 所示。

（3）阴极系统。

阴极系统是电除尘器的另一个主要部件。MZW 型电除尘器的阴极系

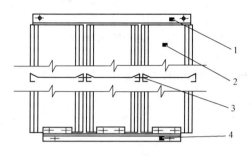

图 6 - 12　阳极板排

1—吊板；2—极板；3—限位板；4—防摆叉

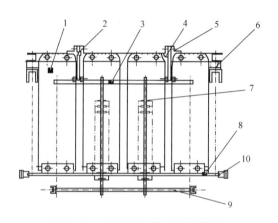

图 6 - 13　MZL 型电除尘器结构图

1—阳极板；2—绝缘吊挂；3—阴极线吊管；4—电场顶框；5—阴极线吊梁；
6—电场支撑弹簧；7—阴极线；8—防摆装置；9—阴极线下横管；10—限位块

统由电晕线、上下横管、阴极吊梁、阴极悬挂系统及防摆机构组成。电阻线与上下横管、传导杆组成阴极框架。传导杆上端与阴极吊梁固接，振打杆焊在吊梁上，振打力通过吊梁传递到电晕线上。阴极悬挂系统由承压绝缘子、支承盖、支承螺母、悬吊杆组成，如图 6 - 14、图 6 - 15 所示。阴极系统采用顶部振打方式清灰，振打绝缘轴为刚玉瓷材料制成，两端采用竖向锥套与连接套连接，具有绝缘性能好，传力效率高，装卸方便和使用寿命长的优点。

　　MZL 电除尘器的阴极系统如图 6 - 15 所示，其振打方式采用顶部电机振打方式清灰，具有结构简单，传力效率高，装卸方便和使用寿命长的优点。

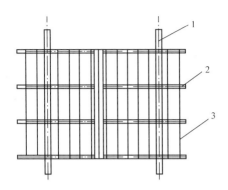

图 6 – 14　阴极框架
1—竖杆；2—横管；3—阴极线

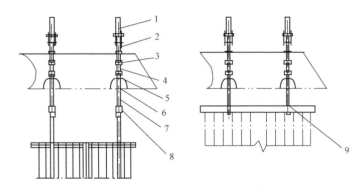

图 6 – 15　阴极系统结构图
1—电磁锤振打器；2—上振打杆；3—连接套；4—锥形绝缘轴；5—支承螺母及法兰；6—支承绝缘子；7—悬吊杆；8—阴极吊梁；9—阴极框架

（4）进出口喇叭。

MZW 系列电除尘器进（出）口喇叭的结构形式有两种：一种是常规的水平进（出）气式喇叭；另一种为垂直进（出）气式喇叭，其中垂直进（出）气多为下进气为主，分别见图 6 – 16 ~ 图 6 – 19。

MZL 型电除尘器进出口喇叭的结构形式分别见图 6 – 20、图6 – 21。

进口喇叭内设置有导流板和 1 ~ 2 层气流均布板。常规的水平进

（出）气方式气流均布性较好，但占用空间较大；下进（出）气方式气流均布性较差，但占用空间较小，适合小场地布置；出口喇叭内设置槽型板，具有辅助收尘及改善电场气体均布的作用。

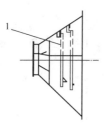

图 6－16　进口喇叭

1—喇叭口

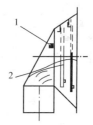

图 6－17　进口喇叭

1—喇叭口；2—导流板

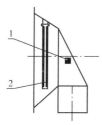

图 6－18　出口喇叭

1—喇叭口；2—槽型板

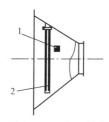

图 6－19　出口喇叭

1—喇叭口；2—槽型板

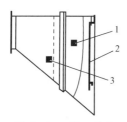

图 6－20　进口喇叭

1—喇叭口；2—气流均布装置；3—导流板

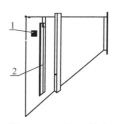

图 6－21　出口喇叭

1—喇叭口；2—槽型板

（5）灰斗。

MZ 系列电除尘器的灰斗为锥型台式结构，下部与卸输灰装置连接（如图 6－22 所示）。除尘器收集下来的粉尘，通过灰斗和卸输灰装置送走。实践中由于排灰不畅影响设备正常运行的情况时有发生，因此，灰斗设计时注意了以下问题：

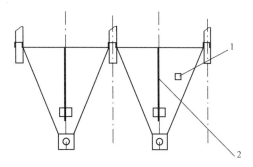

图 6 – 22　灰斗
1—灰斗；2—阻流板

1）灰斗具有一定的容量，能满足除尘器运行 2 ~ 4h 的储灰量。以备排、输灰装置检修时，起过渡料仓的作用。

2）排灰通畅。斗壁应有足够的溜角，一般保证溜角不小于 70°，四棱形灰斗壁内交角处加圆弧形过渡板或设计为顶方底圆形式，以保证灰斗内粉尘的流动。为避免烟尘受潮结块或搭拱造成堵灰，配置专用电磁卸灰阀，保证卸灰顺畅。为了方便灰斗的清灰，每个灰斗设有密封性能良好的带盖帽清通管。

3）灰斗中部设阻流板，以防烟气短路。

4）库顶上使用的 MZ 系列电除尘器由于直接罩在库顶上，所以不需要灰斗。

（6）配套高压电源及控制系统。

1）MZ 型煤粉专用电除尘器所配套高压电源为 HGM 型恒功率高压脉冲电源。该高压电源装置由恒功率变压器、恒功率高压脉冲变换器及高低压控制柜组成。

2）该高压电源是一种新型的除尘用高压电源，由于这种高压电源在调试和使用过程中没有任何需要调整的环节，故又称之为"傻瓜电源"。

3）MZ 系列煤粉专用电除尘器配备的控制系统为计算机智能控制系统。该系统可按程序自动完成电除尘的所有工作流程，并可实现远程控制和多台电除尘器计算机集中控制。

4）该高压电源装置的具体介绍参见相关使用说明书。

三、原理

电除尘器的除尘原理是使含尘气体的粉尘微粒，在高压静电场中荷电，荷电尘粒在电场的作用下，趋向沉降电极和放电极。带负电荷的尘粒与沉降电极接触后失去电子，成为中性而粘附于沉极表面上，为数很少带电荷尘粒沉积在截面很少的放电极上。然后借助于振打装置使电极振动，将尘粒振落到除尘的集灰斗内，达到收尘目的。

四、电除尘器检修

1. 检修项目

（1）电场本体清扫；

（2）阳极板检修；

（3）阳极振打装置检修；

（4）阴极振打悬挂装置、框架及极线检修；

（5）灰斗及卸灰装置检修；

（6）壳体及外围设备、进出口喇叭槽形板检修；

（7）冲灰水系统检修。

2. 检修工艺

（1）安全措施。

只有在电除尘器电源完全关断的情况下，才能进入电除尘器进入。进入电场前还应用接地挂钩挂接阴极柜。内部工作人员不少于两人，且至少有一人在外监护。

（2）清灰前检查。

1）初步观察阳极板、阴极线的积灰情况，分析积灰原因，做好技术记录；

2）初步观察气流分布板、槽形板的积灰情况，分析积灰原因，做好技术记录；

3）极板弯曲偏移、阴极框架变形，极线脱落或松动等情况及极间距宏观检查。

（3）清灰。

1）电场内部清灰包括阴阳极、槽形板、灰斗、进出口及导流板、气流分布板、壳体内壁上的积灰。

2）清灰时要按自上而下，由入口到出口顺序进行。清灰人员要注意工具等不要掉入灰斗中。

3）灰斗堵灰时，应查找堵灰原因，清除积灰时，应开启排灰阀，然后用水冲洗。

（4）阳极板完好性检查。

1）用目测或拉线法检查阳极板变形情况。

2）检查极板锈蚀及电蚀情况，找出原因并予以清除。对穿孔的极板及损伤深度与面积过大造成极板变曲，极距无法保证的极板应予以更换。

（5）阳极板排完好性检查。

1）检查阳极板排连接板焊接是否脱掉，并予以处理。补焊时宜采用直流焊机，以减少对板排平面度的影响。

2）检查极板定位板、导向槽钢是否脱焊与变形，必要时进行补焊与校正。

3）检查极板排下沉及沿烟气方向位移情况，若有下沉应检查顶梁吊耳、悬挂销板、固定板焊接情况，必要时处理。

4）整个极板排组合情况良好，各极板经目测无明显凸凹现象。

（6）阳极板同极距检测。

每个电场以中间部分较为平直的阳极板面的基准测量极距，间距测量可选在每间排极板的出入口位置，沿极板高度分上、中、下三点进行，极板高度明显有变形部位，可适当增加测点。每次大修应同一位置测量，并将测量及调整后的数据记入设备档案。

（7）极板的整体调整。

1）同极距的调整。当弯曲变形较大，可通过木锤或橡皮锤敲击弯曲最大处，然后均匀减少力度向两端延伸敲击予以校正。敲击点应在极板两侧边，严禁敲击极板的工作面。当变形过大，校正困难，无法保证同极距允许范围内时应予以更换。

2）当极板有严重错位或下沉情况，同极距超过规定而现场无法消除及需要更换极板时，在大修前要做好揭顶准备，编制较为详细的检修方案。

3）新换阳极板每块极板应按制造厂规定进行测试，极板排组合后平面及对角线误差符合制造厂要求，吊装时应符合原来排列方式。

（8）振打装置检修。

1）结合阳极板积灰检查情况，找出振打力明显不足的电场与阳极板排，作重点检查处理。

2）检查振打锤各机构是灵活，振打锤振打动作完成后是否能复位。若振打锤不能复位，应检查电磁铁线圈内角是否磨损。若发现内角磨损，应及时更换。

3）检查振打线圈是否存在漏皮及其输出两条引线接头是否存在裸露破皮现象。

（9）阴极悬挂装置检查检修。

1）检查各个承压绝缘子是否水平放置。

2）检查阴极吊梁各个点之间是否在同一水平面，存在误差时调整绝缘子支承法兰上螺母使各吊点保持水平。

3）用清洁干燥软布擦拭承压绝缘子内外表面，检查绝缘表面是否有机械损伤、绝缘破坏及放电痕迹，更换破裂的承压绝缘子。绝缘部件更换前应先进行耐压试验。更换承压绝缘部件时，必须有相应的固定措施，用临时挂钩将吊点稳妥转移到临时支撑点的部件。更换后调整各吊点保持水平，应注意将绝缘子底部周围石棉绳塞严，以防漏风。

4）检查框架吊杆顶部螺母有无松动、移动，绝缘子两头定位元件是否脱落。

5）见阳极振打装置部分的 2～3 点。

（10）阴极框架的检修。

1）检修阴极框架整体平面度公差符合要求，并进行校正。

2）检查框架局部变形、脱焊、开裂等情况，并进行调整与加强处理。

3. 质量标准

（1）清理部件表面积灰并干燥，便于检查、检修，防止设备腐蚀。

（2）板排组合良好，无连接板脱开或脱掉情况，左右活动间隙能略微活动。

（3）支承绝缘子无机械损伤及绝缘破坏情况，新换高压绝缘部件的交流耐压试验标准：1.5 倍电场额定电压充压试验后，1min 应不击穿，并如实做好记录。

（4）阴极线无松动、断线、脱落情况，电场异极距得到保证，阴极线放电性能良好。

（5）灰斗内壁无泄漏点，灰斗四角光滑，没有容易滞留灰的死角。

（6）灰斗不变形，支撑结构牢固，壳体内壁无泄漏、腐蚀，壁平直。

（7）人孔门不泄漏、安全标志完备，进、出口喇叭无变形、泄漏、过度磨损。

（8）若磨损总面积超过 30% 时，应予以整体更换。

（9）阀门及管路应无泄漏，管壁腐蚀量达到壁厚 1/2 时要更换。对容易腐蚀的管路（如使用海水）应使用耐腐的材料，以确保冲灰水系统的可靠运行。

（10）灰沟畅通，无杂物沉积吸附。沟底完整，盖板齐全。

第六节　干雾抑尘

一、概述

微米级干雾抑尘装置工作喷头安装在输煤系统皮带尾部的各受料点及叶轮给煤机受料点。

二、原理

微米级干雾抑尘装置是利用干雾喷雾器产生的 $10\mu m$ 以下的微细水雾颗粒（直径 $10\mu m$ 以下的雾称干雾），使粉尘颗料相互粘结、聚结增大，并在自身重力作用下沉降。

粉尘可以通过水黏而聚结增大，但那些最细小的粉尘只有当水滴很小（如干雾）或加入化学剂（如表面活性剂）减小水表面张力时才会聚结成团，如图 6－23 所示。如果水雾颗粒直径大于粉尘颗粒，那么粉尘仅随水雾颗粒周围气流而运动，水雾颗粒和粉尘颗粒接触很少或根本没有机会接触，则起不到抑尘作用；如果水雾颗粒与粉尘颗粒大小接近，水雾颗粒越小，聚结概率则越大，随着聚结的粉尘团变大加重，从而很容易降落，水雾对粉尘对"过滤"作用就形成了。

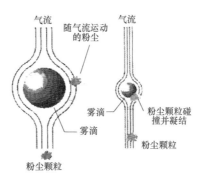

图 6－23　喷雾抑尘机理

微米级干雾抑尘装置是由压缩空气驱动的声波振荡器，通过高频声波将水高度雾化，"爆炸"成上千上万个 $1\sim10\mu m$ 大小的水雾颗粒，如图 6－24所示。压缩空气流通过喷头共振室将水雾颗粒以柔软低速的雾状方式喷射到粉尘发生点，粉尘聚结而坠落，达到抑尘目的。

微米级干雾抑尘装置流程图如图 6－25 所示，当被抑尘设备作业时，微

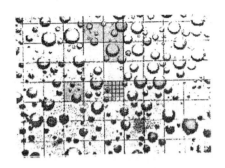

图6-24　雾珠颗粒高速照片（小方格是2μm大小）

米级干雾机同步工作，使气、水经过微米级干雾机，进入喷雾器组件实现喷雾。

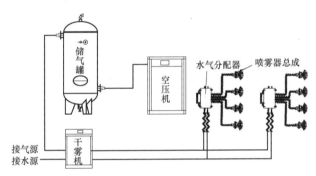

图6-25　微米级干雾抑尘系统流程图

三、组成

微米级干雾抑尘采用模块化设计技术。由微米级干雾机、螺杆式空气压缩机、储气罐、配电箱、水气分配器、万向节喷雾器总成、水气连接管线、电伴热带和控制信号线组成。

（1）螺杆式空气压缩机的作用是为干雾抑尘系统提供标准的气源。

（2）储气罐的作用是当空压机的排气量不能满足微米有干雾机瞬时排量要求时，先将螺杆式空气压缩机排出的压缩空气储存起来，以便满足微米级干雾机的瞬时用气量。

（3）配电箱是整个装置的配电系统，根据用电功率的不同，配电箱略有区别。通过水气分配器实现水、气、电主管线与万向节喷雾器总成的连接，并根据现场情况通过PLC控制实现各万向节喷雾器总成分别喷雾。

（4）万向节组件（如图 6 - 26 所示），它由喷头、喷头固定座、万向节接头、防护钢管、水、气连接组成。喷嘴的周围设置铝合金壳体并配接水气管线构成万向节喷雾总成。球形铝合金保护壳体可调节喷雾方向，并可防止物料在运输过程中直接撞击喷嘴。

（5）水气连接管线用于微米级干雾机和喷雾器的连接。

（6）电伴热带用于冬季保温防冻（某些场合适用）。本系统如需要冬季防冻措施，各个系统和所有水管道均能设置暖板或电伴热带加热并安装保温防冻材料。

（7）控制信号线用于微米级干雾机的控制系统。

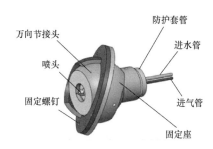

图 6 - 26　万向节组件

四、性能及技术参数

工作环境温度：-20℃ ~ +40℃。

电控模块电源：交流 220V/50Hz/1kW。

电伴热带电源：交流 380V/50Hz；功率，依实际使用设定。

干线供水要求：压力 0.4 ~ 0.6MPa；悬浮物≤50mg/L，pH 值 6.5 ~ 8.5，硬度≤450mg/L，氯化物≤250mg/L。

水调压阀依实际使用设定参数值（压力要求 0.6MPa，可调）。

喷雾耗气量：依实际使用设定参数值（6.38）Nm³/min（可调）。

喷雾耗水量：依实际使用设定参数值（14.98）L/min（可调）。

干雾雾滴直径：<10μm。

吹扫排水功能。

防护等级 IP55。

有气压低、水压低、水过滤器堵塞报警及电伴热带工作指示。

五、故障及维修

微米级干雾抑尘装置常见故障及处理方法见表 6 - 2。

表 6 - 2　　　　　　　　常见故障及处理方法

故障现象	产生原因	处理方法
微米级干雾抑尘装置不工作	（1）微米级干雾机电源不正常； （2）没有联动触发信号； （3）（手动/自动）转换开关接触不良； （4）微米级干雾机手动阀门全部没有打开； （5）无水、无气； （6）水、气路电磁阀损坏； （7）过滤器填塞	（1）检查微米级干雾机主电源是否正常； （2）检查联动触发信号是否正常； （3）检查（手动/自动）转换开关，并更换； （4）打开微米级干雾机手动阀； （5）供水、供气； （6）更换水、气路电磁阀； （7）启动反冲洗或清理过滤器
微米级干雾机未工作时，喷头长期流水	喷雾器内电磁阀关闭不严	（1）拆开喷雾器附近电磁阀体，清除阀门处脏物； （2）手动喷雾，反复吹洗喷雾器电磁阀内脏物
微米级干雾机未工作时，喷头长期喷气	气路输出电磁阀未关严	检修 A 路气电磁阀、B 路气电磁阀
水过滤器填塞未反冲洗或未自动切换	（1）反冲洗电磁阀损坏； （2）反冲洗驱动继电器损坏	更换反冲洗电磁阀或反冲洗驱动继电器
过滤器工作正常，但"过滤指示灯"显示过滤器填塞	压差电触点压力表触点接触不良	更换电触点压力表

故障现象	产生原因	处理方法
水压正常，但水压正常指示灯不亮	（1）水压电触点压力表触点接触不良； （2）指示灯损坏； （3）指示驱动器电器损坏	更换电触点压力表或指示灯或指示驱动继电器
微米级干雾机工作时，喷雾效果不良	气压或水压教正常值偏低或偏高	调整水压或气压

六、维护保养

微米级干雾抑尘装置常见故障及处理方法见表6－3。

表6－3　　　　维护保养内容和周期

项目	内容	检查或更换周期（h）小时/月						备注
		500	1000	1500	2000	4000	8000	
空气过滤芯	清除表面灰尘杂质	*						可视含灰量工况情况延长或缩短
	更换新滤芯				*			
专用冷却油	更换优质冷却油	*（首次）				* +		每周放油取样一次，检查油色、油质，如有异常须更换
	更换超级冷却油							
油过滤器	更换新件	*（首次）			*			
油细分离器	更换新件					*		
最小压力阀	检查开启压力					*		
冷却器除灰	清除散热表面热尘	*						风冷型，视工况延长或缩短

项目	内容	检查或更换周期（h）小时/月						备注
		500	1000	1500	2000	4000	8000	
冷却器除垢	检查清除冷却器内水污			*				水冷型，根据水的质量情况延长或缩短
进气阀	检查					*		必要时更换易损件
电磁阀	检查		*					
压力表	检查			*				
安全阀	检查						*	
排水	排放油罐内冷凝水	*						
排污阀	检查有无堵塞		*					
电动机	电动机加润滑油脂					*		参考电动机说明书
电气	检查紧固主接线及电机接线盒内桩头	*						首次应在新机调试好后150小时进行
皮带	检查调整				*			首次应在新机调试好后150小时进行
喷头	清除内部杂质	*（首次）				* +		
检查气瓶内冷凝水	打开气瓶底部泄水阀，排水	冬季每天检查						

项目	内容	检查或更换周期（h） 小时/月						备注
		500	1000	1500	2000	4000	8000	
冬季防冻检查	电加热指示灯亮	每天检查						
	放出水气管路内余水	停电时或电加热装置故障时						

注　*　在干净工作环境里进行，请按上表规定时间间隔维护；在恶劣环境里，皮带、冷却油、油过滤器、空气过滤芯及油细分离器应缩短更换时间。

　　*+　优质冷却油更换时间以4000h或1年为保养周期，以先到时间为准。

　　*++　超级冷却油更换时间为8000h或2年为保养周期，以先不先到时间为准。

在定期保养期间，应同时检查空压机油气桶、排气管道、冷却器等受热及热传递设备、部件，清除油垢和积碳物。

第七节　无动力除尘器检修

一、概述

近年来，无动力除尘运用越来越广，它利用空气动力学原理，使粉尘在负压气流的引导下，在密闭空间内循环运动，在重力作用下沉降下来，无需附加其他任何动力设施。通过对粉尘进行阻尼、减压、过滤、封闭等作用，从而达到高效降尘目的。

无动力除尘器可提高整个转运系统的密封性，降低进入转运系统的诱导风量，减少物料的撞击，减少扬尘，降低导料槽出口风的风速和粉尘浓度。无动力降尘器具有除尘效率高，安装简便，能源消耗少，不存在二次污染，运维费用低，占地少的特点，在各行业广泛应用。

在实际使用中，无动力除尘器通常与干雾抑尘装置配合使用，从而提高除尘效率。

二、主要结构

无动力除尘器主要由控制柜、全封闭导料槽、降尘室、自动循环装置、分离减压装置、阻尼装置等构成。自动循环装置由气流导向罩、引流筒、折射筒构成，分别与落料漏斗、皮带机导料栏板连接，形成循环通道。分流减压装置由减压器壳体，橡胶胶帘组成，安装在落料筒前部的导料栏板内，通过组合使用，达到逐级减弱粉尘气流压力的目的。阻尘装置由壳体、橡胶胶帘、橡胶板组成，安装在导料板内，阻止粉尘气流在皮带

第六章　除尘器检修

机导料板泄漏。

干雾抑尘装置主要由配电箱、空压机、储气罐、干雾主机控制柜、电磁阀、过滤器、气水管路、气水混合喷嘴等组成。皮带导料槽上布置机械阀和气水混合喷嘴往封闭的导料槽内喷雾。干雾抑尘如图 6-27 所示。

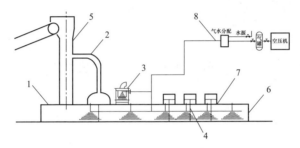

图 6-27　干雾抑尘示意图

1—全封闭导料槽；2—自动循环装置；3—分离减压装置；4—防尘帘；
5—落煤筒；6—出口挡尘帘；7—喷雾装置；8—气水系统

自动循环装置使落料管和落料点导煤槽的压力平衡，有效消除煤流下落时的诱导风量，并在涡流的作用下增加煤尘颗粒的碰撞机会，使粉尘颗粒的动能转变为势能落到输煤皮带上，实现除尘的目的。

设在导煤槽上各隔离区的多道挡尘帘，将通过的粉尘吸附在胶条上并抖落在皮带上，从而加强了无动力自降尘的作用。

全封闭导料槽利用挡煤板和挡煤护皮，将整个导料槽密封，可防止煤粉通过皮带与挡煤板之间的缝隙外泄及皮带跑偏。落料管的入口较大，物料流速较慢，所以将自动循环装置的回流管接至落料管中间偏上位置，回流的含尘气体在循环的过程中，煤尘浓度随着上煤时间的延长也在不断增加，尘粒之间碰撞的概率也在不断增加，使得较大的颗粒逐渐减速直至沉降。

经过自动循环、阻尼抑尘和喷雾降尘后的较为清洁的混合气体进入分离减压装置，经分离减压装置上方布置的气雾喷头进行再次降尘后，干净的气体从排气口排出。

三、工作原理

无动力除尘装置是运用空气动力学原理，采用压力平衡和闭环流通方式，将气流引致物料的通道，形成正压与负压的平衡空间。由于落料点为密闭空间，物料降落产生的扬尘大部积聚在降尘室，使降尘室内压力增高，一部分粉尘在降尘室内通过干雾系统进行降尘；一部分粉尘在负压气流的引导下，通过自动循环装置引流至落料筒，与煤流混合，通过煤流进行压制降尘；另一部分粉尘通过分离减压装置上方布置的干雾抑尘系统进行再次降尘后排出。通过阻尼、减压、滤尘、逐级作用，达到抑尘的效果。

四、检修项目

（1）检查各结合面、观察门密封情况，如漏粉应重新密封。

（2）检查防尘帘、防溢裙板磨损情况，并适当调整。

（3）检查除尘器本体及导料槽腐蚀情况，如严重应更换。

（4）检查水、气管路固定支架是否牢固。

（5）检查、清理水雾喷头、过滤器。

（6）检查、清理腔室、管路。

（7）检查、清理排风滤网。

（8）空压机系统：

1）检查测量主从动螺杆齿轮磨损情况，清洗并检查各零部件。

2）检查空压机主机各结合面有无漏气漏油。

3）检查最小压力阀弹簧是否失效，检查密封件是否老化破损，清理阀杆处水垢及锈渍。

4）检查放空阀弹簧是否失效，检查密封件是否老化破损，清理阀杆处水垢及锈渍。

5）检查放空阀后消音器有无破损或堵塞情况。

6）检查油气分离器滤芯回油视窗回油情况，8000h更换油气分离器，如视窗无回油，清理视窗。

7）检查压缩机调节螺旋阀有无卡涩现象，加润滑脂。

8）检查入口空气滤网是否有脏污，吹扫入口空气滤网。检查滤网是否破损，破损则更换新滤网。

9）检查入口蝶阀控制气缸有无漏气或者卡涩现象，控制气囊有无漏气或者破损现象。

10）检查油冷却器及后冷却器有无内漏外漏。如有内漏更换冷却器，外漏更换冷却器密封件。

11）检查温控阀有无卡涩，若卡涩则更换。

12）检查空压机供油滤网差压，超过报警值更换油滤网。

13）检查断油阀活塞密封件，如老化，更换密封件。活塞缸如卡涩，清理活塞缸。

14）检查后冷却器出口自动疏水阀，解体清理疏水阀内水垢。

15）检查后冷却器出口手动疏水阀，解体清理手动疏水阀内水垢。

16）定期开启手动疏水阀进行放水。

五、检修工艺及质量标准

（1）各结合面、观察门密封垫完好，密封良好，无漏粉。

（2）打开人孔检查防尘帘磨损情况，挡尘帘应防尘效果良好；拆下导煤槽外护板，检查防溢裙板磨损情况并调整，防溢裙板应与皮带接触良好，不撒煤，不漏粉。

（3）本体焊接处无开焊、裂纹及严重锈蚀现象。

（4）水、气管路固定支架应牢固，管路不变形。

（5）水雾喷头、过滤器干净，无堵塞。

（6）水气、路系统正常，各阀门开关灵活，各部位无渗漏点。

（7）腔室、管路无积粉，法兰密封良好，无严重锈蚀。

（8）排风滤网完好、无严重锈蚀，杂物堵塞。

（9）空压机系统：

1）空压机驱端、非驱端振动值标准在 $20\mu m$ 以下，温度在 70℃ 以下。

2）主从动螺杆齿轮磨损超过原厚度 1/3 ~ 2/3 应更换齿轮，应无裂纹、掉块和断齿。齿轮延长线 50% 以上接触，沿齿高 50% 以上接触。齿轮与轴配合间隙为 $-0.01 ~ +0.01mm$，顶部间隙为 $0.20 ~ 0.40mm$。

3）空压机主机各结合面无漏气、漏油现象。

4）最小压力阀弹簧伸缩灵活，无变形；最小压力阀阀杆无水垢锈渍，活动灵活；密封圈完好，无变硬现象。

5）放空阀弹簧伸缩灵活，无变形；密封件完好，无变硬现象，阀杆处无水垢锈渍。

6）油气分离器运行时间满 8000h 更换，更换前将罐体内旧油放干净，罐体用破布清理干净，白面将罐体内油污杂物粘取干净后，回装新油气分离器滤芯。

7）空气过滤器滤网安装牢固。入口蝶阀控制气缸不漏气卡涩。入口蝶阀控制气囊不漏气。空气过滤器滤芯应清洁、无堵塞，滤网无破损，压差大于 0.05bar 时应更换滤芯。

8）空压机油运行时间超过 8000h 更换新油，油气分离器罐及冷油器内旧油全部排出干净。

9）油冷却器水侧打压 0.8MPa，保压 20min，无压力下降现象；油冷器油侧打压 1.0MPa，保压 20min，无压降现象。

10）空压机滤网差压超过 0.5bar 时更换新油滤。

11）断油阀活塞活动灵活无卡涩，密封件密封良好。

12）自动疏水阀排水孔、手动疏水阀排水孔清理干净。

13）疏水管内疏水排除干净。

六、常见故障及处理方法

无动力除尘器常见故障及处理方法见表6-4。

表6-4 常见故障及处理方法

序号	故障现象	故障原因	处理方法
1	空压机无法启动	主电源失电	恢复主电源
		控制柜或空压机电源失电	合上控制柜或空压机断路器
		空压机传动带太松或断裂	调整或更换传动带
		空压机压力旋钮开关打至"OFF"位	压力开关旋钮打至"AUTO"位
		电动机故障	检修电动机
		空压机故障	检修空压机
		控制程序出错	检查恢复控制程序
2	空压机异音	机体螺栓松动或脱落	紧固螺栓
		润滑油缺失	加注润滑油
		V形带不正或飞轮松动	重新调整
		排气阀漏气	拆修排气阀
3	除尘效果差	空压机出口供气阀关闭	打开空压机出口供气阀
		无水源	恢复水源供应
		喷头堵塞	检查清理喷头
		汽水管路堵塞或泄漏	检查汽水管路消除堵塞或泄漏
		挡尘帘磨损或缺失	更换或恢复挡尘帘
		导料槽破损或密封不好	修补更换导料槽或恢复密封
		煤流开关缺失或传感器损坏	恢复煤流开关或更换煤流传感器
		煤速感应块缺失或煤速传感器损坏	恢复煤速感应块会更换煤速传感器

序号	故障现象	故障原因	处理方法
3	除尘效果差	安装煤速感应块的托辊不转	更换托辊
		电磁阀故障	更换电磁阀
4	喷头持续喷水，无法停止	电磁阀内部有空气	（1）手动逆时针轻微旋转外放水手动操作旋钮排气后恢复，恢复时不可拧得过紧；（2）手动逆时针旋转电磁头排气后恢复，恢复时不可拧得过紧
5	喷头喷水量小或不喷水	喷头堵塞	清理喷头
		气、水管路堵塞	清理管路
		气压小	检查空压机
		气、水管路泄漏	处理泄漏点
		气、水阀门未打开	检查并打开阀门

第七章

辅助设备检修

第一节 入炉采样器检修

一、概述

输煤系统所用入炉煤采样器分别安装在带式输送机中部，碎煤机之后（破碎后的煤的粒度≤30mm）。入炉煤采样器包括：采样头、样品破碎机、样品缩分机、样品收集机、余料返回系统以及控制柜等。

二、主要设备检修与安装

（一）锤式破碎机检修

破碎机在进料之前应达到全速旋转。为了确保最佳破碎效果，进料方向应与破碎机的旋转方向保持一致。进料应尽可能被分布在转子的整个宽度范围，以充分利用破碎机的破碎能力。如果进料集中于某一部分，破碎能力则会由于转子的宽度只被利用一小部分而受降低。要避免在转子的一侧或任一角进料，因为这样物料就不能分布在转子的整个宽度上。如果进料的方向与转子旋转的方向相反，物料将被锤头打出破碎机而不是进入破碎机。应尽量以均匀的流量进料以获得最大的破碎能力。

在关闭破碎机电源之前，应特别注意先停止给料，并留下足够的时间让物料完全排出。这对于减少堵料非常重要的。因为一旦发生堵料现象，破碎机在带载的状态下是无法启动的，破碎机内的物料必须清理干净。

为了保险起见，将给料设备与破碎机电动机连锁，以避免物料在破碎机没有正常运转的情况下被送入破碎机，这样电动机就会因热继电器动作而跳闸。

1. 锤头检查

应定期检查设备的磨损程度。判断是否应该更换部件。锤头属于最易磨损的零件。厂家可以提供好几种类型的锤头，破碎机应该配哪种类型的锤头取决于所处理的物料特性。标准配置的锤头为经过热处理的中碳钢，用于一般场合，其中一部分锤头可以双向使用，这样当一个角磨损以后可将锤头换向使用。当所有的角都磨损以后可以利用涂层的方法使锤头恢复原来的形状，当然也可以更换新的锤头。所有的锤头都有两个磨损角，对于上述双向的锤头也是这样。

2. 锤头更换

要更换锤头，首先要去除机器两侧的轴密封盘或破碎机两侧的盖板并拆掉后门。易维护型破碎机可拆端面的螺母，打开两边的门以获得工作空间，如果还需要更大的空间可分别将门提起然后可以卸掉门子。然后转动转子使得锤杆与轴上的侧框开口对齐。转子应被卡住，以防止其转动。卸掉两端的销子或者定位挡圈慢慢抽出锤杆。这样一个锤头就可以卸掉，并可以从碎机端部的开口处提出来。

在更换下一排之前，同一排锤头要换，或者将锤头转向，或者换新锤。

为确保转子平衡，应按下列程序更换锤头：如果破碎机有三排锤头，所有的锤子均应被称重、标注并分成三组。每组的重量应尽可能地保持一致，这样组装破碎时，每个锤杆上的总重量相同。

如果破碎机有四排锤头，所有的锤子均应被称重、标注并分成四组。每组的重量不必一致，因为当使用四排锤子时，每排锤头的数量不总是一致。任何情况下，组装机器时都必须特别注意，对面的两排锤头的总重必须相等。如果破碎机锤头有六排，所有的锤子均应被称重、标注并分成六组。每组的重量不必一致，因为当使用六排锤子时，每排锤头的数量不总是一致。无论如何，组装机器时都必须特别注意以使得：奇数排1、3、5具有相同的重量；偶数排2、4、6具有相同的重量。做到这点，转子便可平衡。

如果锤子被杂乱地于安装在机器中而不考虑其重量，由于转子不平衡会导致过度的振动，从而导致轴承的寿命缩短。

3. 筛条或筛板的更换

为了得到不同粒度的样品，可以改变转子的速度、筛条的间隙或筛板孔的尺寸。筛条或筛板的更换也是通过更换锤头的同样的开口处更换。破碎筛条应保存良好，如果某个破碎筛条棱角磨损应予以及时更换。如果某处衬板磨损时应予以更新。当衬板磨损严重无法再保护破碎机的主要部件时，应将其更换。

（二）斗式提升机安装

安装基本要求：

（1）安装提升机的基础必须是足够稳固的。与各相对位置必须正确，并保证提升机的下部区段的承重面处在水平平面内。

（2）中间机壳的连接允许垫入防水粗帆布或石棉带以保证密封，连接各部机壳法兰必须整齐，不得有显著的错位，所有下部区段、中部区段、上部区段的机壳中心线应力求在同一铅垂线上，其垂线偏差在1000mm 长度上，不应超过1mm，累积偏差不超过全高的1/2000。

（3）提升机上部传动滚筒轴和下部拉紧滚筒轴应在同一垂直平面内，两轴应该安装和调整在水平位置上，以保证平行。

（4）借助于螺旋拉紧装置调整胶带或牵引链条，使其具有均匀的正常工作所必须的张紧力。为了保证使用过程中螺旋拉紧装置具有足够的行程，在提升机安装时，拉紧装置尚未利用的行程应不小于全行程的50%。

（5）必须根据图纸要求，在中间机壳部分安装导向板。

（6）提升高度不大的提升机，亦可将其上部区段、中间机壳、下部区段在水平位置装配校准妥当后，并临时利用方木梁增加机壳的刚性，而后整个地吊至铅直位置。提升机装至铅垂位置时，折去方梁，并装上带有料斗的索引件。

（7）输送带的安装输送带在工厂已经制作完毕，斗子均已固定，运用下列方法进行安装：

1）将从动滚筒调节至主动滚筒最小距离。

2）将提升机顶盖打开，架设临时吊装工具。

3）从顶部将输送带放入箱体中。

4）将输送带首尾相接，切割皮带长度，要防止切口倾斜。

5）使用输送带专用夹，固定首尾。

6）要正确调节皮带张紧。

7）料斗及带装于提升机内，不应有偏斜而碰撞机壳现象发生。提升机安装完毕后，向各润滑系统加注必要的润滑油。

三、采样机检修

1. 大修项目

（1）各设备减速机解体大修；

（2）斗式提升机提升斗更换；

（3）破碎机解体大修；

（4）皮带机托辊及皮带更换。

2. 小修项目

（1）更换减速机的润滑油，并对其进行检查和清洗；

（2）对各转动部分的轴承检查、清洗、加润滑脂；

（3）检查提升斗磨损情况，更换；

（4）皮带给料机调偏，清理积料；

（5）更换缩分器刮板。

四、检修工艺

（1）减速电机检修。先将机内齿轮油放净，打开机壳清洗内部传动部件，检查轴承及齿轮磨损情况，检查完毕在法兰周围涂密封胶，合箱，注油。

（2）采样头检修。先检查轴承润滑情况，然后打开上盖检查观察积煤情况，如需更换螺旋杆应将减速机轴孔里的压盖松开，使用拉马将轴顶出。

（3）破碎机检修。打开上箱体的检查门，检查内部积料及各部件磨损情况，并及时更换。如需更换转子组件应将破碎机上部的设备拆除，并将上箱机拆除。

（4）缩分器检修。打开护罩，检查刮板的磨损情况，如与皮带不能完全配合需要更换。

（5）斗式提升机检修。观察皮带有无开裂，提升斗有无破损情况，如有应及时更换。

五、质量标准

（1）各减速电机无渗漏，无异常升温及噪声。减速机温升应小于30℃。各轴承温升应小于30℃，破碎机轴承温度不应高于60℃。

（2）破碎机衬板磨损量大于40%应更换，筛条磨损量大于6mm，锤头磨损量大于6mm，应更换。筛条有明显变形应校正或更换。

（3）缩分器刮板不能与皮带完全配合应更换。

（4）斗式提升机皮带损伤大于断面的20%应更换或修补，提升斗破损应更换。

六、常见故障及处理方法

采样器常见故障及处理方法见表7-1。

表7-1 采样器常见故障及处理方法

设备名称	常见故障	故障原因及处理方法
采样头	采样头停止后，采样斗的位置不在正上方	由于接近开关接受不到信号或信号太弱造成。将采样头的停止位置调到顶部，检查接近开关的固定和感应块的位置，调至正常
	减速机或电动机过热	润滑不良按润滑有关规定加润滑油
	采样斗磨损严重冲击变形	由于长期受煤流冲击造成，应及时更换采样斗

続表

设备名称	常见故障	故障原因及处理方法
给煤机	给煤机不转	电动机烧或堵煤。更换电动机或及时清理积煤
破碎机	振动，噪声大	重锤使用时间久，磨损严重，破坏了动平衡。更换锤头或整套转子机构
	破碎粒度大	篦条磨损严重，间隙大。更换篦条
	三角皮带打滑	皮带太松。调整电动机顶螺矩，涨紧皮带
提升机	皮带跑偏	皮带运行后出现伸长。应调整皮带调偏装置，涨紧皮带
电器报警	（1）电动机负载过大或电源缺相使电器设备电源开关跳闸； （2）设备遇硬块堵转，以及堵煤或机械故障； （3）设备接近开关没有返回信号，使保护失效； （4）电动机、接触器烧坏，熔丝烧断； （5）变频器过载、采样头不能运行或采样板堵转； （6）采样头接近开关采样时感应块无感应信号或感应块接近开关时间超时	（1）根据负载过大的原因采取一定的措施，如与负载无关，可以调整开关的电流，使其与电动机容量相符合； （2）清除硬块或机腔，处理机械故障，使电动机转动灵活； （3）检查接近开关工作是否正常，与感应块之间的距离是否适当，应调节到5~8mm； （4）检查更换电动机、接触器、熔丝； （5）参照变频器说明书，使变频器复位。处理采样头堵转，使电动机转动灵活； （6）调节接近开关与感应块的距离，转动采样板，使采样系统不采样时感应块不感应接近开关

第二节　皮带秤检修

一、概述

燃煤火力发电厂的主要燃料是煤炭，占发电成本的 70% 以上。在输煤系统皮带机上安装电子皮带秤自动称重装置对入炉或进出储煤场的煤炭称重计量，以了解煤炭消耗情况或者储煤场出煤量情况。通过对煤炭的计量管理，计算各项指标，从而控制发电成本。燃煤计量工作是输煤系统的一项重要的工序，越来越被重视。目前较为流行的皮带秤为 ICS 型，它是一种输送系统中对散装物料进行连续累积自动计量的理想设备，利用杠杆原理，结构简单、计量准确、操作方便、维护量较小，广泛运用于电力、冶金、煤化工、食品、建材、港口等行业。

皮带秤自发展以来经历了机械式皮带秤、电子式皮带秤，现已开始进入智能型皮带秤时期。第一代皮带秤是纯机械式，通过杠杆传力，显示为机械计数器。随着电子工业的发展，电阻应变片式称重传感器及微处理器的出现应用，皮带秤进入第二代电子皮带秤仪表时期。新一代智能型皮带秤是在电子皮带秤仪表的基础上，通过数字化、网络化、智能化等技术，大大提高计量系统的准确性和可靠性。

二、结构及原理

1. 结构

电子皮带秤主要由称重部分、测速部分、积算部分、通信部分等组成，即称重桥架、称重传感器、测速滚筒、速度传感器、积算器和通信部分。称重桥架横梁中的承重传感器检测皮带上的物料的重量信号，测速传感器检测皮带的运行信号，计算器接受的重量信号和速度信号进行放大、滤波、A/D 转换后送入 CPU 进行积分运算，然后将物料的瞬时流量和累积重量在面板上显示出来，积算器具有可选的联网、通信、打印、DCS 联机控制等功能。电子皮带秤结构如图 7 - 1 所示。

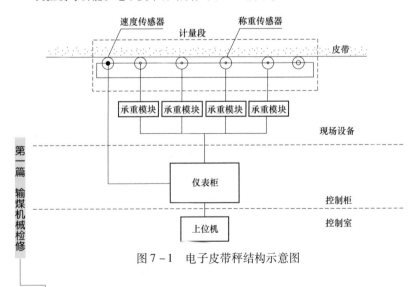

图 7 - 1 电子皮带秤结构示意图

第一篇 输煤机械检修

电子皮带秤的秤架主要有双杠杆多托辊式、单托辊式、悬臂式和悬浮式四种。

2. 工作原理

电子皮带秤称重桥架安装在输送带机架上，当物料经过时，计量托辊检测到皮带机上的物料重量，通过杠杆作用于称重传感器，产生一个与皮带载荷成正比的电压信号，将检测到皮带上的物料重量送入称重仪表；同时测速传感器通过测速滚筒检测到皮带运行速度信号，然后将皮带输送机的速度信号送入称重仪表。仪表将速度信号与称重信号进行积分处理，得到瞬时流量及累计量。速度传感器直接连在大直径测速滚筒上，提供一系列脉冲，每个脉冲表示一个皮带运动单元，脉冲的频率与皮带速度成正比。积算器把从称重传感器和速度传感器接收信号经 A/D 转换、滤波整形后进入微处理器，用软件方式把带速与荷量相乘，通过对时间的计算，产生一个瞬时流量值和累计总重，分别显示在控制柜上，也可以通过 CPU 显示在上位机画面上。电子皮带秤原理如图 7 – 2 所示。

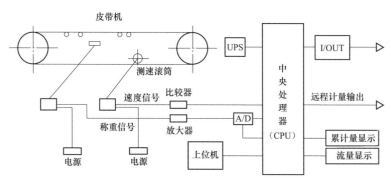

图 7 – 2　电子皮带秤原理图

三、检修项目

（1）检查测速滚筒轴承，更换润滑脂。测速滚筒的轴承座应定期加油润滑。

（2）检查各部位螺栓检查有无松动。

（3）定期清扫，以防体积灰积料，造成称量不准。

（4）检查皮带秤的活动部分，是否有物料或异物卡住。

（5）检查测速传感器的轴套处顶丝，以防松动或脱落。

（6）保证称重托辊及称重域内托辊运转自如，否则更换。

（7）定期清扫测速滚筒，以防黏料。

（8）检查调整皮带跑偏，以防造成计量不准。

四、检修工艺及标准

（1）测速滚筒安装牢固，转动平稳，无异音，轴承润滑良好。

（2）称重机架避开输送机皮带张力变化较大部位，称重托辊距离落料点不小于9m，称重机架中心偏差小于0.4mm。

（3）称重托辊径向跳动小于0.2mm，轴向带动小于0.5mm，不平行度不大于0.5mm，各托辊与皮带接触面不大于0.5mm，相对于基准偏差在0.3mm以内。运行中称重托辊与皮带始终保持接触。

（4）速度传感器的测速滚筒与皮带不打滑，保持30°以上接触面。

（5）称重托辊每年至少润滑2次，润滑以后皮重改变，因此在润滑以后应进行零点校准。

（6）校准校验期间皮带在称量段内不跑偏。

五、常见故障及处理方法

皮带秤常见故障及处理方法见表7-2。

表7-2　　　　　　　皮带秤常见故障及处理方法

故障现象	故障原因	处理方法
仪表零点漂移	（1）称重桥架上积尘、积料； （2）物料及杂物卡在称重桥架内； （3）皮带机上有黏料； （4）皮带张力不均匀； （5）由于物料的温度特性和皮带长期使用，皮带伸长； （6）电子测量元件的故障； （7）称重传感器的严重过载	（1）清理称重桥架上积尘、积料； （2）清理卡在称重桥架内的物料及杂物； （3）清理皮带机粘料； （4）调整皮带张力； （5）调整零点或更换皮带； （6）排查电子测量元件故障； （7）控制输送出力在额定值内
仪表量程漂移	（1）输送机皮带张力变化； （2）测速滚筒的滑动或其直径的变化； （3）称重传感器严重过载； （4）电子元件的故障； （5）秤架的严重变形	（1）调整输送机皮带张力； （2）检修测速滚筒； （3）控制输送出力在额定值内； （4）排查电子测量元件故障； （5）修复或更换秤架
积算器故障	（1）主机板上的保险管烧坏或仪表供电线路故障； （2）显示板和主机板之间的连线插件接触不良； （3）显示板和主机板有故障	（1）更换保险管，检查供电线路； （2）拔下插体，再重新装上； （3）更换主机板和显示板

六、电子皮带秤仪表维护注意事项

（1）定期清扫，防止秤体积灰积料、测速滚筒黏料，影响称量精度。

（2）为防止干扰，信号电缆敷设时或使用中不能与电力电缆交叉布置。

（3）定期检查皮带秤的活动部分是否有物料或异物卡住。

（4）禁止外力冲击秤体和传感器，严禁检修人员检修时在皮带秤上站立或操作其他设备。

（5）检查称重托辊及称重域内托辊运转情况，保证运转自如，否则应及时更换。

（6）禁止在秤体进行电焊、气割等明火操作。

（7）按照标准定期给测速滚筒的轴承座更换润滑脂。

（8）仪表应可靠接地，采用独立电源供电；定期用冷风机对仪表内部进行吹扫。

第三节　污水泵检修

一、检修工艺

（1）拆开出水管法兰和电机接线，将排污泵从泵坑内整体吊出，然后按顺序将电动机、电动机座和轴承解列开。

（2）拆下吸入管和泵体，再松开调整螺母卸下叶轮，检查叶轮的磨损情况和有无裂纹损伤，如磨损严重时，应更换新叶轮，更换的新叶轮两端面对叶轮轴线的跳动量不得大于0.15mm。

（3）拆下叶轮时，如果叶轮与护板或叶轮和轴的配合过紧，不可用手锤硬打叶轮，可先用气焊加热，待叶轮松动时再卸掉。

（4）取下护板和轴套，检查护板和轴套的磨损情况，磨损严重时应更换。

（5）拆下轴承挡盖，抽出传动轴，清洗检查轴承及传动轴的损伤变形情况，进行修理或更换。

（6）装配叶轮时，在叶轮与护板和叶轮与示壳之间应有一定的间隙，并尽量调整至间隙均匀，然后将调整螺母紧固。

（7）叶轮装配后，用手盘动应灵活，无刮磨现象，并能惰走数圈，如果发现转动较沉发涩，应进一步调整至转动自如、间隙均匀为止。

（8）轴承装配后，应涂以钙基润滑脂，填充量为 1/3 ~ 1/2。

二、检修质量标准

（1）泵体支架与基础连接应牢固，运转时不得晃动。

（2）各部连接螺栓齐全，紧固良好，不可有松动。

（3）叶轮转动自如，无磨阻碰撞，运转平稳，无异常声响，调整螺母紧固良好。

（4）轴承合乎质量要求，并保持润滑良好，油封良好，能起密封作用。

（5）出水管完好，端盖连接紧密，不漏水。

（6）电动机转向正确。

（7）联轴器找正合乎要求，振动值不超过 0.1mm。

（8）反冲管及阀门结构完好，阀门应开关灵活，关闭严密。

三、常见故障及处理办法

污水泵常见故障及处理方法见表 7 – 3。

表 7 – 3　　　　　　　　污水泵常见故障及处理方法

故障现象	故障原因	处理方法
流量不足或不出水	（1）泵进口脱离液面； （2）吸入口被堵塞； （3）介质浓度过大； （4）旋转方向不对； （5）电动机转速低于额定转速； （6）电动机或电源故障	（1）下降泵的安装高度或增加液面高度； （2）排除或清处杂物； （3）稀释介质； （4）改换电动机转向； （5）提高电动机转数； （6）检修电动机或消除电源故障
泵有压力而不出水	（1）出水管阻力过大； （2）叶轮淤塞； （3）转数不足	（1）检查管路； （2）清洗叶轮； （3）增加泵的转数
轴承过热	（1）轴承缺油； （2）轴承内有杂物	（1）加钙基脂润滑油； （2）清洗轴承
电动机负荷增大	（1）叶轮与泵体严重摩擦； （2）叶轮进口或泵体内杂物卡死	（1）调整间隙，消除摩擦； （2）停泵清除杂物

故障现象	故 障 原 因	处 理 方 法
噪声与振动	（1）轴承损坏或缺油； （2）叶轮螺母松动； （3）电动机联轴器与泵联轴器安装不同心或轴弯曲	（1）更换轴承或加油； （2）紧固螺母； （3）校正泵轴

第八章

输煤机械检修综述

第一节　安全技术及质量管理

一、火电输煤设备推行状态检修的意义

我国火电厂长期实行的检修体制是以事后检修、计划检修为主的检修体制。随着发电机组的高参数、大容量的发展，随着社会主义市场经济体制的建立，现行检修体制的不结合实际，而使该修的修不到会造成事故检修频繁，不能安全经济运行；不该修的过剩维修，又造成人力、物力、财力的浪费。因此，火电厂正逐步向预知性的检修体制过渡。

火电厂输煤系统是火电厂的第一个生产环节，随着火电厂的大参数、大容量的单元机组制发展，火电厂中的输煤系统越来越庞大，设备输送出力由过去的300t/h到今天的1400t/h，日运量由过去的成千吨到现在的上万吨，成了各大电厂最重要的公用系统之一，设备的复杂性、重要性都需要推行状态检修。合理根据设备状态进行检修，减少设备的非计划检修时间，提高设备的可靠性，降低检修成本，适应社会和市场的需求，适应"厂网分开，竞价上网"的形式，在火电厂输煤系统越来越具有重要意义。

二、火电输煤设备状态检修管理原则

火电输煤状态检修工作就是通过对检修设备进行静态和动态的监测和诊断，掌握输煤设备的性能和健康状况，然后进行综合分析和评价，最终作出检修决策和计划，然后按计划进行维护、分部检修或技改的全过程。因此对输煤设备状态检修工作的管理要遵循如下原则：

（1）火电输煤设备状态检修是一项复杂的系统工程，它涉及输煤检修和运行管理以及配煤、上煤、碎煤、运煤、卸煤的全过程。因此，推行火电输煤状态检修工作的关键是设备管理的组织机构，对工作全过程进行科学的领导和管理，建立一个组织严明、责任明确、标准统一、协调工作的网络系统。

（2）火电输煤设备状态检修是用设备、管设备、修设备三部分管理组合而成，其中管设备又是状态检修的重点。点检制是状态检修管设备的最佳载体，电力设备点检是利用人的感官和简单的仪表工具，或精密检测设备和仪器，按照预先制定的技术标准，定点、定量、定标、定人、定路线、定周期、定方法、定检查记录，实现对设备进行严肃检查的一种管理方法。它是及时掌握设备运行状态，指导设备状态检修而实施的一种科学的设备管理方法。

（3）火电输煤状态检修是建立在计划检修基础上的，是对计划检修管理的"扬弃"，诸如设备台账及检修记录、规程记录及图纸技术资料、人员培训及岗位规范等基础管理工作，在状态检修中得到了进一步应用。因此，推行火电输煤状态检修必须作好基础管理工作。

（4）火电输煤状态检修是科学技术发展、人类进步的产物，因此，加强人员综合技术素质的培训，提高管理技巧，造就一批高素质的人才是推行检修工作的保障。

（5）输煤程控改造、工业电视、多媒体呼叫系统等先进的监测、诊断、分析技术和装备是实施输煤状态检修的必要手段，因此，推行输煤设备状态检修工作，必须加强对状态检修工作的技术组织、信息的综合应用、技术工艺改进工作的管理与协调。

（6）火电输煤设备状态检修必须坚持"安全第一"的思想，遵循以效益为中心的原则，在实施输煤状态检修过程中，一定按科学规律办事，既要最大限度地提高设备的利用率，也要防止盲目延长设备维修间隔造成设备大修。同时在配置程控及先进技术装备时，要根据自身的客观条件，做充分的技术经济分析。

三、火电输煤状态检修实施方法

火电输煤设备状态检修的实施，不只是检测、分析和诊断、预测、检修决策、检修实施、检修评估，而是涉及经营、管理、技术的综合性问题，因此，实施输煤状态检修的基本内容如下：

（1）输煤设备管理现状调查。了解输煤系统布置及设备参数，了解输煤设备运行和维护的基本情况，了解输煤设备的维护费用情况及状态检修的期望值。

（2）人员培训。输煤状态检修能否尽早获得成功的关键是让所有的员工理解其基本原理及所包含的过程，这必须通过认真的培训、检修决策、检修管理、技术实施、技术评估来完成，特别是对领导、管理人员和技术人员的培训。

（3）评估输煤系统现有的运行和设备管理系统。评估已有的运行管理系统，找出适合状态检修部分，将评估得到的技术条件、要求、规格列出来，提出对现有系统一体化的要求。

（4）设备可靠性评价。在设备可靠性评价的目的是要确定输煤设备维修的关键因素，设备可靠性评价的目的是从成本、效益、安全和环境的角度系统评价设备的重要性。因此，设备可靠性评价是在前述工作的基础上，要制定维修计划和实施方案。

（5）检修计划评价和优化。通过总结成功检修的经验和不成功的教训，分析检修策略及现有方法的优缺点，改进并实施新的检修策略，这是进行检修工作评价要达到的核心目标。

（6）支持技术系统的实施。根据设备运行状况，安装跑偏、拉绳、堵煤、煤流、煤位、打滑等测量元件，投运程控及工业电视，做到对设备的可靠检测、分析，为状态检修实施提供支持。

四、状态检修技术基础工作

状态检修的实现离不开先进的技术支持，但是在寻求新的技术之前应该首先完善现有的技术，使之能为状态检修服务，在此基础上，再确定要补充的、新的技术手段，从而构成完整、有效的技术平台。

（1）利用程控技术的显示功能——输煤系统图、煤仓间画面图、数据模拟图，形象逼真地将系统及设备动态在程控室的显示屏上实时反映出来；具有可靠的保护功能——相关的设备电流信号经变送转换后，进入程控系统上位机 CRT 可以动态显示电流趋势，实现越限跳闸的功能；具有报警功能——可以发出语言过载、拉绳、跑偏、打滑、堵煤、煤位报警功能；具有运行管理功能——对接入系统的输煤设备进行运行管理，如记录设备运行时间、启停次数、犁煤器位置信号，判断设备运行情况，有利于设备安全分析。

（2）安装工业电视监视系统。采用工业电视监控系统可以使运行操作人员在主控室内就可了解现场监视区域内设备运行情况，使许多事故在萌芽状态得到及时发现并消除，也便于运行人员实时掌握系统运行方式，为系统转换、设备检修节省了时间，提高了生产率。同时，监控系统的无人值守功能可以大大改善工人劳动条件，现场人员由值班改为巡检，劳动强度降低，创造了无人化作业的条件，使输煤自动化水平进入一个崭新的阶段。

（3）购置多种便携式检测仪器。输煤设备转动机械多，但是都未安装测温、测振探头，为了保证能准确地采集到这些点的运行数据，应购置并使用一些便携式检测仪器。此外，还应辅助使用钳型电流表、绝缘电阻表、电桥等便携式工具，以保证采集数据的严密性。

第二节　输煤机械发展新动态

一、胶带输送机技术的发展

随着大型火力发电厂及大型码头的发展，胶带机在原有 TD75 的基础上有了进一步的发展，如管状带式输送机、气垫式带式输送机相继发展起来，下面分别做简单介绍。

二、管状带式输送机

（一）概述

适用于各种复杂地形条件下输送密度为 $0 \sim 250 kg/m^3$ 的各种散状物料，采用普通管状胶带，工作环境温度范围 $-25 \sim +40℃$；对具有耐热、耐寒、防水、防腐、防爆、阻燃等条件要求者，工作环境温度范围 $-35 \sim +200℃$。该产品可广泛应用于电力、建材、化工、矿山、冶金、码头、港口、煤炭粮食等行业物料输送系统。

该机是由呈六边形布置的辊子强制胶带裹成边缘互相搭接成圆管状来输送物料的一种新型带式输送机。具有密封环保性好、输送线可沿空间曲线灵活布置、输送倾角大，复杂地形条件下单机运输距离长等特点，同时与普通带式输送机比较，还具有建设成本低、安装维护方便、使用可靠等优点。

（二）基本结构

1. 管带机结构

管带机的头部、尾部、受料点、卸料点、拉紧装置等在结构上与普通带式输送机基本相同。输送带在尾部过渡段受料后，逐渐将其卷成圆管状进行物料密闭输送，到头部过渡段再逐渐展开直至卸料，如图 8 - 1 ~ 图 8 - 3 所示。

2. 输送带

设备采用管带式专用输送带。根据不同张力等条件的要求，输送带可采用尼龙织物芯层和钢绳芯带等形式，输送带规格的选择，要考虑输送带的最大张力值、输送距离、使用条件及安全系数。

（三）性能特点

（1）可广泛应用于各种物料的连续输送。

（2）输送物料被包围在圆状胶带内输送，因此，物料不会散落及飞

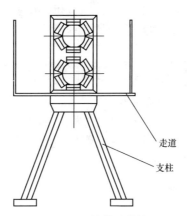

图 8 - 1 管带机结构

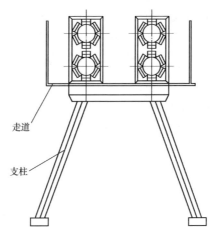

图 8 - 2 管带机截面结构形式

扬;反之,物料也不会因刮风、下雨而受外部环境的影响。这样既避免了因物料的洒落而污染环境,也避免了外部环境对物料的污染。

(3)胶带被六只托辊强制卷成圆管状,无输送带跑偏的情况,管带机可实现立体螺旋状弯曲布置,一条管状带式输送机取代一个由多条普通胶带机组成的输送系统。可节省土建(转运站)、设备投资(减少驱动装置数量),并减少了故障点及设备维护和运行费用。

(4)管状带式输送机自带走廊和防止了雨水对物料的影响,因此,

图 8 - 3　管带机结构

选用管状带式输送机后，可不再建栈桥，节省了栈桥费用。

（5）输送带形成圆管状而增大了物料与胶带间的摩擦系数，故管状带式输送机的输送倾角可达 30°，减少了胶带机的输送长度，节省了空间位置和降低了设备成本，可实现大倾角（提升）输送。

（6）管带机的上、下分支包裹形成圆管形，故可用下分支反向输送与上分支不同的物料（但要设置特殊的加料装置）。

（7）由于输送带形成管状，桁架宽度较相同输送量的普通带式输送机栈桥窄，减少占地和费用。

三、气垫式胶带输送机

（一）概述

气垫式胶带输送机是目前最先进的物料输送设备之一，主要用于电厂、化工、煤炭、粮食、冶金、建材等部门，输送堆积密度为 $0.5 \sim 2.5t/m^3$ 的煤炭、木屑、壳物、矿石等各种块状、粒状等散松物料。

气垫式胶带输送机是通过风机和风量调节机构连续向气室供给一定压力和流量的空气，空气通过气室盘槽上的排气孔在胶带与盘槽之间现成气垫支承。胶带在传动机构的拖动下，在气垫上运行，以流体摩擦代替托辊式胶带输送机的滚动摩擦，减少阻力，达到输送物料的目的。下面介绍 QDS 系列气垫式胶带输送机（其中：Q 代表气垫式；D 代表胶带；S 代表输送机）。

（二）结构

结构如图 8 - 4 所示。

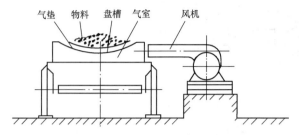

气垫　物料　盘槽　气室　　风机

图 8 – 4　QDS 系列气垫式胶带输送机结构示意图

（三）特点

（1）结构简单，运行平稳，节省空间场地，便于维修，维修费用降低一半。

（2）容易密封，粉尘少，噪声小，减少公害。

（3）流体摩擦，胶带磨损小，寿命提高一倍。

（4）胶带不跑偏，气动系统中有安全保护装置，运行安全可靠。

（5）运行阻力小，能有载启动，可高速输送物料。

四、流线型下煤管

（一）概述

下煤管又叫落煤管，它是在煤炭、港口、火电、煤炭转储场站、洗煤厂、燃煤工业锅炉等行业输送煤管道的统称。下煤管一般安装在煤炭转运点，包括落煤斗，下煤管，导流槽等部件。较长的下煤管还需要增加锁气器，以减少扬尘。分流时还要增加电动三通分料器等部件。

1. 传统下煤管

传统下煤管及皮带机头部漏斗设计为标准部件，不考虑物料的抛料曲线及其在落煤管内部的运动轨迹，设计简单，各转运点粉尘大，粘堵煤现象时有发生，下煤管内衬板磨损较快，维护工作量大。传统下煤管易堵塞、腐蚀磨损漏粉，易发生落料不正造成胶带运行跑偏、撒煤。煤炭撞击和下落的扬尘大，导料槽密封效果不好，造成输煤栈桥粉尘浓度超标。

传统下煤管物料有"聚堆"滑落特点，增加了煤对下煤管和皮带的冲击，产生大量粉尘和噪声；当物料含水量大时，煤会产生板结，容易导致落煤管堵塞。为提高下煤管使用寿命，要在下煤管内侧加衬板，衬板使用过程中由于磨损易发生脱落，是安全生产的一大隐患；更换衬板时必须停运输送系统，影响系统使用，同时又增加检修费用和工作量。

针对传统下煤管易堵塞、起尘多、噪声大、磨损快、对下方皮带冲击大等缺点，经过多年研究，一种新型的流线型下煤管应运而生，它可以解决传统下煤管的上述劣势，但是也存在投入大、设计制造难度大等缺点。

2. 流线型下煤管

21 世纪初，针对国内多煤种的特点研发了流线型下煤管技术，流线型下煤管的设计放弃了传统下煤管的标准化、公式化和经验化。它根据不同煤种建模，根据煤种的特性如弹性、黏性、流动性等，设计出最适合的曲线形式。

利用仿真软件设计的流线型下煤管根据不同煤种设计合理的下滑角度，可以避免下煤管粘附堵塞问题。在物料汇聚下滑时，落料点位置、物料速度、方向等得到准确控制，可以降低扬尘、噪声、冲击。通过磨损控制物料速度和方向，降低势能，尽量将冲击磨损转变为摩擦磨损，大大降低接触点安装衬板的磨损量。通过仿真技术计算出各项需要的数值，进行设计、制造的流线型下煤管，可以避免跑偏、撒煤等问题，降低扬尘、磨损、噪声等问题。现在，越来越多的火力发电厂认识到传统落煤筒的诸多问题，逐步认可了流线型下煤管。

（二）组成

流线型下煤管主要由滚筒护罩、头部护罩、可调导流箱、落料防卡三通分料器、万向调节器、流线下煤管、惯性阻尼抑尘装置以及气雾除尘装置等部分组成。如图 8-5 所示。

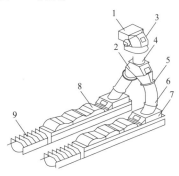

图 8-5 流线型下煤管结构示意图

1—滚筒护罩；2—落料防卡三通分料器；3—头部护罩；4—漏斗；5—万向调节器；
6—流线下煤管；7—可调导流箱；8—惯性阻尼抑尘装置；9—气雾除尘装置

1. 头部护罩

头部护罩采用流线型弧形头部护罩，保证物料按最佳角度进入下煤管，有利于物料的汇集输送，控制煤流诱导风，缓解煤流对设备的冲击磨损。护罩、漏斗内侧煤流冲击面，加装可更换的耐磨衬板。

2. 落料防卡三通分料器

落料防卡三通分料器，是为了完善火力发电厂输煤系统物料分流转运而设计的产品，它解决了原板式三通落煤管使用过程中存在的易卡死、转动不灵活以及变形而形成的安全生产问题。它主要由船式导料溜槽、推杆座、电动推杆、三通管、观察孔和轴承座等组成，如图8-6所示。

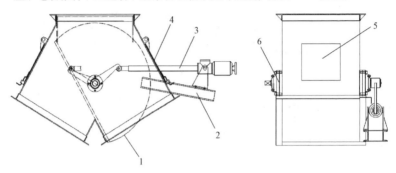

图8-6 落料防卡三通分料器结构示意图

1—船式导料溜槽；2—推杆座；3—电动推杆；4—三通管；5—观察孔；6—轴承座

输煤皮带上的燃煤经头部漏斗，进入防卡溜槽。船式导煤溜板功能与以往的三通挡板功能相同。虽然船式导煤溜槽结构比老式分料器溜板复杂，技术及工艺要求高，但一块简单的切换挡板与导煤溜槽结构，在防卡、防堵性能方面是无法相比的。

煤流可在船式导煤溜槽顺利通过，煤流畅通，所以在防堵性能方面也就更佳。船式导煤溜槽与护架配合使用可使分流三通管具备良好的防卡性能，在传动装置工作、推拉作用下，船式导煤溜槽可在三通管内作顺、逆时针两个方向转动，改变卸煤方向，从而达到落料分流的目的。

3. 流线下煤管及万向调节器

流线下煤管采用模块化设计，并通过计算机3D模型模拟及验证物料流动，了解输送物料颗粒和颗粒之间以及颗粒和转运下煤管壁之间的相互作用情况，以此确定各中部下煤管的几何结构，尽量减小冲击的角度和力量，以尽可能保持动量平衡，有效解决常规落煤管拐弯死角的问题，控制物料流动速度和流动形态。煤流冲击面，加装可更换的耐磨衬板。

煤流沿着下煤管做曲线流动，形成集束，大大减少细小颗粒扩散到空气中形成的粉尘污染。落到皮带上的煤的落入角度大致与皮带机运行方向一致，可减少起尘和物料对皮带冲击造成的皮带损坏、跑偏等问题。能控制物料流动速度在一定范围，减少诱导风产生及扬尘。

万向调节器可以对落煤管的曲线滑道和倾角进行360°空间调整，从而使曲线下煤管在最佳工况下运行。

4. 可调导流箱

导流箱安装于各转运站落煤点的底部，接收物料流并将其卸在受料带式输送机上，整理煤流的几何形状，使其落料点与输送带中心线一致，防止其过于分散。导流箱将物料逐渐卸载到受料带式输送机上，使物料的运动方向与受料带式输送机运行方向大致相同，速度接近受料带式输送机的带速，这样就可以最大限度地减少粉尘的产生。正因为煤以适当的速度、从适当的角度卸至受料带式输送机的中心，给受料带式输送机加载物料，从而减少对胶带冲击、胶带磨损、落料不正、耐磨衬板磨损、扬尘等问题，减少了受料带式输送机受料点胶带承载段的所需的支撑力，减少了对受料胶带及其下方设备的冲击。

5. 除尘装置

落煤点采用多级阻尼降尘装置和多级水雾抑尘装置。物料下落后荡起的粉尘与多级阻尼降尘装置的防尘帘碰撞，大部分由于重力作用落到带式输送机上，阻尼降尘装置与全封闭导料槽配合使用，达到将粉尘关在一个近似密闭的空间内的目的。从阻尼装置溢出的粉尘颗粒经过气雾除尘装置被捕获降落到皮带上，气雾除尘装置安装在受料带式输送机导料槽的出口，将气雾喷洒在导料槽出口皮带上的物料表面，即可以消除扬起的粉尘，也可以湿润物料，大大减少物料输送过程中的起尘。

通常情况下，在流线下煤管下方安装全封闭导料槽和无动力抑尘装置，经多级吸尘、降尘、降压，实现含尘气流的封闭良性循环、沉降，煤尘积结回落输煤皮带，达到更高效的封尘、抑尘、降尘目的。

（三）原理

流线型下煤筒技术是利用离散学原理，对物料及空气进行详细分析，研究物料粒子的弹性、黏性、塑性、形变等级、滑动、膨胀和流动性，在此分析基础上建立数学模型，结合计算机仿真技术，将原来的煤的转运过程由降落转变为煤滑落；控制煤流在滑落过程中的动势能大小和方向转变，保证煤流严格按照设计的最佳切向角度和速度滑落；煤流的出口水平速度与受煤皮带速度匹配一致，使煤流能够平缓的滑落到接料皮带上。流线型下煤筒原理如图 8-7 所示。

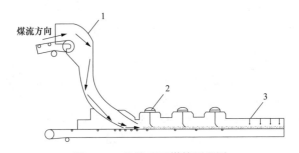

图 8-7 流线型下煤筒原理图
1—头部护罩；2—阻尼抑尘装置；3—气雾除尘装置

（四）特点

（1）采用流线型弧形头部护罩，物料按最佳角度进入，能保证物料的汇集输送，控制煤流诱导风，缓解煤流对设备的冲击磨损。

（2）流线型的弧形落煤管根据不同煤种分别设计，减小煤流与管壁接触角，延长设备使用寿命和检修周期，保证安全生产。

（3）控制煤流的轨迹和速度，降低了转运站内产生的粉尘和噪声。

（4）下煤管截面采用圆形，截面为圆形落煤管的坡谷角，比其他形式的落煤管更小，更不容易积料和堵煤。

（5）通过模型设计，变冲击为滑动摩擦，大大降低了衬板的磨损量，检修量少，安全可靠。

流线型下煤管与传统下煤管对比见表 8-1。

表 8-1　　　　　　　　流线型下煤管与传统下煤管对比

对比项	流线型下煤管	传统下煤管
防堵原理	来料皮带速度赋予煤流的动能在转运点曲线落煤管内与煤流势能叠加，叠加后具有合能量的煤流克服了倾角管壁的摩擦力，使煤流能够靠自身能量沿曲线落煤管滑落到接料皮带上，防止了堵煤	传统落煤管煤流与管壁冲击角过大，经过碰撞后原有的动能损失殆尽，在煤质较差、湿度较大时，容易发生堵煤、积煤现象

对比项	流线型下煤管	传统下煤管
抑尘原理	将煤流在传统落煤管中的爆炸式无序坠落改变为在流线型下煤管中的"集束式"有序滑落,控制滑落煤流的出口速度与接料皮带速度一致,使煤流与接料皮带相对速度接近为零,消除了煤流坠落冲击,减少了近90%粉尘的产生	煤流与头部护罩之间会发生爆炸式撞击产生大量的粉尘。无序的煤流在落煤管内与空气充分混合形成高压含尘气流
断面形状	采用圆形断面结构,此几何形状比相应的多边形落煤管断面面积小,无死角。落煤管内煤流与管壁冲击角方向都是沿管道圆形断面的切线方向	采用四边形断面结构,此几何形状比圆形断面形状,面积大而且拐角多、死角多。落煤管内煤流与管壁直接冲击
布置形式	以空间曲线布置落煤管,形成"空间螺旋"形状,在落煤管内对煤流进行全程导流,煤流下滑过程为可控的滑落过程	无法以空间曲线布置落煤管,落煤过程落为降落过程

第三节 带式输送机发展方向

一、减速器的发展

20 世纪 80 年代,世界齿轮技术有了很大的发展。其发展的总趋势是小型化、高速化、低噪声、高可靠度。技术发展中最引人注目的是硬齿面技术功率分支技术。

20 世纪 80 年代后期,国外硬齿面齿轮技术日趋成熟。采用优质合金钢锻件渗碳淬火磨齿的硬齿面齿轮,精度不低于 ISO1328 – 1975 的 6 级,综合承载能力为中硬齿面调质齿轮的 4 倍,为软齿面齿轮的 5 ~ 6 倍。一个中等规格的硬齿面齿轮减速器的重量仅为软齿面齿轮减速器的三分之一左右。功率分支技术,主要指行星及大功率的功率又分支及多分支装置,如中心传动的水泥磨机主减速器,其核心技术是重载。

目前,我国电力企业尚大量运用已属淘汰的 ZL、JZQ 型圆柱齿轮减速器，存在漏油、功耗大、噪声大、体积笨重、使用寿命低的缺点。随着国产减速器新标准的确立和制造工艺的提高，各电厂逐步推广使用硬齿面或中硬齿面的减速器已成必然趋势。

二、胶带机的承载设备

（一）概述

近年来，随着国内输送机厂家制造技术的进一步提高，输送机的承载设备（如托辊、滚筒）功能得到进一步改进和发掘，出现了一些新型的托辊、滚筒设备。

（二）托辊

近年来，托辊的发展主要表现在辊子的轴承密封和辊体材料方面。辊子的轴承座已普遍使用冲压件，用迷宫式或组合式密封压入轴承座。轴承使用大游隙球轴承。

托辊的制作材料也已出现喜人的发展，相继出现树脂托辊和陶瓷托辊。树脂托辊是国际上 20 世纪 90 年代开发应用于替代铸铁输送机托辊的新产品，树脂辊与铸铁辊相比，具有抗静电、重量轻、防锈、寿命长等优点。在同等条件下，其磨损和抗腐蚀性能高，防尘、防水性能比同类产品高 10% 和 45% 以上，具有使用安全可靠等特点。

陶瓷托辊具有良好的耐磨性和抗蚀性，目前陶瓷托辊尚存在一些缺点，如笨重、密封效果不理想等，但具有良好的发展前景。

（三）滚筒

近年来，出现了两种较为实用的新型滚筒，即新型浇铸的鼓形滚筒、排渣滚筒。

1. 鼓形滚筒

（1）概述。

新型浇铸的鼓形滚筒，可有效地防止和纠正由于各类因素影响而造成的胶带的跑偏，从而保持了输送机的正常、安全运行，延长了胶带的使用寿命，是一项花费少而且成效显著的手段。鼓形滚筒的纠偏和防偏能力取决于胶带的张力、鼓形程度和胶带跑偏值。

（2）鼓形滚筒。

鼓形滚筒的滚筒两端到中间圆周面的直径逐渐增大，其圆周面近似腰鼓形（或称纺锤形），腰鼓形圆周面的近似锥角为 12°，其结构见图 8 - 8。

2. 排渣滚筒

排渣滚筒应用于皮带运输机（皮带机）。排渣滚筒原理是在滚筒的表面带有平行于轴向的长孔，当回程带有物料进入时，物料可进入此长孔

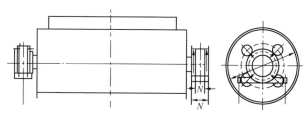

图 8 - 8 鼓形滚筒结构

而进入滚筒内。在滚筒的内部为一个两头尖中间粗的双锥体，滚筒的两端部带有孔。物料经过滚筒表面的轴向长孔后进入筒内，在经过锥体和端部孔排到料场，避免了物料始终在改向滚筒处对皮带的搁压和磨损，提高了皮带的使用寿命。排渣滚筒特别适用于码头堆料场、电厂煤场斗轮取料机的各转折点滚筒处，当回程皮带上的物料较多时，可将物料从回程皮带上排出。

三、除尘器

随着时代发展和社会的进步，人们对环保的要求也越来越高，火力发电厂输煤系统的煤尘污染问题也已引起电力行业的高度关注。近年来，由于科技的进步，输煤系统的除尘设备得到了很大发展，无论是干式还是湿式除尘器都出现了新产品，而且老式除尘器原来存在的问题得到了解决，且性能得到进一步提高，所以老式除尘器又焕发出新的活力，如冲击水浴式除尘器。

（一）CCJ/A 型冲击式除尘器

CCJ/A 型冲击式除尘器，是利用含尘气体冲击水面产生水雾，在与水、水雾接触后，其中煤尘与水滴粘附而沉降下来，使气体得到净化的一种除尘设备，属于湿式除尘器。早期的冲击水浴式除尘器一般都是用砖石砌筑水池，用钢板现场制作，这是一种结构简单、造价低廉的除尘设备。进入 90 年代后，这种除尘器得到了进一步发展和完善，其除尘效率得到进一步提高（可达 95% 以上）。

特别是近年来，由于技术发展和制造工艺的改进，冲击水浴式除尘器原先存在的腐蚀及堵塞两方面问题也已得到根本解决，出现了新型的 QZCJ 型湿式除尘器，又称虹吸式除尘器。

（二）QZCJ 型虹吸式除尘器

QZCJ 型虹吸式除尘器如图 8 - 9 所示。由于采用不锈钢箱体或内壁涂特殊的防腐材料，原先冲击水浴式除尘器箱体因装工业水而腐蚀严重的问题得到解决；同时运用虹吸自动排污和浮球式闸阀自动补水的机理，实现完全自动排污及补水作业。

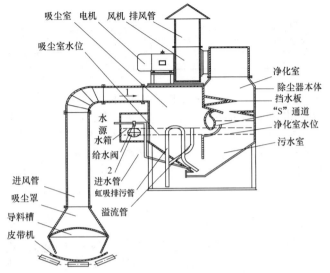

图 8-9 QZCJ 型虹吸式除尘器结构图

在水源管路上增设了 FCGQ 型磁力净化器。由于磁场能量的作用，破坏了水的表面张力，提高了煤的亲水性，从而进一步提高了除尘效率。供水系统由不锈钢球阀和液位自动控制器同时控制水位，提高了液位控制的可靠性。同时利用 PLC 技术，冲击水浴式除尘器可接入系统程控中，实现除尘器机组的启停、供水、排污、反冲洗全面自动控制，基本可以达到免操作、免维护。

本篇第一章至第七章要求初、中、高级工掌握，第八章要求技师掌握。

第二篇

卸储煤设备检修

第九章

基础知识

第一节 卸储煤设备检修常用材料

一、一般金属材料

（一）碳钢

碳钢的分类方法很多，常用的有四种。

（1）普通碳素结构钢。普通碳素结构钢是指普通质量的碳素结构钢，简称普碳钢。输煤最常用的牌号是 A3（即甲 3）和 A5（即甲 5）。

（2）优质碳素结构钢。优质碳素结构钢是指质量优良的碳素结构钢。这类钢既保证化学成分又保证机械性能，优质碳素结构钢一般是在热处理后使用，主要用来制造各种机械零件。10、15、20 和 25 钢，含碳量较低，强度低，塑性高，焊接性好，常用来制作冷冲压零件，如各种容器、管子、垫圈和焊接结构件等。15、20、25 钢等，经渗碳及其后的淬火、回火后，还可用来制造齿轮、凸轮、活塞销等要求耐磨的机器零件。35、40、45 和 50 钢，经调质（淬火和高温回火）处理后，具有良好的综合机械性能，常用来制造受力较大的零件，如紧固件、轴和齿轮等。60、65 钢，具有高的强度和弹性，常用来制造各种弹簧，如给料机支撑弹簧、碎煤机缓振器弹簧等。

（3）低合金结构钢。如 16Mn 钢，其综合力学性能良好，低温冲击韧性、冷冲压和切削加工性都好，焊接亦佳，输煤系统应用较普遍。

（4）合金钢。如 40CrMo、42CrMo，一般在调质后使用，输煤系统的重要销轴一般选用 42CrMo。

（二）铸钢

（1）ZG200 - 400。属低碳铸钢，韧性和塑性均好，但强度和硬度较低，低温冲击韧性大、脆性转变温度低，导磁、导电性能良好，焊接性好，但铸造性差。用于机座、变速箱体等受力不大，但要求韧性的零件。

（2）ZG230 - 450。属低碳铸钢，韧性和塑性均好，但强度和硬度较

第九章 基础知识

火力发电职业技能培训教材·155

低、低温冲击韧性大、脆性转变温度低，导磁、导电性能良好，焊接性好，但铸造性差。用于载荷不大、韧性较好的零件，如轴承盖、底板、阀体、机座、侧架、轧钢机架、铁道车辆摇枕、箱体、犁柱、砧座等。

（3）ZG270-500。中碳铸钢，有一定的韧性和塑性，强度和硬度较高，切削性良好，焊接性尚可，铸造性能比低碳钢好，应用广泛。用于制作飞轮、重车铁牛挂钩、轴承座、连杆、箱体、曲拐。

（4）ZG310-570。中碳铸钢，有一定的韧性和塑性，强度和硬度较高，切削性良好，焊接性尚可，铸造性能比低碳钢好。用于重载荷零件，如联轴器、大齿轮、缸体、机架、抱闸轮、轴及翻车机平台支撑辊子。

（5）ZG340-640。高碳铸钢，具有高强度、高硬度及高耐磨性，塑性韧性低，铸造焊接性均差，裂纹敏感性较大。用于斗轮机齿轮、联轴器、车辆、棘轮、叉头。

（三）铸铁

1. 概述

通常将含碳量大于 2.11% 的铁碳合金称为铸铁。铸铁具有较低的熔点，优良的铸造性能，高的减磨性和耐磨性，良好的消振性和低的缺口敏感性，其生产工艺简单，成本低廉，经合金化后还具有良好的耐热性和耐蚀性。因此，它被广泛地应用于输煤机械中。

2. 分类和应用

根据铸铁中碳的存在形式和断口颜色的不同，可分为：

（1）白口铸铁。碳除少量溶于铁素体外，其余全部以渗碳体形式存在，其断口呈白亮色，故成为白口铸铁。如轧辊、犁铧和球磨机的磨球等。

（2）灰口铸铁。碳全部或大部分以石墨形式存在，其断口呈灰暗色，故称为灰口铸铁。这类铸铁在工业上应用最广。

（3）麻口铸铁。碳一部分以渗碳体形式存在，另一部分以石墨形式存在，其断口呈黑白相间的麻点，故成为麻口铸铁。这类铸铁在工业上很少应用。

根据铸铁中石墨的形态不同，可分为：

（1）普通灰口铸铁。又称灰铸铁，其组织中的石墨呈片状。这类铸铁的机械性能不高，但它的生产工艺简单，价格低廉，在工业上应用最广。

（2）可锻铸铁。其组织中的石墨呈团絮状。可锻铸铁由白口铸铁经石墨化退火而获得，其强度较高，并具有一定的塑性，故习惯上成为可锻铸铁。

（3）球墨铸铁。其组织中的石墨呈球状。球墨铸铁是在铁水浇注前经球化处理而获得，这类铸铁的机械性能比灰口铸铁和可锻铸铁的都好，而且生产工艺比可锻铸铁简单，故应用日益广泛。

（四）铜合金

铜合金是人类历史上最先使用的合金之一，已有数千年的历史。铜合金是在纯铜的基础上加入锌、锡、镍、铝、铍等一种或多种元素所组成的合金，常以合金所呈现的颜色来命名，主要有纯铜、黄铜、青铜。在输煤系统中，一般选用黄铜管制作各种油管、绳轮铜套、铜棒等。

二、非金属材料

（一）燃料常用工程塑料

聚酰胺（PA）在商业上称尼龙或锦纶，是最先发现的能承受载荷的热塑性塑料，也是目前机械工业中应用较广泛的一种工程塑料。在燃料卸储煤设备中的许多传动部分用尼龙棒来连接。

（二）燃料常用合成橡胶

橡胶也是一种高分子材料，有高弹性，在较小的外力作用下，就能产生很大的变形，当外力取消后又能很快恢复到近似原来的状态。同时，橡胶有优良的伸缩性和可贵的积储能量的能力，成为常用的弹性材料、密封材料、减振防振材料和传动材料。在燃料应用的有抱闸皮、液压系统中的高压油管、液力偶合器的传动连接等。

（三）燃料常用胶粘剂

在工程上，连接各种金属和非金属材料的方法除焊接、铆接、螺栓连接之外，还有一种新型的连接工艺——胶接（又称粘接）。它是借助于一种物质在固体表面产生的粘合力将材料牢固地连接在一起的方法。用以产生粘合力的物质称为胶粘剂，被粘接的材料称为被粘物。输煤胶接皮带用胶粘剂要根据工作环境来合理经济选用，如普通胶、阻燃胶、防腐胶等。

三、润滑油

（一）油脂的分类

油脂的种类和牌号繁多，分类也有多种。按用途可分为润滑油、液压油、车轴油、机用油、电气用油；按制造方法不同可分为矿油基和合成基；按化学组成不同可分为烃类液体（包括矿油烃类和合成烃类）、碳酸脂、卤化物、有机硅化合物、有机含氧化合物、水基液等等。随着石油工

第九章　基础知识

业的发展，越来越多油的品种将被人们所发现，同时又被应用。现按常用油脂的用途分类如下。

（二）输煤常用油脂

1. 润滑油类

（1）机械油。机械油是由天然石油润滑油馏分经脱蜡及溶剂或（酸碱）精制并经白土接触处理制得的产品。

（2）汽车机油（透平油）。汽轮机油是以石油润滑油馏分为原料，经酸、碱（或溶剂）精制和白土处理等工艺并加入抗氧化添加剂而制成的产品。燃料制动抱闸缸中冬季必须用透平油。

（3）柴油机油。柴油机油是以石油润滑油馏分或脱沥青的残渣为原料，经脱蜡、硫酸（或溶剂）精制和白土等工艺过程，并加入多效添加剂而制成的产品。

（4）齿轮油。齿轮油根据用途分为齿轮油、双曲线齿轮油和工业齿轮油。齿轮油是用润滑油的中性酸渣或由抽出油、含硫直馏渣油再调入部分机械油而制成的产品。

（5）车轴用油。车轴油是用石油减压蒸馏的重质馏分经脱蜡并加抗凝剂制成。

（6）航空液压油。航空液压油是一种经过特殊加工的石油基润滑油，加有改进黏度指数和提高润滑性能等的添加剂。

（7）变压器油。变压器油是以石油润滑油馏分为原料，经酸、碱（或溶剂）精制和白土处理并入抗氧剂制成。它具有电气绝缘性能好、黏度小、流动性能好，散热快等特点。

2. 润滑脂类

润滑脂是一种凝胶状润滑材料，俗称黄油或干油。它是由 70% ~ 90% 润滑油加一定的稠化剂（皂基）在高温下混合制成的黏稠的半固体油膏，实际上就是稠化了的润滑油。有的润滑脂还加有添加剂。

与润滑油比较，润滑脂具有不流失、不滑落、抗压好、密封防尘性好、抗乳化性好、防腐蚀性好的特点。因此，润滑脂适用于转速高，离心力大，使用润滑油无法保证可靠润滑的机械；低转速重负荷和高温工作时润滑油不易保持油膜层的机械；在低温下工作，而工作温度变动范围较大或不需要大量排热的机械；摩擦部分要求高度密封或要求密封又难以密封的机械；经常改变速度的机械；长期不更换润滑剂和不给油的机械。

润滑脂除作润滑剂外，还可保护金属表面不被锈蚀，是工业常用的防锈油膏。

（1）钙基润滑脂。钙基润滑脂简称钙基脂，是以动植物油钙皂和矿物油为原料，以水为稳定剂制得的耐水、中滴点的普通润滑油。

（2）钠基润滑脂。钠基润滑脂简称钠基脂，是以动植物油钠皂稠化矿物油制成的耐高温但不耐水的普通润滑脂。

（3）锂基润滑脂。锂基润滑脂简称锂基脂，是以天然脂肪酸锂皂稠化中等黏度的润滑油并加抗氧化添加剂等制成的一种多用途润滑脂，它具有一定的抗水性和较好的机械安定性。

（4）复合钙基润滑脂。复合钙基润滑脂简称复合钙基，它是以醋酸钙复合的脂肪酸钙皂稠化机械油而制成的润滑脂。

（5）合成复合铝基润滑脂。它是以低分子有机酸和合成脂肪酸制成的复合铝皂稠化矿物油而成的润滑脂。

（6）锂钙合基润滑脂。本品是一种多用途的润滑脂，具有钙基脂和锂基脂的优点。

（7）二硫化钼复合钙基润滑脂。它是在优质复合钙基润滑脂中添加了高纯度微颗粒二硫化钼的制品。

3. 选用润滑用油的一般原则

（1）两摩擦面相对运动速度愈高，其形成油楔的作用也愈强，故在高速的运动副上采用低黏度润滑油和针入度较大（较软）的润滑脂。反之在低速的运动副上，应采用黏度较大的润滑油和针入度较小的润滑脂。

（2）运动副的负荷或压强愈大，应选用黏度大或油性好的润滑油。反之，负荷愈小，选用润滑油的黏度应愈小。各种润滑油均具有一定的承载能力，在低速、重负荷的运动副上，首先考虑润滑油的允许承载能力。在边界润滑的重负荷运动副上，应考虑润滑油的抗压性能。

（3）冲击振动负荷将形成瞬时极大的压强，往复与间歇运动对油膜的形成不利，故均应采用黏度较大的润滑油。有时宁可采用润滑脂（针入度较小）或固体润滑剂，以保证可靠的润滑。

（4）环境温度低时运动副采用黏度较小、凝点低的润滑油和针入度较大的润滑脂；反之则采用黏度较大、闪点较高、油性好以及氧化安定性强的润滑油和滴点较高的润滑脂，温度升降变化大的，应选用黏温性能较好（即黏度比较小）的润滑油。

（5）在潮湿的工作环境里，或者与水接触较多的工作条件下，一般润滑油容易变质或被水冲走，应选用抗乳化能力较强和油性、防锈蚀性能较好的润滑剂。润滑脂（特别是钙基、锂基、钡基等），有较强的抗水能力，宜用潮湿的条件，但不能选用钠基脂。

（6）在灰尘较多的地方，密封有一定困难的场合，采用润滑脂以起到一定的隔离作用，防止灰尘的侵入。在系统密封较好的场合，可采用带有过滤装置的集中循环润滑方法。在化学气体比较严重的地方，最好采用有防腐蚀性能的润滑油。

（7）间隙愈小，润滑油的黏度应愈低，因低黏度润滑油的流动和楔入能力强，能迅速进入间隙小的摩擦面起润滑作用。

（8）表面粗糙时，要求使用黏度较大或针入度较小的润滑油脂。反之，应选用黏度较小或针入度较大的润滑油脂。

（9）表面位置在垂直导轨、丝杠上、外露齿轮、链条、钢丝绳上的润滑油容易流失，应选用黏度较大的润滑油。立式轴承宜选用润滑脂，这样可以减少流失，保证润滑。

4. 润滑用油的保管

为了确保润滑用油的质量，除生产厂商严格按工艺规程施工和质量检查外，润滑用油脂的贮运也是一个重要的环节。贮存过程中为防止变质、使用便利和防止污染，应注意：

（1）防止容器损坏、雨水、灰尘等污染润滑用油，运输中要做好防风雨措施。

（2）润滑用油脂要尽可能放在室内贮存，避免日晒雨淋，油库内温度变化不宜过大。应采取必要措施，使库内温度保持在 10 ~ 30℃。温度过高，会引起润滑脂胶体安定性变差。

（3）润滑用油的保存时间不宜过长，应经常抽查，变质后不应再使用，以防机械部件的损坏。

（4）润滑脂是一种胶体结构，尤其是皂基润滑脂，在长期受重力作用下，将会出现分油现象，使润滑脂的性能丧失；包装容积越大，这种受压分油现象越严重。因此，避免使用过大容器包装润滑脂。

（5）在使用时要特别注意润滑油不应与润滑脂掺合。因为这样做会破坏润滑脂的胶体安定性和机械安定性等性能，从而严重影响润滑脂的使用性能，故应尽量避免这类不正确的做法发生。

5. 冷却用油

机械运动一段时间后，一般都要发热，为了延长机械使用寿命，现在大多采用冷却液冷却（冷却油就是冷却液中的一种），同时采用冷却液对机械设备进行润滑。冷却油的种类很多，有高速机械油、机械油、透平油、车轴油、变压器油、内燃机油及压缩机油等。

第二节　卸储煤设备常用工器具

一、测量工具分类

用来测量、检验零件及产品尺寸和形状的工具称为量具。量具的种类很多，根据其用途和特点，可分为三种类型：

（1）万能量具。这类量具一般都有刻度，在测量范围内，可以测量零件和产品形状及尺寸的具体数值，如游标卡尺、百分尺、百分表和万能量角器等。

（2）专用量具。这类量具不能测量出实际尺寸，只能测定零件和产品的形状及尺寸是否合格，如卡规、塞规等。

（3）标准量具。这类量具只制成某一固定角度尺寸，通常用来校对和调整其他量具，也可以作为标准与被测零件进行比较，如块规。

二、各类测量工具介绍

（一）游标卡尺

游标卡尺是一种中等精度的量具，可以直接量出工件的外径、孔径、长度、宽度深度和孔距等，输煤检修应用最广。

1. 游标卡尺的结构

图9－1所示是两种常用游标卡尺的结构形式。

（1）两用游标卡尺的结构。如图9－1（a）所示，由主尺3和副尺（游标）5组成，松开螺钉4即可推动副尺在主尺上移动测量。下量爪1用来测量工件的外径和长度，上量爪2可测量孔径或槽宽，深度尺6用来测量深度尺寸。测量时，先移动副尺，使量爪与工件接触，取得尺寸后，拧紧螺钉4后再读数，以免尺寸变动。

（2）双面游标卡尺结构。如图9－1（b）所示，为了调整尺寸准确和方便，在副尺3上装有微调装置5。需要微动调节，可将螺钉4紧固，松开螺钉2，转动滚花螺母6，通过螺杆7使副尺微动。上量爪1用来测量孔距等，下量爪8的内侧面可测量外径和长度；外测量是圆弧面，可测量孔径或沟槽。测量时，游标卡尺的读数值应加下量爪的宽度2t（通常2t＝10mm）。

2. 游标卡尺的刻线原理及读法

游标卡尺按其测量精度，有1/10mm（0.1）、1/20mm（0.05）和1/50mm（0.02）三种。其中以1/50mm游标卡尺应用最广，现将其刻线原理和读数方法简述如下：

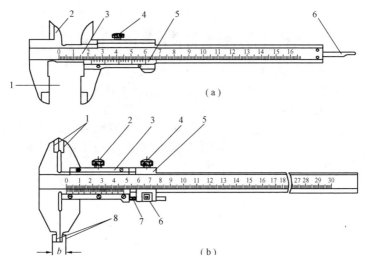

图 9 - 1　游标卡尺

（a）两用游标卡尺；　　　　　　　　（b）双面游标卡尺；
1—下量爪；2—上量爪；3—主尺；　　1—上量爪；2—螺钉；3—副尺；4—螺钉；
4—螺钉；5—副尺；6—深度尺　　　　　5—微调装置；6—滚花螺母；7—螺杆；
　　　　　　　　　　　　　　　　　　8—下量爪

（1）刻线主尺每小格为 1mm，副尺刻线总长为 49mm，并等分为 50 个格，因此每格为 49/50 = 0.98mm。主尺与副尺相对一格之差为 0.02mm，所以其测量精度为 0.02mm。

（2）用游标卡尺测量工件时，读数方法分三个步骤：①读出副尺上零线左面主尺的毫米整数；②读出副尺上哪一条线与主尺刻线对齐，并计算出尺寸（第一条零线不算，第二条线起每格算 0.02mm）；③把主尺和副尺上的尺寸加起来即为测量得尺寸。图 9 - 2 和图 9 - 3 所示为 1/50mm 游标卡尺的读数方法。

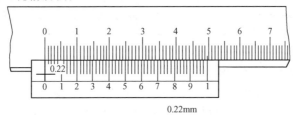

0.22mm

图 9 - 2　1/50mm 游标卡尺读数方法

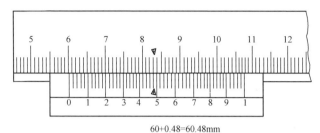

60+0.48=60.48mm

图 9 - 3　1/50mm 游标卡尺读数方法

3. 游标卡尺的规格、精度和使用方法

（1）游标卡尺的规格按测量分为：0 ~ 125mm，0 ~ 200mm，0 ~ 300mm，0 ~ 500mm，300 ~ 800mm，400 ~ 1000mm，600 ~ 1500mm，800 ~ 2000mm。

（2）测量工件尺寸时，应按工件的尺寸大小和尺寸精度要求选用量具。游标卡尺只适用于中等精度（IT10 - IT16）工件的测量和检验。不能用游标卡尺去测量铸锻件等毛坯尺寸，因为这样容易使游标卡尺很快磨损而失去精度；也不能用游标卡尺去测量高精度工件，因为游标卡尺在制造过程中存在一定的示值误差（1/50mm 游标卡尺在示值误差为 ±0.02mm），因此不能测量精度较高的工件尺寸。

（3）图 9 - 4（a）和（b）是用游标卡尺测量外径和宽度的方法，图 9 - 4（c)所示为测量工件孔距的方法。必须注意，应将卡尺上读出的尺寸加上下量爪的总宽度 2t，两孔中心距是

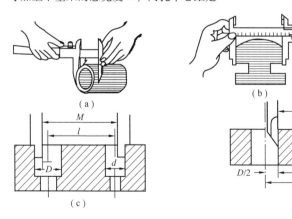

（a）

（b）

（c）

（d）

图 9 - 4　游标卡尺的使用方法

$$L = M + 2t - 1/2(D + d)$$

式中　　M——游标卡尺读数，mm；

　　　　$2t$——下量爪总宽度，mm；

　　D、d——孔直径，mm。

测量孔中心与面的距离时，卡尺上读出来的尺寸应加上孔的半径 [图 9 - 4（d）]。

4. 其他游标卡尺

（1）深度游标卡尺。这种游标卡尺用来测量台阶长和孔、槽的深度，其刻线原理和读法与普通游标卡尺相同。图 9 - 5 所示为深度游标卡尺外形和使用方法。

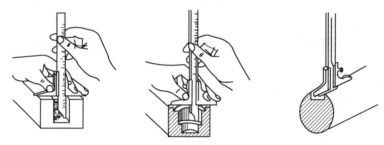

图 9 - 5　深度游标卡尺使用方法

（2）高度游标卡尺。高度游标卡尺用来测量工件高度和进行精密划线，其刻线原理与读法也与普通游标卡尺相同。图 9 - 6 为高度游标卡尺外形。

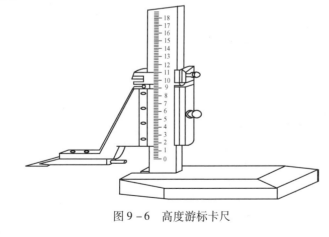

图 9 - 6　高度游标卡尺

（二）百分尺

百分尺是一种精度比游标卡尺高的精密量具。轴承等加工精度要求较高的工件尺寸检测时，要用百分尺来测量。

1. 结构

图 9 - 7 所示为外径百分尺的结构。尺架 1 的左端有砧座 3，右端是表面有刻线的固定套管 2，里面是有内螺纹（螺距 0.5）的衬套 7。测量螺杆 6 右端的螺纹可沿此内螺纹回转，并用轴套 4 定心。在固定 2 的外面套着有刻线的活动套管 9，它用锥孔与测微螺杆 6 右端锥体相连。测微螺杆 6 转动时的松紧透明度程度可用螺母 14 调节。转动手柄 5，可将 6 锁紧。松开罩壳 10，可使 6 与活动套管 9 分离，以便调整零线位置。棘轮盘 13 用螺钉 8 与罩壳 10 连接，转动棘轮盘 13，6 就会左、右移动进行测量。当测微螺杆 6 左端面接触工件时，棘轮 13 在棘爪 12 的斜面上打滑，6 就停止前进。由于弹簧 11 的作用，使棘轮 13 在棘爪销斜面滑动时发出吱吱声。

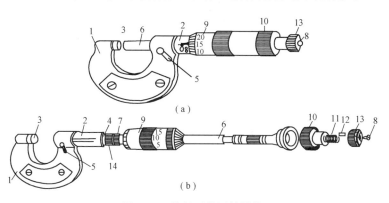

（a）

（b）

图 9 - 7　外径百分尺的结构

1—尺架；2—固定套管；3—砧座；4—轴套；5—手柄；6—测微螺杆；7—衬套；
8—螺钉；9—活动套管；10—罩壳；11—弹簧；12—棘爪；13—棘轮；14—螺母

2. 刻线原理及读数方法

百分尺测微螺杆 6 的螺距为 0.5mm，当活动套管转一周时，测微螺杆移动 0.5mm。活动套管圆锥面上刻有 50 格，当活动套管转一格时，测微螺杆就移动 $0.5/50 = 0.01$mm，因此百分尺的测量精度为 0.01mm。在百分尺上读数方法可分三步：

（1）读出固定套管上露出刻线的毫米数和半毫米数。

（2）活动套管哪一条线与固定套管上基准线对齐，并读出不足半毫米的数。

（3）把两个读数加起来即为测得的尺寸。

图9-8所示为百分尺的读数方法，百分尺的规格按测量范围分有：0～25、25～50、50～75、75～100等，可按被测工件的尺寸选用。除外径百分尺外，还有内径百分尺、深度百分尺和螺纹百分尺等。这些百分尺的刻线原理和读数方法都与外径百分尺相同。

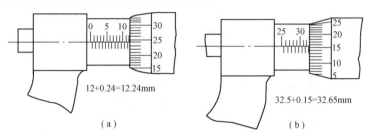

（a）　　　　　　　　　　　　　（b）

图9-8　百分尺的读数方法

3. 使用方法和注意事项

（1）百分尺的面应保持干净，使用前应校准尺寸。0～25mm百分尺应将两侧量面接触，看活动套管上零线是否与固定套管上的基准线对齐，要先进行调整，然后才能使用。25～50mm以上的百分尺用量具盒内的标准样棒来校准。

（2）测量面接近工件时，改转棘轮，直到棘轮发出吱吱声为止。

（3）测量时百分尺要放正，并要注意温度影响。

（4）读数时要防止在固定套管上多读或少读0.5mm。

（5）不能用百分尺来测量毛坯或转动的工件。

（三）百分表

百分表是应用很广的万能量具，广泛用在输煤回转机械找正和测量工件尺寸。

1. 结构及读数方法

图9-9所示为百分表外形，测量杆上装有触头，当测量杆移动1mm时，长指针转动一周，由于表盘上共刻100格，所以长指针每转一格，表示测量杆移动0.01mm。当大指针每转一周时，表盘上的小指针转一格，用以表示测量杆移动的毫米数。

2. 使用方法

百分表在使用时要装在专用表架上，表架应放在平整位置上，百分表

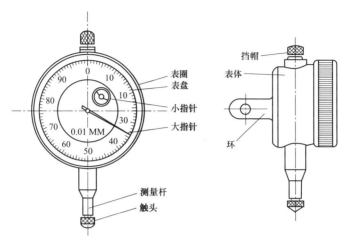

图 9 - 9　百分表外形

在表架上的上下、前后和角度都可以调节。百分表架有普通表架和磁性表架两种，磁性表架可牢固地吸附在钢铁制件平面上。

3. 使用注意事项

（1）测量平面时，百分表的测量杆应与平面垂直；测量圆柱形工件时，测量杆要与工件中心线垂直。否则结果不准确。

（2）测量工件时，被测表面应擦净，并且不可使触头突然接触工件。

（3）使用百分表测量时，测量杆的升降范围不能太大，以减少测量误差。

除上述的普通百分表外，还有杠杆式百分表和内径百分表。杠杆式百分表小巧灵活，用于普通百分表不便使用的地方；内径百分表用于测量孔径。

（四）厚薄规

厚薄规（又叫塞尺或间隙片）是用检验两个结合面之间间隙大小的片状量规，见图 9 - 10。如测减速机上下壳体结合面、液力偶合器找正等。

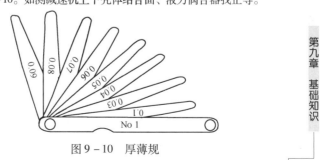

图 9 - 10　厚薄规

厚薄规有两个平行的测量平面，其长度制成 50、100 或 200mm，由若片叠合在一起。厚度为 0.02 ~ 0.1mm 的，中间每片相隔 0.01mm；厚度 0.1 ~ 1mm 的，中间每片相隔 0.05mm。

使用厚薄规时，可以一片或数片重叠在一起插入间隙。如用 0.3mm 的厚薄规可以插入工件的缝隙，而 0.35mm 的厚薄片插不进去时，说明零件的间隙在 0.3 ~ 0.35mm 之间。

厚薄规很薄，容易弯曲和折断，测量时不能用力太大。使用厚薄规还应注意，不能测量温度较高的工件；用完后要擦拭干净，及时合到夹板中去。

三、量具的维护和保养

为了保持量具的精度，延长其使用寿命，对量具的维护保养是十分重要的。因此，应做到以下几点：

（1）测量前，应将量具的测量面和工件的被测量面擦净，以免脏物影响测量精度和加快量具磨损。

（2）不要把量具和其他东西放在一起，以免碰坏。

（3）设备运转时，不要用量具测量工件，否则会加快量具磨损，而且容易发生事故。

（4）温度对量具精度影响很大。因此，量具不能放在热源（电炉、暖气片等）附近，以免受热变形。

（5）量具用完后，应及时擦净、涂油，放在专用盒中，保存在干燥处，以免生锈。

（6）精密量具应实行定期鉴定和保养。使用者发现精密量具有不正常现象时，应及时送交计量室检修。

第十章

通用机械检修

第一节 轴承及其检修

减速机是卸储煤专业应用最多的设备，常用的有圆柱齿轮式、蜗轮蜗杆式、行星齿轮式和摆动针轮式等。在第一篇第一章第二节胶带机的检修中已经做了介绍，请参照学习，本节只重点介绍轴承的检修。

轴承是支承轴的零件，是机械设备中重要组成部分。机械设备性能的好坏、寿命的长短很大程度取决于轴承的选择、安装及维护的情况。

根据轴承的摩擦性质，轴承可分为滑动轴承和滚动轴承两大类。输煤系统一般用滚动轴承，下面重点介绍滚动轴承的安装以及维护等。

（一）安装前的准备

（1）按照所安装的轴承准备好所需的量具和工具，也应准备好拆卸工具，以便把安装不当的轴承及时拆下，重新安装。

（2）在轴承安装前应检查与轴承相配合的零件加工质量，包括尺寸精度、形状精度和表面粗糙度。

（3）用汽油或煤油清洗与轴承配合的零件。安装前应用干净的布将轴、壳体和紧定套、退卸套等零件的配合表面仔细擦净，然后涂上一层薄薄的油，以利安装，所有润滑油路都应清洗、检查。

（4）滚动轴承的检查。滚动轴承清洗好后，应进行仔细检查，轴承是否有缺陷和卡住现象。若在检查过程中发现有缺陷，必须设法消除后方可安装。

（5）轴颈和壳体孔的检查。检查轴颈和壳体孔时，主要是用千分尺或千分表测量其椭圆度和圆锥度，其检查方法和滑动轴承装配时的检查相同。

（二）安装方法

将滚动轴承正确地安装在轴颈的壳体孔内，对轴承体可靠的工作具有极其重要的意义。根据轴承的类型、结构尺寸以过盈量的大小等因素，选择不同的安装方法，轴承的安装方法有压力安装法、温差安装法等。

1. 压力安装法

先将轴承与其配合的轴颈或壳体孔对准，然后沿轴向施加压力。将轴承缓慢压入相配合的轴颈或壳体孔中，这种安装方法称为压力安装方法。安装压力的大小与其相配合表面的过盈大小成正比，故配合表面过盈量越大，安装压力也越大；反之，则越小。此种安装方法在压入过程中，配合表面受到一定的擦伤，因此这种安装方法主要用于配合过盈量不大，又不需要经常拆卸的中小型轴承的安装。用压力法安装不可拆轴承时，压力只能施加在过盈配合的套圈上，绝不能通过滚动体传递压力，否则将会引起滚动道损伤。压力法安装还可以分为手锤加压法、压力机加压法、液压加压法、专用工具压装法等。采用压力法安装轴承时，为了减少压装过程中配合表面的损伤，并使压装后配合表面压力分布均匀，在轴承安装前，应在零件配合表面涂上一层薄薄的润滑油，然后将轴承压入轴颈和壳体孔内即可。

2. 温差安装法

采用温差法时，先将轴承加热，使其内径加热膨胀，然后把轴承套装在轴颈上。当轴承安装在壳体孔内时，可将壳体孔加热胀大。如壳体加热不便时，也可把轴承冷却，使轴承外径能够缩小，然后将轴承装入壳体内。这种方法适用于配合过盈量较大或大型轴承。它与压力法相比不需要加压设备，在安装过程中配合表面不会受损伤。但轴承加热设备往往限制在室内，不及压力法机动灵活。轴承加热温度为 $80 \sim 100℃$，采用冷却法时最低温度不得低于 $-80℃$。若内部充满润滑油脂的带防尘盖或密封圈的轴承，不能采用温差法安装。轴承加热的方法有油加热法、火焰加热法、感应加热法等。感应加热的加热时间仅为几秒钟，应注意控制加热温度以免将轴承烧伤。感应加热后，加热的座圈被磁化，会影响轴承的使用寿命。为了防止轴承磁化，可采用具有退磁性能的加热装置或增加一中间传热环。感应加热器先加热中间环，然后由中间环传热给轴承座圈，这样可避免轴承磁化。

（三）间隙调整

轴承的间隙可分为两类，即径向间隙和轴向间隙。两类间隙之间有密切关系，一般来说，径向间隙愈大，则轴向间隙也大，反之亦然。滚动轴承间隙的功用是保证滚动体的正常运转和润滑以及补偿热膨胀。

滚动轴承间隙调整的正确与否不仅影响轴承体本身的正常工作和使用寿命，而且也影响到整台机器的运转质量。滚动轴承按照其间隙能否调整，又可分为间隙可调整和不可调整两大类。它们的调整方法分别叙述如下：

1. 间隙可调整的滚动轴承

间隙可调整的滚动轴承有单列向心推力球轴承、单列向心推力圆锥滚子轴承、单向推力球轴承、**单向推力圆锥滚**子轴承等几种，这些滚动轴承的间隙一般都在安装和使用时调整。下面以单列向心推力圆锥滚子轴承介绍间隙的调整方法。

（1）垫片调整法。图 10 – 1（a）所示是垫片调整法，先把端盖和原有的垫片全部拆出，然后慢慢拧紧端盖的螺钉，一面用手缓慢地转动轴，当感觉到轴转动发紧时，就停止拧紧螺钉，即此时轴承内无间隙。这时用塞尺测量端盖与壳体端面间的间隙 K，最后在端盖处加上轴向间隙 C 的垫片，即此时的垫片厚度为 $K + C$，拧紧螺钉后，轴承内就有轴向间隙。

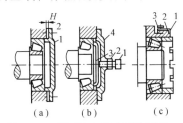

图 10 – 1 单列向心推力圆锥滚子
轴承间隙的调整方法
（a）垫片调整法
1—侧盖；2—调整垫片
（b）螺钉调整法
1—调整螺钉；2—锁帽；
3—止推盘；4—侧盖
（c）止推环调整法
1—止推环；2—止动片；3—螺钉

（2）螺钉调整法。图 10 – 1（b）所示是螺钉调整法，应先把调整螺钉上的锁紧螺帽松开，然后拧紧调整螺钉的止推盘，使轴转动时感到发紧为止。最后，根据轴向间隙的要求，将调整螺钉倒拧一定的角度，并把锁紧螺母拧紧以防调整螺钉松动。

（3）止推环调整法。图 10 – 1（c）所示和止推环调整法，先把具有外螺纹的止推环拧紧，至轴转动紧为止，然后根据轴向间隙的要求将止推环倒拧一定的角度，最后用止动片固定牢。

安装推力球轴承时，除了应按一般装配规则之外，还必须检查轴承中不旋转的推力座圈和壳体孔间的间隙。这间隙主要是为了补偿零件加工和安装上误差，因为当旋转的和不旋转的推力座圈的中心线有偏移时，此间隙可以保证其自动调整，否则将会引起轴承剧烈磨损。间隙值一般为 $0.2 \sim 0.3\text{mm}$。

双向推力球轴承或两套单向推力球轴承在同一水平轴上时，要求精确调整轴向间隙。其调整方法，通常采用改变调整垫片厚度来达到。

2. 间隙不可调整的滚动轴承

间隙不可调整的滚动轴承有单列向心球轴承、双列向心球面轴承、单列向心短圆柱滚子轴承等几种，这些轴承的间隙在制造时已经按标准确定好，因此不能进行调整。

滚动轴承一般的工作温度不应超过 $60 \sim 65℃$，在某些机器（如炼钢机械）

中在较高温度下工作时，可以提高到 100～110℃。在工作过程中如发现疲劳剥落、氧化锈蚀、磨损的凹坑、裂纹或有过大噪声时，应及时进行更换。

第二节　转运机械找中心

一、找中心的意义

找中心也叫找正，是指对各零部件间的相互位置的找正、找平及相应的调整。一般机械找中心主要指调整主动机和从动机两轴的中心线位于一条直线上，从而保证运转平稳。实现这个目的，是靠测量及调整已经正确地分别安装在主、从动轴上的两个半联轴器的相对位置来达到的（将两个半联轴器调整到同心并互相平行）。

二、机械装配中找正的程序与内容

（一）找正的程序

（1）按照装配时选定的基准件，确定合理的、便于测量的校正基准面。

（2）先校正机身、壳体、机座等基本件在纵横方向的水平或垂直。

（3）采取合理的测量方法和步骤，找出装配中的实际位置偏差。

（4）分析影响机器运转精度的因素，考虑应有的补偿，决定调整偏差及其方向。

（5）决定调整环节及调整方法，根据测得的偏差进行调整。

（6）复校，达到要求后，定位紧固。

（二）基准的选择

在选择校正基准时优先考虑下列基准面作为校正基准：

（1）有关零部件几个装配尺寸链的公共环。

（2）零部件间的主要结合面。

（3）加工与装配一致的基准面。

（4）精度要求高的面。

（5）最便于作为测量基准用的水平面或垂直面。

（6）装配调整时修刮量最大的面。

（三）合理决定偏差及其方向

一般的机器在静态时进行校正即能满足运转要求。但某些机器在运转时，常常由于受力变形、热变形、磨损及其他因素的影响，使精度下降，超出允差而不能正常运转，或接近允许偏差极限而缩短了使用寿命。因此，在决定偏差及其方向时应考虑下列因素的影响：

（1）机器附件装置重量及装置的影响。

（2）机器运转时作用力的影响。

（3）机器或部件因温度场不匀引起各部分不同热变形的影响。

（4）零件磨损的影响（即对有相对运动的摩擦面，应将其间隙校正到技术条件给定的下限，使装配后有较多的精度储备，以延长使用寿命）。

（5）摩擦面间油膜厚度的影响。

（四）测量方法和工具的选择

应根据校正的项目及要求校正的精度选择适当的测量方法和使用工具。

（五）调整环节和调整方法的选择

1. 调整环节的选择原则

选作调整环节的零件称为调整件，其选择原则为：

（1）选单配件不选互换件。

（2）选小件不选大件。

（3）选精度低或结构简单的零件，不选精度高或结构复杂的零件。

（4）选不影响其他尺寸链的单一环，不选几个装配尺寸链的公共环。

2. 调整方法

调整方法常用的有调整法和修配法两种。

（1）调整法主要是自动调整，采用调整件（如垫片、垫圈、斜面、锥面等）调整，改变装配位置，使误差抵销。

（2）修配法。即在尺寸链的组成环中选定一环，预留修配量作为修配件，而其他组成零件的加工精度则适当降低，也有将误差集中在一个零件上进行综合加工消除的。

三、联轴器找中心

输煤机械和电动机的连接，直接按联轴器来找中心就能得到满意的结果。所谓按联轴器找中心就是在装好的机器中心或减速器安装就位中心正确的情况下，以机器或减速器为准，来找正电动机轴的中心。在按联轴器找中心之前，必须具备下列条件：

（1）机器或减速器中心必须正确。

（2）联轴器一般都按原配对使用，若其中一侧的半联轴器必须经精确测量，并符合加工图纸的精度、光洁度及其他技术条件。

（3）各半联轴器及与之相配装的轴径、键槽、键都应进行测量并确证正确。

（4）影响测量值的各个面必须圆滑平齐，不得有凹凸不平。

（5）电动机的基准面应低于机械侧，并有前、后、左、右移动调整的余地。

按联轴器找中心，需要求得两个数字：一个是联轴器端面间相对各点的轴向间隙 x，另一个是两联轴器周边相对各点的径向间隙 y。

（一）找正方法

用联轴器连接的旋转件有：

（1）刚性的。经找正后的中心线基本上成一直线。

（2）挠性的。轴颈处有一定的倾斜度，找正后的中心线不是直线，应按轴承负荷分配、工作介质、作用力等因素决定联轴器装配的倾斜度。

（3）介于二者之间的半挠性联轴器。

各类旋转联轴器的找正要求及工艺方法相同，如无特殊的技术要求，其允许偏差值见表 10 - 1。

表 10 - 1 校正联轴器时的允许偏差

联轴器形式	联轴器直径（mm）	不同轴度（mm）	端面不平行度（mm/m）
十字滑块式和挠性爪型	≤300 >300~600	0.1 0.2	0.80 1.20
弹性圆柱销式	105~260 290~500	0.05 0.10	0.20
齿　轮　式	170~185 220~250	0.30 0.45	0.50
	290~430	0.65	1.00
	490~590 680~780	0.90 1.20	1.50
	900~1250	1.50	2.00

径向轴向联合测量法（如图 10 - 2 所示）。在联轴器外圆柱面及端面上选取测点，用千分表、塞尺及其他附件等进行测量，简易测量可只用直尺和塞尺。此法读数直观，运算简便，应用普遍，但盘动、测量次数较多，操作不便。

测量时，在联轴器外圆上做四等分记号。同时转动两轴，每转 90°记录 a_1、b_1、b_1' 等值，四个位置的读数值见图 10 - 3 所示。测点在两联轴器上的相对位置保持不变，以消除加工所产生的误差。如联轴器与轴的不同轴度由加工保证，测量时可只转动其中一轴，如在每个位置的端面只测一个数据（即一点法），计算可以简化，但要防止轴向窜动。

在测量过程中，如果由于基础的构造影响，不能测出联轴器最低位置的数值，（即不能测出 a_3、b_3），可以根据其他数据近似计算出来，即

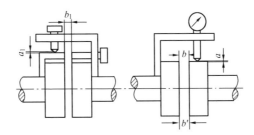

图 10 - 2　径向轴向联合测量法校正联轴器

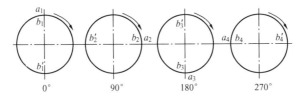

图 10 - 3　四个位置测量图

$$a_3 = a_2 + a_4 - a_1 \qquad (10-1)$$
$$b_3 = b_2 + b_4 - b_1 \qquad (10-2)$$

图 10 - 4 所示为联轴器校正前在垂直方向发生误差的位置，水平方向的情况相似。

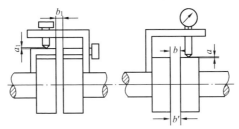

图 10 - 4　联轴器调整前的位置

根据测得数据计算联轴器偏差值：

径向位移：

水平方向　　　　　$a_x = \dfrac{a_2 - a_4}{2}$ 　　　　$(10-3)$

垂直方向　　　　　$a_y = \dfrac{a_1 - a_3}{2}$ 　　　　$(10-4)$

倾斜偏差：

第十章　通用机械检修

水平方向 $\qquad b_x = \dfrac{(b_2 + b'_4) - (b'_2 + b_4)}{2}$ (10-5)

垂直偏差 $\qquad b_y = \dfrac{(b_1 + b'_3) - (b'_1 + b_3)}{2}$ (10-6)

根据求出的径向位移和倾斜偏差，按下式计算支承 1 和支承 2 在水平方向和垂直方向的调节量，即

$$y_1 = \tau/Db_y + a_y$$ (10-7)

$$y_2 = \dfrac{\tau + L}{D}b_y + a_y$$ (10-8)

改变支承点处垫片尺寸或采用精加工调整轴承相对体位置。主动机一般有四个支点，在加垫时，主动机两前支脚下应加厚度相等的垫片，同样在两后支脚下也加厚度相等的垫片，假若在 90°、270° 两位置测得轴向及径向间隙的数值相差较大时，首先应通过移动电动机来调整。若电动机移动范围不能满足这一调整要求时，需考虑机械侧移动（要注意机械侧移动所引起的对机壳及相连部件及传动部件的影响）。对某些机械侧不能移动的设备来说，需做特殊处理（如对电动机机座的地脚孔作定向定量扩孔等）。校正方法选择的原则是能满足找正质量要求，不影响部件的使用强度且简便易行。为消除径向间隙，可通过电机的横向平移来校正；而消除轴向间隙，须将电动机旋转（即在五个支脚下加力）。平移或旋转电动机时，一般用千斤顶或调整螺钉在各支脚部位加力，忌用大锤或其他重物敲击，以防支脚（多数是铸铁）损伤或碎裂。

（二）找正要点

（1）用平尺放在联轴器的相对位置，找出偏差的方向后，先粗略地调整一下，使联轴器的中心接近对准，两个端面接近平行，为联轴器精确找正奠定基础。

（2）装上找正工具，测取中间的相对位置。

（3）固定从动机位置，再调整电动机，使中心趋于一致。经过调整和测量，达到要求。

（4）根据经验，找正时先调整端面，后调整中心，比较方便迅速；熟练后，端面和中心的调整也可以同时进行。

（三）找正时基本要求

（1）固定中心卡或千分表的各个零件都需有一定的刚度，以免在测量时发生变形，影响准确读数。

（2）中心卡或千分表都应紧紧地固定在联轴器上。

（3）测量用的塞尺需具有较小的薄片（如具有 0.02～0.05mm 等）。

（4）用塞尺测量时，塞入力不应过大。

（5）每次测量间隙前都要把联轴器推向一边（即将两个半联轴器紧靠到最小距离）再进行测量。

第三节　液压系统检修

一、概述

液压系统的作用为通过改变压强增大作用力。一个完整的液压系统由五个部分组成，即动力元件、执行元件、控制元件、辅助元件（附件）和液压油。液压系统可分为两类：液压传动系统和液压控制系统。液压传动系统以传递动力和运动为主要功能。液压控制系统则要使液压系统输出满足特定的性能要求（特别是动态性能），通常所说的液压系统主要指液压传动系统。

（1）动力元件。动力元件的作用是将原动机的机械能转换成液体的压力能，指液压系统中的油泵，它向整个液压系统提供动力。液压泵的结构形式一般有齿轮泵、叶片泵、柱塞泵和螺杆泵。

（2）执行元件。执行元件（如液压缸和液压马达）的作用是将液体的压力能转换为机械能，驱动负载作直线往复运动或回转运动。

（3）控制元件。控制元件（即各种液压阀）在液压系统中控制和调节液体的压力、流量和方向。根据控制功能的不同，液压阀可分为压力控制阀、流量控制阀和方向控制阀。压力控制阀包括溢流阀（安全阀）、减压阀、顺序阀、压力继电器等；流量控制阀包括节流阀、调整阀、分流集流阀等；方向控制阀包括单向阀、液控单向阀、梭阀、换向阀等。根据控制方式不同，液压阀可分为开关式控制阀、定值控制阀和比例控制阀。

（4）辅助元件。辅助元件包括油箱、滤油器、冷却器、加热器、蓄能器、油管及管接头、密封圈、快换接头、高压球阀、胶管总成、测压接头、压力表、油位计、油温计等。

（5）液压油。液压油是液压系统中传递能量的工作介质，有各种矿物油、乳化液和合成型液压油等几大类。

二、液压系统检修必备技术资料

（1）液压设备说明书。重点是液压部分兼机械和电气部分说明书。

（2）液压系统原理。详细阅读解决下列问题：

1）液压设备具有哪些液压功能（即液压动作和控制以及调整等），

由哪些元件（油缸，油马达）及控制阀等完成。

2）液压系统中各个油泵为哪些执行元件供油或为哪些控制油路供油。

3）液压系统的各种液压功能各由哪些液压回路（也可称为子系统）完成，并弄清各液压回路的组成元件及其关键元件。

4）结合液压设备液压系统的动作图表，理顺各个液压回路的进回油路，并整理成图形或表格，便于液压设备实物对照，进一步熟悉油路。

5）分析完成各液压功能液压回路的特点和相互间的关系，便于识别和查找液压故障。

（3）液压设备管道总装图。便于实地识别和查找液压故障，在维修中也便于记忆对照拆装。

（4）专用液压元件的组装图及零件图。

（5）液压设备液压传动的有关的运动部件图及零图。

（6）电气图。包括与液压控制有关的部分，便于诊断关联性液压故障。

（7）液压设备的维修记录。包括日检记录卡及检修记录，便于分析诊断液压故障。

三、液压系统检修安全措施

（1）穿戴齐必要的劳动防护用品。

（2）严格热力机械票审批执行制度及停电制度。

（3）严禁火种接近工作现场。

（4）认真检查所使用的工具是否安全可靠。

（5）做好现场作业的防滑、防坠措施。

（6）检修工作场地应宽敞明亮并保持清洁。

（7）检修时要完全卸除液压系统中的液压力。

（8）拆卸油管时，应事先将油管连接部位的周围清洗干净，分解后应用干净塑料薄膜或石蜡纸将管口包孔好。不能用棉纱和破布堵塞油管，并防止污物浸入。

（9）分解比较复杂管路时，应在每根油管的两端和连接处均用塑料片编号扎上，以免安装时装错。

（10）分解检修时，对各液压元件应认真测试鉴别分类，分成已损、待修、完好三类，并防止污物侵入。

（11）密封圈系橡胶制品，不得在汽油、香蕉水等溶剂中浸洗，应在清亮的液压油中摇洗后立即晾干。

（12）液压元件在安装时必须清洗干净，并在配合表面上涂抹少许润滑油，以利于安装。

四、液压主要元件故障检修

（1）油缸常见故障的诊断与处理方法见表 10 - 2。

表 10 - 2　　　　　油缸常见故障诊断与处理方法

故障现象	故 障 诊 断	处 理 方 法
外泄漏	（1）压力表显示值正常或稍偏低，油缸两端爬行，并伴有噪声，系缸内及管道存有空气所致。	（1）设置排气装置。若无排气装置，可开动液压系统以最大行程往复数次，强迫排除空气。并对系统及管道进行密封，不得漏油进行。
	（2）压力表显示偏低，油箱无气泡或许多气泡，爬行逐渐加重，但加重也属轻微爬行，系油缸某处形成负压吸气所致。	（2）找出油缸形成负压处加以密封，不得进气，并排气即可。
	（3）压力表显示值较低，油缸无力，油箱起泡，排气无效，为油泵吸气所致。	（3）诊断油泵及吸油管段吸气故障后，并排除即可。
	（4）压力表显示正常或偏高，活塞杆表面发白有吱吱响声，为密封圈压得太紧所致。	（4）调整密封圈，使其不松不紧，保证活塞杆来回能用手拉动，但不得有泄漏。
	（5）压力表值偏高，油缸两端爬行现象逐渐加重，系活塞与活塞杆不同心所致。	（5）两者装在一起，放在 V 形铁上校正，使不同心度在 0.04mm 以内，否则换新活塞。
	（6）压力表显示值偏高，爬行部位规律性很强，活塞杆局部发白，为活塞不直（有弯曲）所致。	（6）单个或连同洗塞放在 V 形铁上，用压力机校直或用千分表校正调直。
	（7）压力表显示值偏高，爬行部位规律性很强，运动部件伴有抖动，导向装置表面发白，系导轨或滑块夹得太紧或与油缸不平行所致。	（7）调整导轨或滑块的压紧块（条）的松紧度，即保证运动部件的精度，又要滑动阻力要小。若调整无效，应检查缸与导轨的平行度，并修刮接触面加以校正。
	（8）两活塞杆两端螺母拧得太紧，致使油缸与运动部位别劲。	（8）调整松紧度，保持活塞杆处于自然状态。
	（9）压力表显示值正常，运动部件有轻微摆动或振动，或导轨表面发白，系润滑不良所致。	（9）检查润滑油的压力和流量，重新调整。否则应检查油孔是否堵塞及油液黏度是否太大或无润滑性能，否则应及时换油。
	（10）压力表显示值时高时低，爬行规律性很强，系油缸内壁或活塞表面拉伤，局部磨损严重或腐蚀等。	（10）镗缸内孔，重配孔塞。
	（11）压力表显示值很低，升压很难以达到，系油缸内泄严重所致	（11）应更换活塞上的密封圈，（已老化损坏）

故障现象	故 障 诊 断	处 理 方 法
冲击	（1）油缸上未设缓冲装置，但运动速度过快，造成冲击。 （2）缓冲装置中的柱塞和孔的间隙过大而严重泄漏，节流阀不起作用。 （3）端头缓冲的单向阀反向严重泄漏，缓冲不起作用	（1）调整换向时间（＞0.2s），降低油缸运动速度，否则增设缓冲装置。 （2）更换缓冲柱塞或孔中镶套，使间隙达到规定要求，并检查节流阀。 （3）修理、研配单向阀与阀座或更换
推力不足、速度下降、工作不稳定	（1）缸与活塞因磨损其配合间隙过大或活塞上的密封圈因装配和磨损致伤或老化损坏而失去密封而严重内泄。 （2）油缸工作段磨损不均匀，造成局部几何形状误差，致使局部段高低压腔密封性不强而内泄。 （3）缸端活塞杆密封圈压得太紧或活塞杆弯曲，使摩擦力或阻力磁加而别轻。 （4）油液污染严重、污物进入滑动部位而使阻力增大、致使速度下降、工作不稳。 （5）油温太高，黏度降低，泄漏增加致使油缸速度减慢。 （6）为提高油缸速度所采取的蓄能器的压力或能量不足。 （7）溢流阀调低了或溢流阀控压区泄漏造成系统压力低，致使推力不足。 （8）油缸内有空气，致使油缸工作不稳定。 （9）油泵供油不足，造成油缸速度下降，工作不稳定	（1）密封圈老化而严重内泄，油缸几乎不走，应及时更换密封圈。若间隙过大，应在活塞上车几道槽装上密封圈或更换活塞。 （2）镗磨修复缸孔径，新配活塞。 （3）调整活塞杆密封圈压紧度（以不漏油为准），校直活塞杆。 （4）更换油液。 （5）检查油温原因，采用散热和冷却措施。 （6）蓄能器容量不足时更换，压力不足可充气压。 （7）按推力要求调整溢流阀压力值；检查溢流阀内泄，进行修理或更换。 （8）按进气爬行故障处理。 （9）检查油泵或流量调节阀，并诊断和排除故障

故障现象	故 障 诊 断	处 理 方 法
外泄漏	（1）活塞杆密封圈密封不严，系活塞杆表面损伤或密封圈损伤或老化所致。 （2）管接头密封不严而泄漏。 （3）缸盖处密封不严，系加工精度不高或密封圈老化所致。 （4）由于排气不良，使气体绝热压缩造成局部高温，而损坏密封圈导致泄漏。 （5）缓冲装置处因加工精度或密封圈老化，导致泄漏	（1）检查活塞杆有无损伤，并加以修复，密封圈磨损或老化应更换。 （2）检查密封圈及接触面有无伤痕，并加以更换或修复。 （3）检查接触面加工精度及密封圈老化情况，及时更换或修整。 （4）检查排气装置或增设排气装置，及时排气。 （5）检查密封圈老化情况和接触面加工精度，及时更换或修整
内泄漏	（1）缸孔和活塞因磨损致使配合间隙增大超差，造成高低腔互通内泄。 （2）活塞上的密封圈磨损或老化致使密封破坏，造成高低腔互通严重内泄。 （3）活塞与缸筒安装不同心或承受偏心负荷，使活塞倾斜或偏磨造成内泄。 （4）缸孔径加工直线性差或局部磨损造成局部腰鼓形导致局部内泄	（1）活塞磨损严重，应镗缸孔，将活塞车细并车几道机槽装上密封圈密封或新配活塞。 （2）密封圈磨伤或老化应及时更换。 （3）检查缸筒与活塞与缸盖活塞杆孔的同心度，并修整对中。 （4）镗缸孔，重配活塞
声响与噪声	（1）滑动面的油膜破坏或压力过高，造成润滑不良，导致滑动金属表面的摩擦声响。 （2）滑动面的油膜破坏或密封圈的刮削力过大，导致密封圈处出现异常声响。 （3）活塞运动到油缸端头时，特别是立式油缸，活塞下列到端头终点时，发生抖动和很大的噪声，系活塞下部空气绝热压缩所致	（1）停车检查，防止滑动面的烧结，加强润滑。 （2）加强润滑，若密封圈刮削力过大则用砂纸或砂布轻轻打磨唇边，或调整密封圈压紧度，以消除异常声响。 （3）将活塞慢速运动，往复数次，每次均走到顶端，以排除缸中气体，即可消除此严重的噪声，还可防止密封圈烧伤

（2）油泵故障诊断与处理方法见表 10-3~表 10-5。

第十章 通用机械检修

表 10-3　　　　　　外啮合齿轮泵故障诊断及处理方法

故障现象	故 障 诊 断	处 理 方 法
泵不排油或排量与压力不足	（1）电动机转向接反。 （2）滤油器或吸油管道堵塞。 （3）油泵吸油侧及吸油管段密封不好导致油泵连续进气。表现为压力表显示值很低，油缸无力，油箱起泡等。 （4）油液黏度过大造成吸油困难或温升过高导致油液黏度降低，造成吸油困难。 （5）零件磨损，间隙过大，泄漏较大。 （6）泵的转速太低。 （7）油箱中油面太低。 （8）溢流阀有故障	（1）调换接头（线），改变电机转向。 （2）拆洗滤油器及管道或更换油液。 （3）检查，并紧固有关螺纹连接件或更换密封件。 （4）选择合适黏度的油液；检查诊断温度过高故障，防止油液黏度有过大变化。 （5）检查有关磨损零件，进行修磨达到规定间隙。 （6）检查电动机功率及有无打滑现象。 （7）检查油面高度，并使吸油管插入液面以上。 （8）检查溢流阀的阀芯、弹簧及阻尼孔等诊断溢流阀故障
噪声及压力脉动较大	（1）油泵吸油侧及轴油封和吸油段密封不良，造成油泵吸气噪声。 （2）吸油管及滤油器堵塞或阻力太大造成油泵吸油噪声。 （3）吸油管外露或伸入油箱较浅或吸油高度过大（＞500mm）。 （4）由于装配质量造成消除困油现象的卸荷槽（或卸荷孔）的位置偏移，导致油泵泵油时产生困油噪声。表现为随着油泵的旋转，不断地交替发出爆破声和嘶叫声，使人难以忍受，规律性很强。 （5）齿形精度不高、节距有误差或轴线不平行。 （6）泵与电动机轴不同心	（1）加黄油于连接处，若噪声较小，说明密封不良。应拧紧接头或更换密封。 （2）检查滤油器的容量及堵塞情况，及时处理。 （3）吸油管应伸入油面以下的2/3，防止吸油波将吸油管露出，吸油高度不得大于500mm。 （4）打开油泵一侧端盖，轻轻转动主轴检查两齿轮啮合点与卸荷槽（孔）的微通情况。采用刮刀微量刮削多次修整多次试验，直至消除噪声为止。 （5）更换齿轮或配研与调整。 （6）按技术要求进行调整。检查直线性注意工作状态与静止状态的不同。有时，偏差可能由温升引起

故障现象	故 障 诊 断	处 理 方 法
温升过高	（1）装配不当，轴向间隙太小轴膜破坏，形成干摩擦，机械效率降低。 （2）油泵磨损严重，间隙过大泄漏增加。 （3）油液黏度不当（过高或过低）。 （4）油液污染变质，吸油阻力过大。 （5）油泵连续吸气，特别是高压泵，由于气体在泵内受绝热压缩，产生高温，表现为油泵温度瞬间急骤升高	（1）检查装配质量，调整间隙。 （2）修磨损件，使其达到合适的间隙。 （3）改用黏度合适的油液。 （4）更换新油。 （5）停车检查油泵进气部位，及时处理
油泵转不灵或咬死	（1）轴向间隙或径向间隙过大。 （2）装配不良，致命名盖板轴承孔与主轴泵与电动机的联轴器的同心度不好。 （3）油液中杂质吸人泵内卡死运动副	（1）修复或更换的机件。 （2）修整、重装。 （3）加强滤油，或更换新油
转轴骨架油封或压盖被冲击	（1）压盖堵塞了前后盖板的回油通道造成回油不畅通，产生了高压。 （2）骨架油封与泵的前盖配合太松。 （3）泵体装反，使出油口接通了卸荷槽，高压油冲击骨架油封。 （4）内泄漏回油通道被污物阻塞	（1）将压盖取出重装，防止堵塞回油通道。 （2）检查配合或更换。 （3）重新装配。 （4）清洗及换油

故障现象	故 障 诊 断	处 理 方 法
噪声严重伴有振动	（1）滤油器和吸油管堵塞，造成油泵吸油困难，导致吸油噪声。 （2）油液黏度过大，造成油泵吸油困难，导致吸油噪声。 （3）泵盖螺钉松动或轴承损坏发出机械噪声。 （4）压力冲击过大，配油盘上三角槽有堵塞或太短，导致困难噪声。 （5）定子曲面有伤痕，叶片与之接触时，发生跳动撞击噪声。 （6）油箱油面过低，油泵吸油侧和吸油管段及油泵主轴油封的不良，导致油泵吸油的噪声。 （7）叶片倒角太小，运动时，其作用力有突然变化的现象。 （8）叶片高度尺寸误差较大。 （9）叶片侧面与顶面不垂直度及配油盘端面跳动过大。 （10）油泵的主轴密封过紧，温升较大（用手摸轴和盖有烫手现象）。 （11）电动机转速过高。 （12）联轴节的同心度较差或安装不牢靠，导致机械噪声	（1）检查清洗。 （2）检查油液黏度，及时换油。 （3）检查、紧固、更换已损零件。 （4）检查三角槽有否堵塞情况，若太短则用什锦锉刀将其适当修长。 （5）检修抛光定子曲面。 （6）检查有关密封部位是否有泄漏，并加以严封。保证有足够油不认和吸油畅为。 （7）将叶片一侧的倒角适当加大，一般为 $1 \times 45°$。 （8）重新检查组选，保证同一组叶片高度为超过 0.01mm。 （9）检查并修整叶片的侧面及配油盘端面，使其垂直度在 $10\mu m$ 以内。 （10）调整密封装置，使轴的温升不致过高，不得有烫手感觉。 （11）更换电动机，降低转速。 （12）检查、调整同心度，并加强紧固
泵不吸油或无压力	（1）电动机转向有错。 （2）油中液面较低，吸油有困难。 （3）油液黏度过大，叶片滑动阻力较大，移动不灵活。 （4）泵体内有沙眼，高低压腔互通。 （5）油泵严重进气，根本吸不上油来。 （6）组装泵盖螺钉松动，致使高低压腔互通。 （7）叶片与槽的配合过紧。 （8）配油盘刚度不够或盘与泵体接触不良	（1）重新接线产砂，改变旋转方向。 （2）检查油箱中油面的高度。 （3）更换黏度较低的油液。 （4）更换（出厂前未暴露）。 （5）检查油泵吸油区段的有关密封部位并严加密封。 （6）紧固。 （7）修磨叶片或槽，保证叶片移动灵活。 （8）更换或修整其接触面

故障现象	故 障 诊 断	处 理 方 法
排油量及压力不足，表现为油缸动作迟缓	（1）叶片及转子装反。 （2）有关连接部位密封不严，空气进入泵内。 （3）配合零件之径向间隙过大。 （4）定子内曲面与叶片接触不良。 （5）配油盘磨损过大。 （6）叶片槽配合间隙过大。 （7）吸油有阻力。 （8）叶片移动不灵活。 （9）系统泄漏大。 （10）泵盖螺钉松动，油泵轴向间隙增大而内泄	（1）纠正叶片和转子的安装方向。 （2）检查各连接处及吸油口是否有泄漏紧固或更换密封。 （3）检查并修整使其达到设计要求，情况严重的可返修。 （4）进行修磨。 （5）修整或更换。 （6）单片进行选配，保证达到配合要求。 （7）拆洗滤油器，清除杂物使吸油通畅。 （8）不灵活的叶片，应单槽配研。 （9）对系统进行顺序检查。 （10）适当拧紧
主轴油封冲击	油封与泵盖配合太松或泵肉内、泄回油通道堵塞形成高压	检查配合和清洗回油通道，或更换油封
泵盖螺钉断裂	油泵内油窗口口径过小（加工检验错误）	按油示设计要求扩孔铰孔
发热	（1）配油盘与转子间隙过小或变形。 （2）定子曲机伤痕大，叶片跳动厉害。 （3）主轴密封过紧或轴承单边发热	（1）调整间隙，防止配油盘变形。 （2）修整抛光定子曲面。 （3）修整或更换

第十章 通用机械检修

表 10 – 5　　　　　　　　　　　轴向柱塞泵故障诊断及处理方法

故障现象	故 障 诊 断	处 理 方 法
排油量不足、执行机构动作迟缓	（1）吸油管及滤油器堵塞或阻力太大。 （2）油箱油面过低。 （3）泵体内没充满油，有残存空气。 （4）柱塞与缸孔或配油盘与缸体间隙磨损。 （5）柱塞回程不够或不能回程，引起缸体与配油盘失去密封，系中心弹簧断裂所致。 （6）变量机构失灵，达不到工作要求。 （7）油温不当或油泵吸气，造成内泄或吸油困难	（1）排除油管堵塞，清洗滤油器。 （2）检查油量，适当加油。 （3）排除泵内空气（向泵内灌油即排气）。 （4）更换柱塞，修磨配油盘与缸体的接触面，保证接触良好。 （5）检查中心弹簧加以更换。 （6）检查变量机构，如变量活塞及变量头是否灵活，并纠正其调整误差。 （7）根据温升实际情况，选择合适的油液，紧固可能漏气的连接处
压力不足或压力脉动较大	（1）吸油口堵塞通道较小。 （2）油温较高，油液黏度下降泄漏增加。 （3）缸体与配油盘之间磨损，柱塞与缸孔之间磨损，内泄过大。 （4）变量机构偏角太小，流量过小。 （5）中心弹簧疲劳，内泄增加。 （6）变量机构不协调（如伺服活塞与变量活塞失调，使脉动增大）	（1）清除堵塞现象，加大通油截面。 （2）控制油温，更换黏度较大的油度。 （3）修磨投缸体与配油盘接触面，更换柱塞，严重者应送厂返修。 （4）调大变量机构的偏角。 （5）更换中心弹簧。 （6）若侧面脉动，可更换新油；经常脉动，可能是配合件研伤或别劲，应拆下研修

故障现象	故 障 诊 断	处 理 方 法
噪声过大	（1）泵内有空气。 （2）轴承装配不当，或单边或磨损或损伤。 （3）滤油器被堵塞，吸油困难。 （4）油液不干净。 （5）油液黏度过大，吸油阻力大。 （6）油液的油面过低或油泵吸气导致吸气噪声。 （7）泵与电机安装不同心使泵增加了径向截面。 （8）管路振动。 （9）柱塞与滑靴球头连接严重松动或脱落	（1）排除空气，检查可能进入空气的部位。 （2）检查轴承损坏情况，及时更换。 （3）清洗滤油器。 （4）抽样检查，更换干净的油液。 （5）更换黏度较小的油液。 （6）按油标高度注油，并检查密封。 （7）重新调整，使在允差范围内。 （8）采取隔离消振措施。 （9）检查修理或更换组件
内部泄漏	（1）缸体与配油盘间磨损。 （2）中心弹簧损坏，使缸体与本油盘间失去密封性。 （3）轴向间隙过大。 （4）柱塞与缸孔间磨损。 （5）油液黏度过低，导致内泄	（1）修整接触面。 （2）更换中心弹簧。 （3）重新调整轴向间隙，使符合规定。 （4）更换柱塞重新研配。 （5）更换黏度适当的油液
外部泄漏	（1）传动轴上的密封损坏。 （2）各接合面及管接头的螺栓及螺母未拧紧，密封损坏	（1）更换密封圈。 （2）紧固并检查密封件，以便更换密封
油泵发热	（1）内部漏损较大。 （2）油泵吸气严重。 （3）有关相对运动的配合接触有磨损。例如，缸体与配油盘，滑靴与斜盘。 （4）油液黏度过高，油箱容量过小或转速过高	（1）检查和研修有关密封配合面。 （2）检查有关密封部位，严加密封。 （3）修整或更换磨件，如配油盘、滑靴等。 （4）更换油液，增大油箱或增设冷却装置，或降低转速

故障现象	故障诊断	处理方法
变量机构失灵	(1) 在控制油路上出现堵塞。 (2) 变量头与变量壳体磨损。 (3) 伺服活塞，变量活塞以及弹簧芯轴卡死。 (4) 控制油道上的单向阀弹簧折断	(1) 净化油，必要时清洗。 (2) 修刮配研或更换。 (3) 机械卡死时，研磨各运动件，油脏则更换。 (4) 更换弹簧
泵不能转动卡死	(1) 柱塞与缸体卡死，系油脏或油温变化或高温粘连所致。 (2) 滑靴脱落，系柱塞卡死拉脱或有负载起动拉脱。 (3) 柱塞球头折断，系柱塞卡死或有负载起动扭断	(1) 油脏换油；油温太低时更换黏度小的油，或用刮刀刮去粘连金属，配研。 (2) 更换或重新配滑靴。 (3) 更换

（3）油马达故障诊断与处理方法见表 10-6。

表 10-6   叶片式油马达故障诊断与处理方法

故障现象	故障诊断	处理方法
转速低输出功率不足	油泵供油不足，可能的原因是： (1) 电机转速不够。 (2) 吸油口过滤网堵塞。 (3) 系统中侵入空气。 (4) 油液黏度过高	调整供油： (1) 检查并纠正电机转速。 (2) 清洗或更换滤网（滤芯）。 (3) 检查有关密封，并拧紧各接头。 (4) 更换黏度低的油液
	油泵出口压力（输入油马达）不足，其原因是： (1) 油泵效率太低。 (2) 溢油阀产生故障，调节失灵。 (3) 油管阻力过大（管道过长或过细）。 (4) 油的黏度较小内部泄漏较大	提高油泵出口压力： (1) 排除油泵故障。 (2) 检查溢流阀的弹簧、阻尼孔及密封等，并加以排除。 (3) 更换孔径较大的管道或尽量减少长度。 (4) 检查内泄漏部位的密封情况，更换油液或密封

故障现象	故 障 诊 断	处 理 方 法
转速低 输出功率 不足	油马达结合面没有拧紧或密封不好有泄漏	拧紧结合面,检查密封情况或更换密封圈
	油马达内部泄漏	参看排除内漏的方法
	配油盘的支承弹簧疲劳,失去作用	检查、更换支承弹簧
泄漏	内部泄漏: (1)配油盘磨损严重。 (2)轴向间隙过大	排除内泄: (1)检查配油盘接触面,并加以修复。 (2)检查并将轴向间隙调至规定范围
	外部泄漏: (1)轴端密封的磨损。 (2)盖板处的密封圈损坏。 (3)结合面有污物或螺栓没拧紧。 (4)管接头密封不严	排除外泄: (1)更换密封圈,并检查磨损原因。 (2)更换密封圈。 (3)检查、清除,并拧紧螺栓。 (4)拧紧管接头
异常声响	(1)密封不严进入空气。 (2)进油口堵塞。 (3)油液污不杂严重或有气泡混入。 (4)联轴器安装不同心。 (5)油液黏度过高。油泵吸油困难。 (6)叶片已磨损。 (7)时片与定子接触不良,有冲撞现象。 (8)定子磨损	(1)拧紧有关的管接头。 (2)清洗、排除污物。 (3)更换清洁油液,拧紧接头。 (4)校正同心度,使在规定范围内,排除外来振动影响。 (5)更换黏度较低的油液。 (6)尽可能修复或更换。 (7)进行修复。 (8)进行修复或更换。如因弹簧过硬造成磨损加剧,则应更换刚度小的弹簧

故障现象	故 障 诊 断	处 理 方 法
转速低扭矩小	油泵供油量不足： （1）电动机转速不够。 （2）吸油滤油器滤网堵塞。 （3）油箱中油量不足或管径过小造成吸油困难。 （4）密封不严，有泄漏，空气进入内部。 （5）油的黏度过大。 （6）油泵轴向及径向间隙过大，泄漏量大，容积效率低	设法改善供油： （1）找出原因，进行调整。 （2）清洗或更换滤芯。 （3）加足油量，适当加大管径，使吸油通畅。 （4）拧紧有关接头，防止泄漏或空气进入。 （5）选择黏度小的油液。 （6）适当修复油泵
	油泵输入油压不足： （1）油泵故障。 （2）溢流阀调整压力不足或发生故障。 （3）管道细长，阻力太长。 （4）油温较高，黏度下降，内部泄漏增加。	设法提高油压： （1）检查油泵故障，并加以排除。 （2）检查溢流阀故障，并加以排除，重新调高压力。 （3）适当加大管径，并调整其布置。 （4）检查油温升高原因，降温、更换黏度较高的油
	油马达各结合面有严重泄漏	拧紧各结合面连接螺栓，并检查其密封性能
	油马达内部零件磨损，泄漏严重	检查其损伤部位，并修磨或更换零件
泄漏	内部泄漏： （1）配油盘与缸体端面磨损，轴向间隙过大。 （2）弹簧疲劳。 （3）柱塞与缸孔磨损严重	排除内泄： （1）修磨缸体及配油盘端面。 （2）更换弹簧。 （3）研磨缸体孔，重配柱塞
	外部泄漏： （1）轴端密封不良或密封圈损坏。 （2）结合面及管接头的螺栓松动或没有拧紧	排除外泄： （1）更换密封圈。 （2）将有关连接部位的螺栓及管接头拧紧

故障现象	故 障 诊 断	处 理 方 法
异常声响	（1）轴承装配不良或磨损。 （2）密封不严，有空气进入内部。 （3）油被污染，有气泡混入。 （4）联轴器不同心。 （5）油的黏度过大。 （6）油马达的径向尺寸严重磨损。 （7）外界振动的影响	（1）重装或更换。 （2）检查有关进气部位的密封，并将各连接加以紧固。 （3）更换清洁油液。 （4）校正同心。 （5）更换黏度较小的油液。 （6）修磨缸孔，重配柱塞。 （7）采取隔离外界振动措施（加隔离罩）
输出轴的转动不均匀	压力表显示较低时，应诊断为： （1）液压系统内存有空气。 （2）油泵连续吸气进入系统。 （3）油泵供油不均匀	提高供油压力： （1）排除系统及油马达内的气体。 （2）按排除油泵进气故障处理。 （3）诊断油泵不均匀的故障
	压力表显示值波动很大，应诊断为： （1）配流器（轴）的安装不正确。 （2）柱塞被卡紧	消除压力波动： （1）重装配流器（轴），至消除轴转动不均匀为止。 （2）检修，配研
发出激烈的撞击声	若每转的冲击次数等于油马达的作用数，应诊断为柱塞卡紧	检修、研配
	若为有时发出撞击声，可诊断为： （1）配流器（轴）错位。 （2）凸轮环工作表面损坏。 （3）滚轮，轴承损坏	排除撞击声： （1）正确安装配流器（轴）。 （2）检修。 （3）更换

第十章 通用机械检修

故障现象	故 障 诊 断	处 理 方 法
转速达不到设定值	（1）集流器漏油。 （2）配流器（轴）间隙太大。 （3）柱塞与柱塞缸孔间隙太大	检修或更换已损件
扭矩不到要求	（1）转速达不到设定值。 （2）柱塞被卡紧	（1）检修或更换已损件。 （2）检修，研磨
输出轴不旋转	（1）配流器（轴）被卡紧。 （2）滚轮的轴承损件。 （3）主轴其他零件损坏	检修或更换已损零件
外泄漏	（1）紧固螺栓松动。 （2）轴承封及其他密封件损坏	（1）拧紧、紧固。 （2）更换

（4）控制阀故障诊断与处理方法。控制阀分方向控制阀（换向阀、单向阀），压力控制阀（溢流阀、减压阀、顺序阀、压力继电器等），流量控制阀（节流阀、调速阀等）三大类。控制阀故障诊断及处理方法见表10－7～表10－14。

表 10－7　　　　　　换向阀故障诊断及处理方法

故障现象	故 障 诊 断	处 理 方 法
不换向	滑阀卡住： （1）油阀（滑芯）与阀体配合间隙过小，滑芯在孔中容易被卡住不能动作或动作不灵。 （2）阀芯（或阀体）碰伤，油液被污染颗粒污物卡住。 （3）阀芯几何形状超差。阀芯与阀孔装配不同心，产生轴向液压卡紧现象。 （4）阀体安装变形及阀芯弯曲变形，使阀芯卡住不动	检修滑阀： （1）检查间隙情况，研修或更换阀芯。 （2）检查、修研或重配阀芯，必要时更换新油。 （3）检查、修正几何偏差及同心度。对液压卡紧，按故障诊断的方法消除。 （4）重新安装紧固，检修阀体及阀芯

续表

故障现象	故障诊断	处理方法
不换向	电磁铁故障： （1）电源电压太低造成电磁铁推力不足，推不动阀芯。 （2）交流电磁铁，因滑阀卡住，铁芯吸不到底而烧毁。 （3）漏磁，吸力不足，推不动阀芯。 （4）电磁铁接线焊接不良，接触不好不能正常工作	检修并修复： （1）检测电源电压，使之符合要求（应在规定电压的 −15% ~ +10% 的范围内）。 （2）排除滑阀卡住的故障后并更换电磁铁。 （3）检查漏磁原因，更换电磁铁。 （4）检查并重新焊接
	液压换阀控制油路有故障： （1）液动控制油压力太小，推不动阀芯。 （2）液动换向阀上的节流阀并关闭或堵塞。 （4）弹簧折断、漏断、太软都不能使滑阀换向或复位。 （5）电磁换向阀专用油口没有接回油箱或泄油管路背压太高，造成阀芯"阀死"不能正常工作。 （6）电磁换向阀因垂直安装受芯衔铁等零件重量影响造成换向工作不正常	排除液动换向阀控制油路的故障： （1）提高控制油压力，检查弹簧是否过硬，必要时更换。 （2）检查调节、清洗节流口。 （3）检查，并接通油箱，清洗回油管使之畅通。 （4）检查，更换或补装。 （5）检查，并接通回油箱，降低管路背压。 （6）电磁换向阀的轴线必须按水平方向安装
执行机构运动速度比要求慢	推向阀推杆长期撞击而磨损变短，或衔接触点磨损，阀芯行程不足，开口及流量变小	更换推杆或电磁铁

第十章　通用机械检修

故障现象	故 障 诊 断	处 理 方 法
干式电磁换向阀推杆处漏油	（1）推杆处密封圈磨损过大而泄漏。 （2）电磁滑阀两端泄漏（回油）腔背压过大而向推杆处渗漏油	（1）更换密封圈。 （2）检查若背压过高则分别单独接回油箱
温式电磁吸合释放过于迟缓	电磁铁后端有个密封螺钉，初装时后腔存在空气，当油液进入衔接腔内时，如后腔空气释放不掉，将压力形成阻尼造成动作迟缓	初用时先拧开密封螺钉，待油充满后再拧紧密封
板式连接的换向阀接合面渗油	（1）安装螺钉拧得太松。 （2）安装底板表面加工精度差。 （3）底面密封圈老化或不起密封作用。 （4）螺钉材料不符，位伸变形	（1）重新拧紧。 （2）安装底板表面应磨削加工，更换密封圈。 （3）更换密封圈。 （4）按要求更换紧固螺钉
电磁铁过热或烧毁	（1）电源电压比规定电压高引起线圈发热。 （2）电磁线圈绝缘不良。 （3）换向频繁造成线圈过热。 （4）电磁铁铁芯因某原因而未吸到底而烧毁。 （5）电线焊接不好，接触不良。 （6）电磁铁芯与滑阀轴线不同心。 （7）推杆过长与电磁铁行程配合不当电磁铁铁芯不能吸合，使电流过大而线圈过热，烧毁。 （8）干式电磁铁进油液而烧毁线圈	（1）检查电源电压使之符合要求（应要规定电压的 +10% ~ -15% 的范围内）。 （2）更换电磁铁。 （3）改用湿式直流电磁铁。 （4）查明原因，加以排除，并更换。 （5）检查并重新焊接。 （6）拆卸重新装配。 （7）修整推杆。 （8）检查、排除推杆处渗油故障或更换密封圈

故障现象	故 障 诊 断	处 理 方 法
换向不灵	（1）油液混入污物，卡住滑阀。 （2）弹簧力太小或太大。 （3）电磁铁铁芯接触部位有污物。 （4）滑阀与阀体间隙过大或过小。 （5）电磁换向阀的推杆磨损后长度不够或行程不对，使阀芯移动过小或过大，都会引起换向不灵或不到位	（1）清洗滑阀、换油。 （2）更换合适的弹簧。 （3）清除污物。 （4）配研滑阀或更换滑阀。 （5）检查并修复，必要时可换推杆
换向冲击与噪声	（1）液动换向阀滑阀移动速度太快，产生冲击。 （2）液动换向阀上的单向节流阀阀芯与孔配合间隙过大，单向阀弹簧漏装，阻力失效，产生冲击声。 （3）电磁铁的铁芯接触面不平或接触不良。 （4）液压冲击声（由于压差很大的两个回路瞬时接通），使配管及其他元件振动而形成的噪声。 （5）滑阀时卡时动或局部摩擦力过大。 （6）固定电磁铁的螺栓松动而产生振动。 （7）电磁换向阀过长或过短。 （8）电磁铁吸力过大或不能吸合	（1）调小液动阀上的单向节流阀节流口减慢滑阀移动速度即可。 （2）检查、整修（修复）到合理间隙，补装弹簧。 （3）清除异物，并修整电磁铁的铁芯。 （4）控制两回路的压力差，严重时，可用湿交流或带缓冲的换向阀。 （5）研修或更换滑阀。 （6）紧固螺栓，并加防松垫圈。 （7）修整或更换推杆。 （8）检修或更换

表 10 - 8　　　单向阀及液控单向阀故障诊断与处理方法

故障现象	故 障 诊 断	处 理 方 法
产生噪声	（1）单向阀通过的最大流量有一定限度，当超过额定流量时，会出现尖叫声。 （2）单向阀与其他元件产生共振时，也会产生尖叫声。 （3）在高压立式油缸中，缺乏卸荷装置（卸荷阀）的液控单向阀也易产生噪声	（1）根据实际需要，更换流量较大的单向阀，或减少实际流量，使其最大值不超过标牌上的规定值。 （2）适当改变阀的额定压力或调节弹簧，必要时更换弹簧。 （3）更换带有卸荷装置的液控单向阀或补充卸压装置的回路

故障现象	故 障 诊 断	处 理 方 法
泄漏	（1）阀座锥面密封不严。 （2）钢球（或锥面）不圆或磨损。 （3）油中有杂质，将锥面或钢球损坏。 （4）阀芯或阀座拉毛。 （5）配合的阀座损坏。 （6）螺纹连接的结合部分没有拧紧或密封不严	（1）拆下，重新配研，保证接触面密封严密。 （2）拆下检查，更换钢球或锥阀。 （3）检查油液，加以更换。 （4）检查，并重新研配。 （5）更换或研配修复。 （6）检查有关螺纹连接处，并加以拧紧，必要时，更换螺栓
单向阀失灵	（1）单向阀阀芯卡死：①阀体变形；②阀芯有毛刺；③阀芯变形；④油液污染。 （2）弹簧折断或漏装。 （3）锥阀（或钢球）与阀座完全失去密封作用。 （4）把背压阀当作单向阀使用，因背压阀弹簧刚度大，而单向阀较软	（1）检修阀芯：①研修阀体内孔，消除误差；②去掉阀芯毛刺，并磨光；③研修阀芯外径；④更换油液。 （2）拆检、更换或补装弹簧。 （3）检查密封性，配研锥阀与阀座，保证密封可靠。当锥阀与阀座同心度超差或严重磨损时，应更换。 （4）把背压阀的弹簧换成单向阀的软弹簧或换成单向阀
液控不灵	（1）液控换向阀故障。 （2）液控压力过低	（1）排除液控的换向阀故障。 （2）按规定压力进行调整

表 10 − 9　　　　　　溢流阀故障诊断与处理方法

故障现象	故 障 诊 断	处 理 方 法
振动与噪声（产生尖叫声）	流体噪声： （1）溢流阀溢流的高速流速声。 （2）溢流后的气穴气蚀噪声和涡流。 （3）溢流阀卸荷时的压力波冲击声。	检查、处理： （1）选用合适的较软的主阀弹簧 （2）检查并排除回油口及回油管的空气，并严防进气。 （3）增加卸荷时间，将控制卸荷换向阀慢慢打开或关闭。

故障现象	故 障 诊 断	处 理 方 法
振动与噪声（产生尖叫声）	（4）先导阀和主滑阀因受压力分布不均引起的高频噪声。 （5）回油管路中有空气。 （6）回油管路中背压过大。 （7）溢流阀内控压区进了空气。 （8）流量超过了允许值	（4）修复导阀及主阀以提高其几何精度，增大回油管径，选用合适较软的主阀弹簧和适当黏度的油液。 （5）检查、密封并排气。 （6）增大回油管径，单独设置回油管。 （7）检查、密封，并排气。 （8）选用流量匹配的溢流阀
	机械噪声： （1）滑阀和阀孔配合过紧或过松引起的噪声。 （2）调压弹簧太软或弯曲变形产生噪声。 （3）调压螺母松动。 （4）锥阀磨损。 （5）与系统其他元件产生共振发出噪声	检查、处理： （1）修复。 （2）更换调压弹簧。 （3）拧紧。 （4）研磨或配研。 （5）诊断处理系统振动和噪声
系统压力起不来或无压（压力表显示值几乎为零）、调整无效	（1）先导式溢流阀卸荷口堵塞未堵上控制油无压力，故系统无压。 （2）溢流阀遥控口接通的遥控油路被打开，控制油接回油箱，故系统无压。 （3）先导式溢流阀的阻尼孔被污物堵塞，溢流阀卸荷系统几乎无压。 （4）漏装锥阀或钢球或调压弹簧。 （5）滑阀被污物卡在全开位置上。 （6）油泵无压力。 （7）系统元件或管道破裂大量泄油	（1）将卸荷口堵塞上，并严加密封。 （2）检查遥控油路，将控制油路回溃箱的油路关闭。 （3）清洗阻尼孔，更换油液。 （4）补装。 （5）清洗。 （6）诊断处理油泵故障。 （7）检查、处理或更换

故障现象	故 障 诊 断	处 理 方 法
系统压力过大调不下来	（1）主阀至先导阀的控制油路被堵塞先导阀无控制压力油，无法控制压力。 （2）先导阀回油的内泄油口被污物堵塞，先导阀不能控压。 （3）阻尼孔磨损过大，主阀芯两端油压平衡，滑阀打不开。 （4）油液污染，滑阀被卡在关闭位置上	（1）检查控制油路，使之接通。 （2）清洗先导阀的内泄油口。 （3）可将不锈钢薄片压入阻尼孔内或细软金属丝插入孔内，将阻尼孔堵一部分。 （4）清洗滑阀及滑孔，更换油液
系统压力提不高调整无效	（1）油泵压力提不高。 （2）油缸内泄严重或系统各元件内泄。 （3）先导式溢流阀遥控口渗油或密封不良。 （4）先导式溢流阀遥控油路的控制阀及管道渗油或密封不良。 （5）滑阀严重内泄，溢流阀内泄溢流，当压力尚未达到溢流阀调定值，而回油口有回油。 （6）油液污染，滑阀卡住。 （7）锥阀或钢球与阀座配合不良，有内泄。 （8）阻尼孔半堵塞，选成先导阀控制流量很小，造成压力上升很慢或压力不再上升	（1）诊断处理油泵故障。 （2）诊断处理油缸及系统各元件内泄故障。 （3）检查先导式溢流阀遥控口渗油滴油现象应严加密封。 （4）检查遥控油路渗油滴油或内泄，严加密封。 （5）检查、铰孔，修整或更换滑阀，配研。 （6）清洗滑阀及阀孔，更换油液。 （7）配研锥阀和阀座，更换钢球或锥阀，或轻轻敲打两下，使之密合。 （8）清洗阻尼孔，更换油液

故障现象	故 障 诊 断	处 理 方 法
压力波动（压力表显不值波动或跳动）	（1）油泵的流量或压力脉动过大，使阀无法平衡。 （2）液压系统混入空气，导致压力时高时低。 （3）调压的控制阀芯弹簧太软或弯曲变形不能维持稳定的工作压力。 （4）锥阀或钢球与阀座配合不良，系污物卡住或磨损造成内泄时大时小致使压力时高时低。 （5）油液污染，致使主阀上的主尼孔时堵时半通，造成压力时高时低。 （6）滑阀动作不灵活，系滑阀拉伤或弯曲变形或被污物卡住或有椭圆等。 （7）溢流阀遥控口接通的换向阀控制失控或遥控口及换向阀泄漏时多时	（1）诊断检修油泵故障。 （2）诊断系统进气故障，并及时排气。 （3）按控压范围更换合适压力级的弹簧。 （4）配研锥阀和阀座，更换钢球或锥阀，清洗阀，还可将锥阀或钢球放在阀座内，隔着木板轻轻敲打两下，使之密合。 （5）清洗主阀阻尼孔，必要时更换油液。 （6）检修或更换滑阀，修整阀体孔或滑阀使其椭圆度小于 $5\mu m$。 （7）诊断检修换向阀故障，对溢流阀遥控口及换向阀和管段均应严加密封
泄漏	内泄漏（表现为压力波动和噪声增大）： （1）锥阀或钢球与阀座接触不良，一般系磨损或被污物卡住，导致系统压力过低或升不起夹。 （2）滑阀与阀体配合间隙过大，导致系统内泄	检查处理： （1）清洗，研磨锥阀，配研阀座，或更换钢球。 （2）扩铰阀体孔，更换滑阀芯
	外泄漏。 （1）管接头松脱或密封不严。 （2）有关接合面上的密封不良或失效	检查密封： （1）拧紧管接头或更换密封圈。 （2）修整结合面，更换密封件

表 10 - 10　　　　　　　　　**减压阀故障诊断与处理方法**

故障现象	故 障 诊 断	处 理 方 法
不起减压作用	（1）顶盖方向装错，使输出油孔与回油孔已沟通。 （2）阻尼孔被堵塞。 （3）回油孔的螺塞未拧出，油液不通。 （4）滑阀移动不灵或被卡住	（1）检查顶盖上的位置，并加以纠正。 （2）用直径微小的钢丝或针（直径约 1mm）疏通小孔。 （3）拧出螺塞，接通回油管。 （4）清理污垢，研配滑阀，保证滑动自如
压力液动	（1）油液中浸入空气。 （2）滑阀移动不灵或卡住。 （3）阻尼孔堵塞。 （4）弹簧刚度不够，有弯曲，卡住或太软。 （5）锥阀安装不正确，钢球与阀座配合不良	（1）设法排气，并诊断系统进气故障。 （2）检查滑阀也孔几何形状误差是否超出规定或有拉伤情况，并加以修复。 （3）清洗阻尼孔，换油。 （4）检查并更换弹簧。 （5）重装或更换锥阀或钢球
输出压力较低升不高	（1）锥阀与阀座配合不良。 （2）阀顶盖密封不良，有泄漏。 （3）主阀弹簧太软，变形或在阀孔中卡住，使阀移动困难	（1）拆检锥阀，配研或更换。 （2）拧紧螺栓或拆检后更换纸垫。 （3）更换弹簧，检修或更换已损零件
振动与噪声	（1）先导阀（锥阀）在高压下，压力分布不均匀引起高频振动产生噪声（与溢流阀同）。 （2）减压阀超过流量时，出油口不断升压—卸压—升压—卸压使主阀芯振动产生噪声	（1）按溢流阀振动与噪声故障诊断处理。 （2）使用时不宜超过其公称流量，将其工作流量控制在公称流量以内

表 10－11   顺序阀（平衡阀）故障诊断与处理方法

故障现象	故 障 诊 断	处 理 方 法
根本建不起压力	（1）阀芯卡住。 （2）弹簧折断或漏装。 （3）阻尼孔堵塞	（1）研磨修理。 （2）更换或修补。 （3）清洗
压力波动	（1）弹簧钢性差。 （2）油中有气体。 （3）液控油压力不稳	（1）更换弹簧。 （2）排气。 （3）调整液控油压力
不合要求调定压力不符	（1）弹簧太软、变形。 （2）阀芯有阻滞。 （3）阀芯装反。 （4）外泄潜心油腔存有背压。 （5）调压弹簧调整不当	（1）更换弹簧。 （2）研磨修理。 （3）重装。 （4）清理处泄回油管道。 （5）反复调整
振动噪声	（1）油管不适全，回油阻力过高。 （2）油温过高	（1）降低回油阻力。 （2）降低油温

表 10－12   流量阀故障诊断与处理方法

故障现象	故 障 诊 断	处 理 方 法
达不到规定最大速度	（1）弹簧软或变形，弹簧作用力倾斜。 （2）阀芯与阀孔磨损间隙过大而内泄	（1）更换弹簧。 （2）检修或更换
移动速度不稳	（1）油中脏物粘附在节流口上。 （2）阀的内、外泄漏。 （3）滑阀移动不灵活	（1）清洗、换油、增设滤油器。 （2）检查零件配合间隙和连接处密封。 （3）检查零件的尺寸精度，加强清洗

表 10 – 13　　　　　　节流阀故障诊断与处理方法

故障现象	故 障 诊 断	处 理 方 法
节流失调或调节范围小	（1）节流口堵塞，阀芯卡住。 （2）阀芯与阀孔配合间隙过大，泄漏较大。	（1）拆检清洗，修复、更换油液，提高过滤精度。 （2）检查磨损、密封情况，并进行修复或更换
执行机构速度不稳	（1）油中杂质粘附在节流口边缘上，通流截面减小，速度减慢；当杂质被冲洗后，通流截面增大。 （2）系统温升，油液黏度下降，流量增加速度上升。 （3）节流阀内、外泄较大，流量损失，不能保证运动速度所需要的流量。 （4）低速运动时，振动使调节位置变化。 （5）节流阀负载刚度差，负载变化时，速度也突变，负载增大，速度下降，造成速度不稳定	（1）拆洗节流器，清除污物，更换精滤油器。若油液污染严重，更换油液。 （2）采取散热、降温措施，若温度变化范围大，稳定性要求高时，可换成带温补偿的调速阀。 （3）检查阀芯与阀体间的配合间隙及加工精度，对于超差零件进行修补或更换。检查有关部位的密封情况或更换密封圈。 （4）锁紧调节杆。 （5）系统负载变化大时，应换成带压力补偿的调速阀即可

表 10 – 14　　　　　　调速阀故障诊断与处理方法

故障现象	故 障 诊 断	处 理 方 法
压力补偿装置失灵	（1）主阀被脏物堵塞。 （2）阀芯或阀套小孔被脏物堵塞。 （3）进油口和出油口的压力差太小	（1）拆开清洗、换油。 （2）清洗、换油。 （3）提高此压力差

故障现象	故 障 诊 断	处 理 方 法
流量控制手轮转动不灵	(1) 控制阀芯被脏物堵塞。 (2) 节流阀受压力太大。 (3) 在截止点以下的刻度上，进口压力太高	(1) 拆开清洗、换油。 (2) 降低压力，重新调整。 (3) 不要在最小稳定流量以下工作
执行机构速度不稳定（如逐渐减慢突然增快或跳动等）	(1) 节油口处积有脏物，使通流截面减小，造成速度减慢。 (2) 内、外泄漏造成速度不均匀，工作不稳定。 (3) 阻尼结构堵塞，系统中进入空气，出现压力波动及跳动现象，使速度不稳定。 (4) 单向阀中的单向阀密封不良。 (5) 油温过高（无温度补偿调速阀）	(1) 加强过滤，并拆开清洗、换油。 (2) 检查零件尺寸精度和配合间隙检修或更换已损零件。 (3) 清洗有阻尼装置的零件，检查排气装置是否正常，保持油液清洁。 (4) 研合单向阀。 (5) 降低油温

五、液压辅件故障诊断与处理方法

(1) 压力表故障诊断与处理方法见表 10 - 15。

表 10 - 15　　　　压力表故障诊断与处理方法

故障现象	故 障 诊 断	处 理 方 法
压力表弹簧管断裂	瞬时压力急剧升高，超过表面刻度值，压力降至零，以致无法测压（常用压力下因压力波动或管内产生急剧脉冲压力，瞬时冲击压力高达常用压力的 3~4 倍）	在压力表管接头处加一缓冲器，节流孔径以不大于 ϕ8mm 为宜；如装有压力表开关，则应将开关小些，以产生阻尼即可
压力表指针摆动厉害	瞬时压力急剧升向，超过表面刻度值，压力降至零，以致无法测压（常用压力下因压力波动或管内产生急剧脉冲压力，瞬时冲击压力高达常用压力的 3~4 倍）	同上述处理方法；若无压力表开关，可在压力表接头的小孔中攻丝拧进 M3 或 M4，长 4~5mm 的螺杆，利用螺纹间隙产生阻尼；处理后如压力表指针不动或不灵敏，可拆下小螺杆，并在其圆柱面上锉平一些，以增大间隙

故障现象	故 障 诊 断	处 理 方 法
压力表读数不准	（1）压力超过了弹簧管的弹性极限时，因弹簧管伸长而引起读数不准。 （2）齿条和小齿轮不良时读数不准。 （3）因长时间的机械振动，造成表芯的扇形齿轮和小齿轮的齿面磨损、游丝缠绕等原因，致使读数不准	（1）同上述处理方法。 （2）及时修理或更换齿条或小齿轮。 （3）更换已损零件及时修理。为防振可采取防振措施，把压力表和振动源隔开
压力表指针脱落	长时间机械振动而使指针或齿轮的锥面配合松动	及时修理或更换已损零件，为防振动可加防振橡胶
压力表指针不能回零	（1）弹簧管疲劳，不能恢复到原位，而有所伸长，故指针不能回零。 （2）指针或齿轮等有位移或间隙过大	（1）更换弹簧，或回转表盘对零，但精度不高。 （2）更换已损零件及时修理
冲针过零位	压力太高，超过压力表刻度值	及时消除压力波动或脉冲压力，处理方法同压力表弹簧管断裂

（2）压力表开关故障诊断与处理方法，见表10－16。

表10－16　　　　压力表开关故障诊断与处理方法

故障现象	故 障 诊 断	处 理 方 法
测压不准确	压力指针摆动缓慢和迟钝，测出压力值不准	注意油液的清洁；将阻尼孔大小调节适当
内泄漏增大测压不准确或各测点压力互串	阀芯和阀孔的配合损伤或磨损过大	研磨修复；更换无法修复的已损零件

（3）滤油器故障诊断与处理方法见表 10 – 17。

表 10 – 17　　　　　　　　滤油器故障诊断与处理方法

故障现象	故障诊断	处理方法
污垢	油液中有颗粒（金属屑或灰尘）	检修油泵和油马达磨损；管接头要严密，密封性能好
滤纸状态	（1）滤芯温度高。 （2）流量过大，纸褶压死，滤芯通过能力下降	（1）滤纸温度不得超过167℃。 （2）减小流量
滤芯变形	滤芯堵塞，油液压力增大，滤芯损坏	使油液从滤芯的侧面或从切成方向进入，避免从正面直接冲击滤芯
滤油器脱焊	高压下金属网和铜骨架脱离	采用熔点高达 300℃ 以上的银料或熔点为 235℃ 的银隔焊料
滤芯脱粒	烧浇式滤油器滤芯颗粒在高压、高温、液压冲击及孔振动下发生脱粒	使用前应对滤芯进行强度试验
滤油器堵塞	油液不畅通，阻力增大，流量减小，有噪声和气蚀现象，有金属碎屑及密封材料碎屑等	及时清理，更换已损滤芯；应每隔 1 ~ 2 周取出滤芯进行清理检查，诊断污染来源

（4）蓄能器故障诊断与处理方法见表 10 – 18。

表 10 – 18　　　　　　　　蓄能器故障诊断与处理方法

故障现象	故障诊断	处理方法
蓄能器供油不均	活塞或气囊运动阻力不均	检查活塞密封圈或气囊运动阻力，及时排除
充气压力充不起来	（1）氮气瓶内无氮气或气压不足。 （2）气阀泄气。 （3）气囊或蓄能器盖向外泄气	（1）应更换氮气瓶。 （2）修理或更换已损零件。 （3）固紧或更换已损零件

故障现象	故障诊断	处理方法
蓄能器供油压力低	（1）充气压力不足。 （2）蓄能器漏气，使充气压力不足	（1）及时充气，达到规定充气压力。 （2）固紧或更换已损零件
蓄能器供油量不足	（1）充气压力不足。 （2）系统工作压力范围小且压力过高。 （3）蓄能器容量选小了	（1）及时充气，达到规定充气压力。 （2）系统调整。 （3）重选蓄能器容量
蓄能器不供油	（1）充气压力太低。 （2）蓄能器内部泄油。 （3）液压系统工作压力范围小，压力过高	（1）及时充气，达到规定充气压力。 （2）检查活塞密封圈及气囊泄油原因，及时修理或更换。 （3）进行系统调整
系统工作不稳定	（1）充气压力不足。 （2）蓄能器漏气。 （3）活塞或气囊运动阻力不均	（1）及时充气，达到规定充气压力。 （2）固紧密封或更换已损零件。 （3）检查受阻原因及时排除

（5）油冷却器故障诊断与处理方法见表 10 - 19。

表 10 - 19　　　　油冷却器故障诊断与处理方法

故障现象	故障诊断	处理方法
冷却效果差	（1）水管堵塞或散热片上有污物粘附冷却效果降低。 （2）冷却水量或风量不足。 （3）冷却水温过高	（1）及时清理，恢复冷却能力。 （2）调大水量或风量。 （3）检测温度，设置降温装置
油中进水	水冷式油冷却器的水管破裂漏水	及时检查进行焊补

（6）非金属密封件故障诊断与处理方法见表 10 – 20。

表 10 – 20　　　　非金属密封件故障诊断与处理方法

故障现象	故 障 诊 断	处 理 方 法
挤出间隙	（1）压力过高。 （2）间隙过大。 （3）沟槽等尺寸不合适。 （4）放入状态不良	（1）调低压力，设置支撑环或挡圈。 （2）检修或更换。 （3）检修或更换。 （4）重新安装或检修更换
老化开裂	（1）温度过高。 （2）存放和使用时间太长，自然老化变质。 （3）低温硬化	（1）检查油温，严重摩擦过热（润滑不良或配合太紧），及时检修或更换。 （2）更换（存放时间太长，自然老化，注意检查）。 （3）调整油温，及时更换
膨胀 （发泡）	（1）与液压油不相容。 （2）被溶剂溶解。 （3）液压油劣化	（1）更换液压油或密封圈。 （2）严防与溶剂（如汽油、煤油等）接触。 （3）更换液压油
扭曲	横向（侧向）负载作用所致	采用挡圈加以消除
表面磨损与损伤	（1）密封配合表面运动摩擦损伤。 （2）装配时切破损伤。 （3）润滑不良造成磨损	（1）检查油液杂质，配合表面加工质量和密封圈质量，及时检修或更换。 （2）检修或更换。 （3）查明原因，加强润滑
损坏粘着变形	（1）压力过高、负载过大、工作条件不良。 （2）密封件质量太差。 （3）润滑不良。 （4）安装不良	（1）增设支撑环或挡圈。 （2）检查密封件质量。 （3）加强润滑。 （4）重新安装或检修更换
收缩	（1）与油液不相容。 （2）自然硬化	（1）更换液压油或密封圈。 （2）更换

第十章　通用机械检修

六、液压系统的清洗

液压系统的清洗是减少液压系统故障的重要措施。颗粒状杂质浸入系统后，会引起液压元件磨损、动作不灵活或卡死等现象，严重时还会造成故障。

1. 清洗前的准备工作

（1）首先应将环境和场地整理清扫干净。

（2）清洁油最好用液压油或试车油。不要用煤油、汽油或酒精。

（3）应根据系统要求或污染程度选择合适的滤油器，设在回路的回油口处（一般用80目及150目，供清洗初期和后期使用）。

（4）合理使用清洁剂。采用什么清洗剂，决定于系统的要求。

（5）设置加热装置。清洗油一般对橡胶有溶蚀能力，加热到50~80℃后，管道内的橡胶渣等杂质易于清洗。

（6）设置必要的清洗槽（清洗器）。将拆下来的有关元件及管件等分类放在清洗槽中。

（7）准备橡胶锤或木锤，以便在清洗过程中，轻击油管。

2. 一次清洗

（1）主要要求：金属毛刺及粉末、砂粒灰尘、油渍、棉纱、胶粒和氧化皮等污物全部清洗干净，否则不能安装。

（2）常用的清洗剂有：氢氧化钠、碳酸钠、稀盐酸、稀硫酸、苛性钠等。清洗油最好使用液压油或试车油，不得用煤油、汽油、酒精或蒸汽等作为清洗介质，以免腐蚀元件。

（3）清洗的对象：管路、油箱及元件。

（4）管路的清洗方法（酸洗）：

1）首先将所清洗的管路解体，管内油回收。

2）去掉油管上的毛刺及焊渣，用氢氧化钠及碳酸钠进行脱脂（去油）。

3）然后用温水清洗，再用20%~30%的稀盐酸或15%~20%的稀硫酸溶液进行酸洗，温度保持在40~60℃。

4）酸洗时间约30~40min。

5）清洗过程中，可以轻微敲打或振动，以增强清洗效果。

6）然后用10%的苛性钠溶液浸渍和清洗15min，使其中和，溶液温度为30~40℃。

7）最后用蒸汽或温水清洗，再在空气中干燥后涂以防锈油（酸洗后中和，易生锈）。

8）一次清洗干净后，进行一次安装。

（5）油箱的清洗：

1）将油箱内的工作油排净回收。

2）用绸布或乙烯树脂海绵擦洗油箱。注意不能用棉布或棉纱进行擦洗。

3）油箱清洗干净后，再盛入清洗油，其用量为油箱容积的$60\% \sim 70\%$。

4）用面粉团或胶泥团粘净油箱死角的焊渣和铁屑。

5）一次清洗合格后，进行一次安装。

3. 二次清洗

（1）二次清洗的目的是把一次安装后管道内残存的污物（如密封碎坏、砂粒、金属粉末等）冲洗干净，再进行第二次安装，组成正式的液压系统。

（2）清洗步骤：

1）清洗前，先把溢流阀进油管路切断，油缸进出口隔开。在主回路上连接临时回路，如图10-5所示。

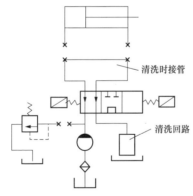

图10-5 液压系统二次清洗回路

2）根据系统的复杂程序、污染程序、元件精度和过滤要求等制定出清洗时间、加热时间及取样查看时间。

3）注满清洗油后，一边使泵运转，一边将油加热，油液在清洗回路自行循环。

4）为提高清洗效果，应使换向阀换向，油泵做间歇运转（即转一会，停一会），间歇时间一般为$20 \sim 40\text{min}$。

5）为使脏物容易脱离，在清洗过程中可用木棍或橡皮锤轻轻敲打，

第十章 通用机械检修

敲击时间约为清洗时间的 10% ~ 15%。

6）在清洗开始阶段，用 80 目的过滤网，到预定时间的 60% 时，改用 150 目的过滤网。

7）二次清洗结束后，油泵应在油温降低后停止运转，以免外界湿气引起腐蚀。

8）排净油箱内的清洗油，不允许有残留。

9）重新清洗一次油箱。

10）注满试车油，为二次安装调试做好准备。

11）将上述清洗分解的临时油路，按原设计要求进行二次安装，接通溢流阀和油缸进出油口，移去清洗回油箱（见图 10 - 5），使之成为安装后的正式液压系统。

七、液压油故障的检修

（1）液压油黏度变化故障诊断与处理方法见表 10 - 21。

表 10 - 21　　　　　液压油黏度变化故障诊断与处理方法

黏度	故 障 现 象	故 障 诊 断	处 理 方 法
黏度变低	（1）泵有噪声，排油量不足，产生异常磨损。 （2）内泄漏增加，执行元件动作不正常。 （3）压力控制阀工作不稳定，压力表指针摆动。 （4）由于润滑不良，其润滑产生不正常磨损	（1）油温控制不一严，油温上升。 （2）液压油变质黏度变低。 （3）黏度变低。 （4）液压油污染变质	（1）采取冷却措施或检修冷却系统。 （2）更换油液。 （3）换油。 （4）换油
黏度变高	（1）泵吸油不良而被卡住。 （2）泵吸油阻抗而产生气蚀。 （3）滤油器阻抗增大而引起故障。 （4）配管阻抗引起压力损失，使输出压力降低。 （5）控制阀的动作不动作	（1）油的黏度太高。 （2）液压油的低温特性差。 （3）低温下的油温控制不良。 （4）液压油的黏度太高。 （5）使用的油黏度太高	（1）更换油液，使其黏度下降。 （2）设置用于调温用的加热器。 （3）修理油温控制装置。 （4）更换液压油，或调和低黏度的液压油。 （5）更换油液

（2）液压油污染程度变化故障诊断与处理方法见表 10 - 22。液压油的污染中，金属颗粒约占 75%，尘埃约占 15%，其他如氧化物、纤维、树脂等约占 10%，还有水分和气体等的污染。液压油的污染度（清洁度）是指油液中污物的含量，油液污染度的变化对液压系统影响很大，易产生液压故障。

表 10 - 22　　　　液压油污染度变化故障诊断与处理方法

故 障 现 象	故 障 诊 断	处 理 方 法
（1）油泵出现异常的磨损，粘附或被卡住。 （2）控制压力阀、流量阀调节阀及伺服阀动作性能不良。 （3）过滤器堵得较快	（1）装配时，元件及配管内的附着物脱落，元件磨损，尘埃进入。 （2）运行中由外部混入杂质。 （3）滑动部分的磨损微粒多，磨屑量增多	（1）注意清洗、安装和密封，定期抽样检查，加强过滤。 （2）注意环境污染，加强密封和维护或改造液压装置。 （3）有效地使用过滤器定期清洗、检查并维修

（3）润滑性能变化故障诊断与处理方法见表 10 - 23。润滑性能因油液被污染，而使油液在金属表面上形成油膜强度减弱，甚至破坏，导致润滑性能降低，液压元件磨损增加。

表 10 - 23　　　　润滑性能破坏故障诊断与处理方法

故 障 现 象	故 障 诊 断	处 理 方 法
（1）泵与马达处于边界润滑状态，磨损增加。 （2）元件磨损增加，寿命及性能降低。 （3）执行机构（缸与马达）性能及寿命降低	（1）油膜过薄或不能形成，系油液的性质变化。 （2）工作油劣化，混入了杂质污物。 （3）黏度下降，污染增加	（1）选用较好的油液，注意其润滑及启动过程，增加润滑剂。 （2）更换油液。 （3）更换油液

（4）消泡性能变化故障诊断与处理方法见表 10 - 24。基本油液中加入一定的消泡剂，即可减少泡沫的生成或加速泡沫的破坏。

表 10 – 24 消泡性变化故障诊断与处理方法

故 障 现 象	故 障 诊 断	处 理 方 法
（1）油箱中的工作油发生气泡，消泡作用不良。 （2）吸入气泡产生气蚀。 （3）执行元件抖动，动作不良，而且动作滞后	（1）消泡剂已消耗完。吸油管进气油面过低。 （2）工作油的性质不好。 （3）工作油消泡失效	（1）换工作油，检修吸油管或注油，以防吸油管段进气。 （2）改进油箱结构及更换油液。 （3）更换油液

（5）抗乳化性能变化故障诊断与处理方法见表 10 – 25。液压油抗乳化性能是指油液中混入水分后的油、水分离能力。乳化液在使用过程中若被尘埃污染，便很容易分层，引起抗乳化性能韵变化，所以要特别注意密封清洁。

表 10 – 25 　　　 油管抗乳化性能变化故障诊断与处理方法

故 障 现 象	故 障 诊 断	处 理 方 法
（1）因油液中的水分过多而生锈。 （2）工作油的劣化变质较快。 （3）阀、泵等元件因水分而发生气蚀和水点腐蚀	（1）工作油的性质劣化。 （2）工作油劣化，抗乳化性能恶化，油水分离性能低。 （3）油劣化	（1）应用抗乳化性较好的工作油。 （2）更换油液。 （3）更换油液

（6）防锈性能变化故障诊断与处理方法见表 10 – 26。为了防止金属零表面生锈而污染油液，可在油液中加一种防锈添加剂。液压可牢固地吸附在金属表面上形成保护膜。

（7）液压油劣化及低温流动性能变化故障诊断与处理方法见表 10 – 27。

（8）污物浸入系统的途径及防止措施见表 10 – 28。

表 10－26　　　防锈性能变化故障诊断与处理方法

故　障　现　象	故　障　诊　断	处　理　方　法
（1）滑动部分生锈，影响控制阀动作不良。 （2）脱锈，失去防锈性能。 （3）生锈的颗粒使动作不良，甚至发生伤痕。 （4）其他金属的腐蚀（如钢，铝，铁等）。 （5）随着气蚀发生腐蚀。 （6）过滤器，冷却器的局部腐蚀	（1）透平油等防锈性能差的油中混有水。 （2）工作油中含水超过规定。 （3）从开始发生，逐渐发展恶化所致。 （4）添加剂的影响。 （5）工作油劣化，油中混入腐蚀物。 （6）油中混入水分而发生气蚀	（1）改用防锈性能较好的工作油。 （2）采取措施，防止水混入油中。 （3）进行清洗和防锈处理。 （4）检查工作油的性质。 （5）尽量防止油液劣化、污染。 （6）定期清洗或更换过滤器，检查冷却器不要有渗漏水现象

表 10－27　　劣化及低温流动变化的液压诊断与处理方法

性质	故　障　现　象	故　障　诊　断	维　修　处　理
劣化	（1）元件动作不良。 （2）元件金属表面被腐蚀。 （3）因防锈性、抗乳化性降低，而产生故障	（1）在高温下使用，产生油泥氧化。 （2）水分、金属微粒等杂质加速劣化。 （3）局部温升过高	（1）避免长期在60℃以上的高温下使用。 （2）清除杂质污物。 （3）禁止局部加热或进行局部冷却
低温流动性	在接近流动点时，即没有工作油所具有良好流动性，因而不能使用	工作油的性质不对；添加剂用得不对	正确选择工作油和添加剂

表 10-28　　　　　　　　污物浸入系统的途径及防止措施

污物浸入途径	防止措施
固体颗粒的污染： （1）装配前零部件混入切屑、焊渣、尘土、锈土、纤维、塑料、涂料等杂质。 （2）来自密封装置的破损碎片。 （3）来自油箱盖上的杂物。 （4）来自注油口处的污物。 （5）泵、缸、阀等元件的磨损粉末。 （6）油箱内表面涂料脱落的油漆。 （7）由于密封不好而浸入的外界杂质	相应措施： （1）装配前，零件应彻底进行酸洗或清洗。 （2）安装密封时，要认真清查不得有残次品。 （3）在油箱上，除通气装置外，要严加密封。 （4）注油时须过滤，工作时须将注油口盖严。 （5）定期抽查换油，把杂质限制在规定范围。 （6）选择优质油漆注意工艺，尽可能不使其脱落。 （7）检查密封部位，并注意环境条件
胶质黏物的污染： （1）溶解于油中的密封物。 （2）蓄能器胶囊溶解于油中的粘物。 （3）溶解于油中的油漆。 （4）油液本身变质，如节流口高温、高压而形成的不溶解性氧化物等	相应措施： （1）选择不易被油溶解的优质密封材料。 （2）选择优质胶囊材料。 （3）涂上耐油的油漆。 （4）选用氧化稳定性较好的油液，更换超过酸值的同时清除黏腔物
空气的污染： （1）吸、回油管路接头处密封不严，出现异常声音。 （2）油泵的传动轴密封不严，有空气进入（如齿轮泵和叶乍泵）。 （3）油缸、活塞杆处密封不良。 （4）蓄能器囊袋有破裂。 （5）有关液压元件密封不良。 （6）油箱中有气泡。 （7）选油不当	相应措施： （1）严加密封。 （2）减低吸油压力，严加密封。 （3）提高密封或更换密封圈。 （4）更换皮囊。 （5）更换密封件，改善条件。 （6）回油管必须伸入液面以下。 （7）使用消泡性较好的油液

续表

污物浸入途径	防止措施
水的污染： （1）由油箱的通气孔进入。	相应措施： （1）在温度较高季节，每月将油箱底部放油塞打开排水，当排出的没呈乳白状时换油。
（2）由水冷式冷却器的损坏部位进入。	（2）修理冷却器。
（3）由于维护不当，由油箱盖上进入	（3）在油箱上除通气孔外，都应密封，且注意保养

八、液压系统液压元件安装

1. 油缸安装

（1）油缸应严格按技术要求安装牢固可靠，不得有任何松动。

（2）直线往复式油缸安装时，要做到以下几点：

1）安装前，须仔细检查轴端、孔端等处的加工质量，倒角并清除毛刺，然后用煤油或汽油清洗或吹干。

2）安装面与活塞的滑动面，应保持一定的平行度和垂直度。

3）油缸中心线应与负载力的作用线同心，以避免引起侧向力。否则，密封体或活塞易磨损。

4）活塞杆端销孔应与耳环销孔（或耳轴）方向一致，否则油缸将受以耳轴为支点的弯曲负载影响，产生磨损、卡死等现象。

5）在行程较大、环境温度较高的场合，油缸只能一端固定，另一端保持自由伸缩状态，以防膨胀而引起缸体变形。

6）行程较大的油缸，应在缸体和活塞杆中部设置支承，以防止自重产生向下弯曲现象。

7）油缸的密封圈不要装得太紧，特别是 U 形密封圈，如果太紧，则活塞杆运动阻力将增大。

2. 油泵及其电机的安装

（1）为免油泵运转时产生振动和噪声，基础、法兰和支座都必须有足够的刚度。

（2）安装时，要求电动机与油泵轴有较高的同心度和垂直度。其偏差值应在 0.01mm 以内，倾斜角不得大于 1°。安装精度的检查方法如图 10-6 所示。

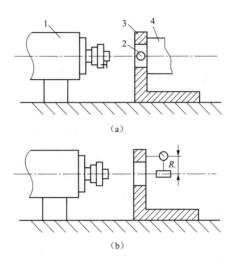

(a)

(b)

图 10 - 6　安装精度的检查方法

(a) 同心度；(b) 垂直度

1—电动机；2—千分表；3—弯板；4—油泵

(3) 油泵安装时，吸油口的安装高度不大于 500mm。

(4) 无自吸能力的油泵，可将油泵吸油口装在油面以下约 300 ~ 400mm，实现倒灌供油。

(5) 油泵安装后，进、出油口和旋转方向必须一致，不得反接。

(6) 安装联轴器时，最好不要敲打，以免损伤泵的转子。

3. 阀件的安装

(1) 安装各种阀时，要注意进油孔与回油孔的方位，如将进油口与回油口装反，会造成事故。

(2) 为了避免空气进入阀门，连接处应保证密封良好（可用聚四氟乙烯胶带顺螺纹旋拧方向缠绕 2 圈左右）。

(3) 用法兰安装的阀件，螺钉因拧得过紧反而会造成密封不良，把紧螺钉时，应对角线把紧。用力均匀，避免阀体变形卡住柱塞。

(4) 压力或流量可调的阀，顺时针方向旋转时，增加流量或压力。逆时针方向旋转时，则减少流量或压力。

4. 管道的安装

(1) 管子的质量要求：

1) 油管应有足够的强度，管子内壁光滑整洁，无砂无锈蚀、无氧化铁皮等缺陷。

2）管子表现凹入不超过管子直径的 20% 。

3）管子弯曲加工时，弯曲处圆度不超过 15%（斗轮机上允许椭圆度为 10% 以下）。弯曲可用热弯曲和冷弯曲，冷弯曲要装砂。加工要求为：①不允许弯曲部分的内、外侧有锯齿形。②不允许弯曲部分内侧有扭坏或压坏。③不允许内侧波纹有凹凸不平。④扁平弯曲部分的最小外径为原管外径的 70% 。⑤管子弯曲半径一般应大于三倍的管子外径。

4）管子切断最好用机械节切断。

5）管子两端与各种管接头（或接管）焊接时，要注意试装后，先对正再点焊，然后拆下满焊，以保证质量。

（2）管子的安装：

1）管子安装时，平行和交叉的管子之间须有 10mm 的间隙，接管时要在直线部分接合。

2）管子二次安装时，据一次安装情况弯曲（或焊接管接头、接管）成形后拆下管道，一般用 20% 硫酸或盐酸溶液进行酸行。用 10% 的苏打水中和，再用温水清洗。然后干燥、涂液压油，再进行第二次安装，此时不准有砂子、氧化皮及铁屑等污物进入管道内及阀内。

（3）全部管路安装后，必须对油路、油箱进行清洗，使之能正常循环工作。清洗时，以主系统的油路管道为主，对溢流阀、各种液压阀和泵不接入清洗循环系统中。清洗时间为 30min 左右，要对管子和其连接处反复地进行敲打、振动，以加速或促进脏物的脱落。

（4）安装泵前的吸油管时，应注意不得使其与泵连接处漏气。

（5）各种压力表应进行校验，以保证准确和安全。

九、液压系统的调试

1. 调试前的工作

（1）检查各元件的管路连接和电气线路是否正确、牢固、可靠（如泵、阀的进、出口位置及管接头等）。

（2）泵的吸油管接头是否拧紧。过松或过紧都不好，过松会出现漏油或吸空气现象，过紧会使密封性能变劣（或有漏气可以从噪声或真空表判断）。

（3）油箱中应注油液的牌号及油面高度是否符合要求。

（4）检查是否有污物进入油箱，有关部位应有安全防护装置。

（5）需要润滑的部件（或部位）应加注规定的润滑油或润滑脂。

2. 调整试车

（1）空负荷试车。全面检查液压系统各个元件、辅助装置和各种基本回路的动作循环是否正常。检查方法：

1）启动油泵（可间歇进行），使系统的有关部分有足够的润滑。

2）松开全部溢流阀手柄，泵在负荷下间隙运转。检查泵的卸荷压力是否在允许范围内，有无刺耳噪声、油箱中油液表面是否有吸入空气的泡沫。若系统进气，则及时诊断油泵进气故障或系统进气故障，予以排除，并将油缸在低压下来回动作数次，最后以最大行程往复几次，以排除系统中积存的空气。

3）将溢流阀徐徐调到规定的压力值，使泵在工作状态下运转，检查溢流阀在调节过程中有无异常响声，压力是否稳定。出现异常现象应诊断溢流阀和油泵故障，及时排除。

4）空负荷运转一段时间后，检查油箱内的油面是否过低。同时检查安全阀及压力继电器等是否可靠。当液压系统连续运转 0.5h 以上时，查看油温是否在 30~60℃ 规定的范围内。

5）空运转正常后，方可进行负荷试车。

（2）负荷试车。检查液压系统能否满足各种参数和性能要求。一般先在低于最大负荷下试车，然后逐渐加载。如果运转正常，才能进行最大负荷试车。

1）负荷试车时，应缓慢旋紧溢流阀手柄，使系统的工作压力按预先选定值逐渐上升，每升一级都应使油缸往复动作数次或一段时间。

2）超负荷试车时，应将安全阀调至比系统最高工作压力大 10%~15% 的情况下进行，快速行程的压力比实际需要的压力大 15%~20%，压力继电器的调定压力比油泵工作压力低 300~500kPa。

3）试车过程中，还应及时调节行程开关、先导阀、挡铁、碰块及自动控制装置等，使系统按工作顺序动作无误。

4）为了控制运动速度，可调节节流阀、调速阀、溢流阀和压板、润滑状况及密封装置等，使工作平稳，无冲击和振动噪声。不允许有外泄漏，在负荷状态下，速度降落不应超过 10%~20%。

5）检查油泵和油箱，使其温度不超过规定值。

（3）调试结束后，应对于整个液压系统作出评价，确认符合要求后，再将油箱中的全部油液放出滤净，清洗油箱，灌入规定的液压油，即可使用。

第十一章

卸 煤 设 备 检 修

第一节 翻车机系统检修

一、翻车机概述

以翻车机为主、包括调车设备在内的翻车机卸车线，卸车效率高，对车辆损伤少，能改善值班人员的工作环境和便于实现卸煤机械的自动化控制，已被广泛用于大型火电厂、铁路和码头。按翻卸形式分为转子式翻车机和侧倾式翻车机。

二、翻车机技术参数、结构及工作过程

（一）转子式翻车机

转子式翻车机是被翻卸的车辆中心与翻车机转子的回转中心基本重合的翻卸设备。车辆与转子同时旋转175°后，将车辆中的煤翻卸到翻车机正下方的受料斗中，再通过皮带运输机直接输送到锅炉煤斗或煤场。由于转子式翻车机的结构特点和布置形式的要求，它的回转中心距水平基准面比侧倾式翻车机要深一些，所以土建工作量也相对大一些。转子式翻车机的性能参数见表11-1。

表 11-1 转子式翻车机的性能参数

型号 技术性能	M₂ 型	KFJ-2 型	KFJ-2A 型	KFJ-3 型
最大载重量（t）	150	100	100	100
被卸车型	30~60t 敞 车	30~60t 敞 车	30~60t 敞 车	30~60t 敞 车
每小时卸车次数	30	30	30	30
最大回转角度	175°	175°	175°	175°
最大回转速度（r/min）	1.23	1.428	1.14	1.149
定位液压缓冲器接受的 最大速度（m/s）			0.6	1.2
推车器推车速度（m/s）		1.07	0.75	0.75
转子滚动圆直径（mm）	8140	7300	7300	7500

	型　号	MT－73－10	JZR$_2$63－10	JZRQ－62－10	JZRQ－62－10
电动机	功率（kW） （FS＝25％）	125	2×50	2×45	2×45
	转速 （r/min）	588	577	582	580
减速器	型　号	LU－4	ZHL－850ⅢJ	ZHL－850ⅢJ	ZHL－850ⅢJ
	速　比	48.5	36.18	43.75	43.75
制　动　器			液压推杆 制动器	YDWZ 400/100J	YWZ400－90
开式齿轮	模　数		24	24	25
	速　比		302/26＝11.61	302/26＝11.61	300/26＝11.538
总　速　比		426.8	420.05	507	504.786
设备总重（t）		148.6	110	128	139.8
外形尺寸 长×宽×高 （mm×mm×mm）		17000×10450 ×9000	17000×8750 ×8000	17000×9050 ×8215	17100×9280 ×8530

下面以 KFJ－2 型转子式翻车机为例介绍其结构及工作过程。

1. 结构

KFJ－2 型转子式翻车机主要由转子、平台、压车机构、传动装置和支承部分等组成（见图 11－1），它可翻卸一节车辆。由于它的整体是放置在三个支承位置的八组辊轮上，所以又称为三支座转子式翻车机。

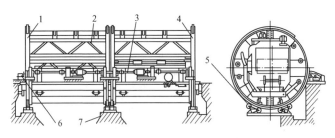

图 11－1　KFJ－2 型转子式翻车机

1—转子（左）；2—平台及压车装置；3—传动装置；4—转子（右）；

5—辊轮；6—电气设备；7—基础

（1）转子。转子由两部分组成。每一部分转子由两个圆盘通过底梁和联系梁连接在一起，在圆盘上装有齿圈和滚圈。四个圆盘组成的两部分转子分别通过滚圈支承在八组辊轮上，由嵌圆盘上的大齿圈通过转动齿轮带动转子旋转。在转子的上部装有压车梁，侧面装有托车梁，与摇臂机构连在一起。

（2）平台。平台也由两部分组面，每个平台均由型钢和钢板焊接而成，并用螺栓紧固在一起，组成一个大平台。在平台的后部装有推车装置，前部装有定位装置。平台的下面装有八个滚轮，可使平台相对于转子在摇臂机构的支承梁上横向移动。在平台内部装有复位弹簧。

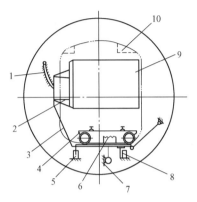

图 11 - 2　四连杆摇臂压车机构
1—月牙形导向槽；2—托车梁；3—摇臂机构；4—平台；5—溢压缓冲器；
6—限位弹簧；7—平台挡铁；8—底梁；9—被翻卸的车辆；10—压车梁

（3）压车机构。KFJ - 2 型转子式翻车机的压车机构是采用四连杆摇臂机构（见图 11 - 2）来完成压车工作的。每段转子有两组，一共四组，每一组机构由曲连杆、导向辊子等装置组成。连杆摇臂机构的一端铰接在转子的管子型联系梁上；另一端装有悬臂轴和导向辊子，导向辊子放在转子圆盘上的月牙形导向槽内，并能在槽内滚动。每段转子的两组连杆摇臂机构均由托车梁连在一起。

（4）传动装置。传动装置由两台 50kW 的电动机、两台减速机、液压制动器、传动轴、轴承支座和传动齿轮等组成。翻卸车辆时，接通主电动机电源，同时液力制动器自动松开，电动机带动减速机转动，减速机通过联轴器将动力传向传动轴，装在传动轴上的小齿轮带动与之啮合的大齿圈（齿圈装在转子上），使转子旋转。当大电动机停止时，液力制动器自动抱闸，以达到制动的目的。

（5）定位器及推车装置（见图 11 - 3）。定位器的作用是使溜入翻车机的车辆在平台上减速、停止并定位，定位器主要由液压缓冲器、方钢铁靴、偏心轮、传动轴、齿轮、电动机、减速机等组成。当电动机转动时，其低速轴的传动齿轮与偏心轮轴上的开式齿轮相啮合而转动，并使两偏心轮转动。通过偏心轮的转动，使定位器铁靴升起或落下。

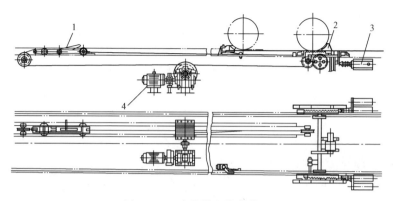

图 11-3　定位器和推车装置

1—推车器；2—定位铁靴；3—液压缓冲器；4—推车驱动机构

　　推车装置用来将翻车机卸空后的车辆推出平台，它由电动机、减速机、钢丝绳卷筒、钢丝绳、滑轮和推车臂等组成。工作时，驱动机构带动钢丝绳，通过与钢丝绳固定在推车臂进行推车。

　　2. 工作过程

　　当重车准备进入翻车机前，翻车机必须在零位，平台应准确对位，平台上的定位器制动铁靴处于升起位置。当重车进入翻车机后，车辆的第一组轮对接触制动铁靴，在定位器液压缓冲器的作用下，使重车缓冲和定位。

　　在重车定位后，翻车机电动机启动，转子开始转动。当转子转动到3°～5°时，平台和重车在自重和弹簧装置的作用下，向托车梁移动，并使车辆侧帮靠在托车梁上。

　　当平台两端的定位辊轮离开基础上的平台挡铁、转子继续转动时，活动平台上的车辆和摇臂机构一起开始脱离底梁，相对于转子沿月牙形导向槽作平行移动。直到车辆的上边与压车梁接触将车辆压紧为止。对于不同形式的车辆，其压车时的移动行程不同。行程较短的车辆，转子转到65°即可将车辆压紧；行程较长的车辆，当转子转到85°时，才能将车辆压紧。

　　车辆被压紧后，摇臂机构、平台及车辆与转子一起转动，一直旋转到175°最大角度时，将重车的物料卸空，翻卸完的空车又随转子从最大角度返回到零位。为了使平台和转子在返回的过程中不产生大的冲击和振动，在平台内部装有两组复位缓冲弹簧，在摇臂机构和平台下部的底梁上装有八组液压缓冲器。当转子返回到65°～60°时，由于行程控制开关和时间继电器的作用，转子在此停留3～5s，再次起到缓冲的作用。这时四连杆摇

第二篇　卸储煤设备检修

臂压车机构与车辆脱离，转子继续旋转回到零位。转子回到零位的准确度与平台轨道对位的准确度，是由平台两端的辊子与基础上的平台挡铁来保证的，即平台两端的辊子与基础上的平台挡铁相碰撞，弹簧被压缩，使平台上的轨道与基础上的轨道对准。

在翻车机返回到零位后，定位器动作，其偏心轮转动，使制动铁靴落下，平台上的推车器启动，将空车推出翻车机。而后推车器返回，定位制动铁靴升起，等待下一重车的进入。这样就完成了一个工作循环。

（二）侧倾式翻车机

侧倾式翻车机与转子式翻车机一样，被称为大、中型火力发电厂卸煤自动线的大型卸煤设备，翻车机回转中心远离被卸车辆中心，将重车整个翻转，使车厢内的煤倾翻到车辆一侧的煤斗中。

侧倾式翻车机可分为两大类：一类是钢丝绳传动、双回转点夹钳车式翻车机，如 M6271 型；另一类是目前应用较多的齿轮传动、液压锁紧压车式翻车机，如 KFJ – 1A 型。下面以 KFJ – 1A 型侧倾式翻车机为例介绍其技术性能、结构及工作过程。

1. 技术性能

KFJ – 1A 型侧倾式翻车机的技术性能和主要参数见表 11 – 2。

表 11 – 2　　　　　KFJ – 1A 型侧倾式翻车机技术性能

最大载重量（t）			100
翻卸车型			30 ~ 60t 敞车
每小时翻卸次数			20 ~ 30
最大翻转角度			160°
回转盘速度（r/min）			1.028
回转驱动装置	电动机	型　号	JZR2B70 – 10
		功率（kW）	2 × 100
		转速（r/min）	588
回转驱动装置	减速机	型　号	ZHL1150
		速　比	42.8
	制动器型号		YDWZ400/100J
	开式齿轮	模　数	28
		速　比	240/18 = 13.33
	总　速　比		571

压车装置	液压缸	直径（mm）	250
		最大行程（mm）	750
		工作压力（MPa）	6
		最大工作压力（MPa）	18
	储能器直径（mm）		250
	开闭阀流量（L/min）		220
定位推车装置	定位装置液压缓冲器 最大接受速度（m/s）		0.6
	推车器速度（m/s）		0.75
提升高度（mm）			2700
外形尺寸：长×宽×高（m×m×m）			25.7×8.7×9.36
重 量	机体重（t）		113
	平衡重（t）		62
	总 重（t）		175

2. 结构

KFJ-1A 型翻车机是齿轮传动、液压锁紧压车侧倾式翻车机，它主要由回转盘、压车梁、活动平台、液压压车机构和传动装置等组成。

（1）回转盘。回转盘的整体形状呈"C"形，由半圆部分和尾部组成。它是箱形钢板焊接结构，外侧镶有传动大齿圈，两个圆盘通过底梁和托车梁连在一起成为一整体转子。大齿圈的回转中心在圆盘上，由一心轴及两端的滚动轴承进行支承并转动。

在每个回转盘上固定有平衡块，总重量 62t，每侧放置 31t，用来减少电动机功率的消耗。

（2）压车梁。压车梁包括主梁、端梁、小横梁和外通梁。主梁是钢板焊接鱼腹型箱形梁，它的一端与端梁由螺栓连接在一起，另一端用销轴与液压缸的活塞杆端头铰接。小横梁由销轴与主梁相铰接，其内侧可与车辆的上边梁接触。转子内部的五个小横梁由外通梁将它们连接在一起，压车梁整体可绕其支点转动，其支点在端梁侧。压车梁整体通过支脚（支脚安装在端梁上）支承在回转盘外侧的轴承及支座上，并使压车小梁保持在一定的位置。

（3）活动平台。活动平台主框架是由两根焊接主梁组成，在其上面安装有定位器和推车位置，其下部通过6对辊轮将平台支承在底梁上。

平台上的定位装置包括减速机、电动机、传动轴、开式齿轮、偏心轮、制动铁靴和单向定位器等，它的主要作用是使进入翻车机活动平台的车辆缓冲并停止在指定位置。

活动平台上的推车装置由电动机、减速机、卷筒、滑轮、钢丝绳和推车器等组成，其用途是将卸空的车辆推出翻车机。

（4）压车机构。两组独立的压车机构分别装在两个回转盘的外侧。这种压车机构采用液压锁紧式，每组压车机构均由油缸、储能器、开闭阀、油泵、单向阀、溢流阀、油箱和管路等组成。油缸的下端用销轴将缸体底座铰接在回转盘上，上端用销轴将活塞杆与压车端梁尾部相连。

（5）底梁和托车梁都是由两根工字形断面的鱼腹型梁焊接而成的，其两端均与回转盘底部或下部焊接固定。

托车梁上焊有挡料板，使翻卸的物料顺利流入料斗中。在托车梁上装有四组附着式振动器，便于将车辆内臂的积料振动落下。托车梁的作用主要是支承车辆和连接两回转盘。

底梁主要用来支承活动平台和连接两回转盘，两组弹簧缓冲器分别装在两回转盘的下部与活动平台之间，平台的另一侧装有定位杆（见图11-4）。当翻车机返回零位时，弹簧缓冲器被压缩以减小冲击和振动，定位杆的作用可使平台轨道与基础轨道正确对位。为了保证转子不失去平衡和检修时的安全，在松开制动器的情况下翻车机不会因重量偏心而失去平衡，在回转盘尾部与基础间增加了一个挡铁限位式销轴。

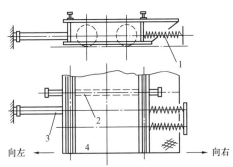

图 11-4 弹簧缓冲器与定位杠示意图

1—复位弹簧；2—定位杠；3—导向杠；4—活动平台

（6）传动装置。KFJ－1A 型侧倾式翻车机由两组传动装置驱动，每组传动装置均由电动机、减速机、制动器、联轴器和齿轮等组成（见图 11－5）。电动机和减速机以齿形联轴器将动力传递给小齿轮，小齿轮带动回转盘上的大齿圈转动。

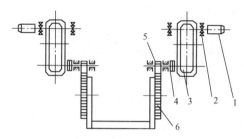

图 11－5　传动装置示意图

1—电动机；2—制动器；3—减速机；4—齿形联轴器；

5—小齿轮；6—大齿圈

3. 工作过程

当翻车机在零位状态时，活动平台上定位装置的制动铁靴已升出轨道平面处于升起状态。当重车进入翻车机活动平台并沿平台轨道运行、重车的前轮对触及制动铁靴时，在液压缓冲器的作用下，重车被缓冲减速，通过单向定位器将重车在平台上定位。此时，翻车机传动装置的驱动电动机启动，通过减速机和传动小齿轮带动固定于回转盘上的大齿圈，使回转盘绕回转中心旋转。重车与活动平台绕球面支承的轴心回转，滚动支架的滚轮沿导轨向上滚动，在其自重与弹簧的作用下，重车的平台沿导向杆向托车梁移动，靠在托车梁上。

当回转盘继续转动，重车上边梁未与压车小横梁接触时，压车梁的空间位置保持不动。此时液压锁紧压车机构的液压缸活塞与压车端梁的铰接点 E 也不动（见图 11－6），而液压缸底座下部与回转盘的铰接点 F 随着回转盘的转动而转动。此时，E、F 两点间的距离逐渐变长，这样液压缸的活塞就被拉出，直至车辆的上边梁与压车小横梁接触后，E、F 两点的距离才不再变化。这时，平台、车辆、压车机构与回转盘间无相对运动，并同时随回转盘绕 Q 点转动。这一过程中由纯机械作用将液压缸的活塞拉出，同时压车主梁上的五个小压车梁和压车板贴合，将车辆压住。

当回转盘转动至 45°以后并继续回转时，车辆与压车梁的重量均作用在油缸上，但是由于液压缸下腔形成封闭状态，利用油不可压缩原理而保持 E、F 两点的距离不变，从而保证了车辆不致脱轨。

当翻车机转到 160° 时，物料卸空。电动机换向，回转盘反向旋转，当返回到 45° 时，开闭阀阀杆从拉伸状态变为压缩状态，压车机构的液压系统接通，储能器储油，压力上升。液压油缸的回油接通，液压缸活塞杆也由原来的拉伸状态变为压缩状态，从而使得 E、F 两点的距离减小，压车小梁和压车板脱离车辆，呈松开状态。车辆与平台一起随转子返回零位。在定位杆和缓冲弹簧作用下，平台上的轨道与基础轨道对准。这样液压缸被压缩，E、F 两点的距离恢复到原来的长度。当翻车机在零位停止后，电动机断电，制动器抱闸。定位器铁靴落下，推车器将空车推出翻车机。随后，推车器

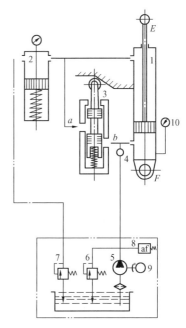

图 11－6　压车原理（开闭阀在关闭状态）

1—液压缸；2—储能器；3—开闭阀；
4—单向阀；5—齿轮泵；6—高压溢流；
7—低压溢流阀；8—压力继电器；
9—电动机；10—压力表

返回原位。定位器铁靴又重新升起，等待下一车辆的进入，至此，完成一个工作循环。

4. 液压系统的工作过程

当重车在翻车机平台上定位停止后，需先启动油泵，将压车机构的液压系统进行充油，在压力达到一定的要求之后，方可进行其他各项操作。油泵启动后，输出的高压油经油管路、单向阀、开闭阀（处于全开位置）进入储能器油缸和液压缸上腔，储能器尾端管路与油箱连接处有低压溢流阀（限压 2.5×10^5 Pa），当储能器内油压上升到 3.0×10^5 Pa 时，通过接点压力表的动作切断电源，油泵停止。

在翻车机回转 0～45° 过程中，液压系统开闭阀的凸轮处于压缩状态，

第十一章　卸煤设备检修

开闭阀 a、b 相通，亦即开闭阀处于全开状态。这时，液压缸上腔的油、储能器油缸的油经过三通管路进入液压缸下腔。

当翻车机回转到 45°以上时，开闭阀杆滚轮脱离轨道，开闭阀凸轮活塞杆被拉出，即活塞杆在拉伸状态，开闭阀弹簧推动阀芯移动。直至 160°时，齿轮泵输出的高压油经单向阀、开闭阀座旁的孔直接进入液压缸下腔，使液压缸内的油压上升，直至达到 $50 \times 10^5 Pa$（即液压缸内的额定压力，此时翻车机转到 160°），由于液体的不可压缩性，便将车辆牢牢夹住。同时，在油泵出油管路中装有高压溢流阀，可控制油管路和液压缸内的压力，当液压缸内的油压超过 $50 \times 10^5 Pa$ 时，压力油通过高压溢流阀克服弹簧力，推动滑阀使油溢流，回到油箱。同时由于单向阀的作用，压力油不能反向流回到液压缸。

当翻车机在 160°停留数秒，使物料卸完后，电动机换向，翻车机从 160°返回。当返转到 45°时，开闭阀凸拉杆由拉伸状态变为压缩状态，活塞杆滚轮进入滑道，压缩阀芯弹簧，打开液压缸上腔和储能器的三通管路，即开闭阀从关闭状态变为开启状态，液压缸下腔的油可以流回液压缸上腔和储能器。当压车端梁支轴点与轴承基座接触后，压车小梁和压车板与车辆脱离，液压缸活塞也由拉伸变为压缩状态，液压缸上、下腔相通，液压缸下腔的油进入其上腔和储能器，多余部分的油经储能器、回油管路和低压溢流阀回至油箱。

三、调车设备

调车设备是与翻车机配套使用的设备，它包括重车调车设备（如重车铁牛、重车调车机、摘钩平台和重车推车器等）和空车调车设备（如迁车台、空车调车机和空车铁牛等）。

由于各电厂卸车线的布置形式，现场条件和环境的不同，所选用的调车设备也不同，下面介绍几种常用的调车设备。

（一）重车铁牛

重车铁牛是翻车机卸车线中的主要设备，是用来推送或牵引重载车辆的设备。根据重车铁牛的布置和合作形式，可分为前牵式重车铁牛和后推式重车铁牛两种类型。

1. 前牵式重车铁牛

前牵式重车铁牛是在列车前牵引整列重车车辆前进，将整列重车牵到翻车机前一定距离时，铁牛脱钩回槽，摘开第一辆与第二辆之间的车钩以及车辆进入翻车机的工作需由其他设备（如摘钩台、重车调车机等）来完成。

前牵式重车铁牛具有运行距离短（一般为 40～50m）、使用钢丝绳短和检修维护方便等优点，但车辆不能马上摘钩，需等待铁牛回槽后，利用摘钩平台或调车机进行摘钩。

下面以 150kN 前牵式重车铁牛为例进行说明。

150kN 前牵式重车铁牛与 300kN 前牵式重车铁牛的区别在于牵引力不同，150kN 前牵式重车铁牛可牵引 25 辆左右的重车，而 300kN 前牵式重车铁牛大约可牵引 50 辆重车。卷扬机驱动装置所采用的电动机、减速机型号和布置形式相同，只是 150kN 前牵式重车铁牛采用一套驱动装置，而 300kN 重车铁牛采用两套相同的驱动装置。

（1）结构。150kN 前牵式重车铁牛由卷扬装置、铁牛、推车装置、滑轮、托辊及钢丝绳等组成，其结构见图 11－7。

卷扬装置由卷扬机驱动装置和卷筒组成，驱动装置包括两台电动机和一台减速机。大电动机通过联轴器（可制动）与减速机高速轴相联，小电机则通过另一个制动式联轴器与减速机第二主动齿轮轴相连。在减速机高速轴上装有摩擦片式离合器。大电动机工作时，离合器的主动摩擦片闭合，小电动机空负荷运转；小电动机工作时，离合器主、从动摩擦片分离，大电动机处于制动状态。摩擦片式离合器主、从动摩擦片的离合动作是由一液压系统控制的。

铁牛由铁牛体、牛臂、轮及电缆卷筒构成。铁牛由钢丝绳带动牵引车辆，牛臂上装有摘钩装置。

（2）工作过程。首先接通减速机上的油泵电动机和小电动机轴上的制动器电源。制动器松闸，启动小电动机，卷扬机通过钢丝绳带动铁牛驶出牛槽与列车挂钩，挂钩后牛槽上的信号开关发出信号，小电动机停止运转并制动。在换向阀的作用下制动器松开，大电动机启动，带动铁牛牵引重车向翻车机方向运行，当车辆最后一对车轮越过推车器位置时，轨道电路发出信号，大电动机停止，大小电动机抱闸制动，减速机上的换向阀动作，小电动机制动器松开。同时铁牛臂上的摘钩机构动作，使铁牛与第一节车辆的车钩摘开，小电动车启动后，带动铁牛返回牛槽并停止。这时装置电源接通，推车器将第一节车辆推入翻车机，并在限位开关的作用下返回原来推车位置。这样就完成了一个工作循环。

300kN 重车铁牛的结构、布置形式和工作过程与 150kN 前牵式重车铁牛基本相同，这里不介绍。

2. 后推式重车铁牛

（1）结构。后推式重车铁牛由卷扬装置、张紧装置、铁牛本体、滑

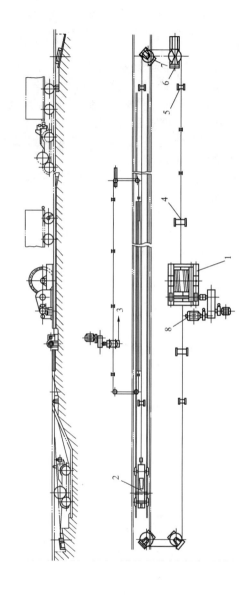

图 11-7 150kN 前牵式重车铁牛示意图

1—卷扬装置;2—铁牛;3—推车装置;4—长托辊;5—托辊;6—张紧轮;7—导向轮;8—电气部分

轮、托辊及钢丝绳等组成，其结构见图 11 - 8。

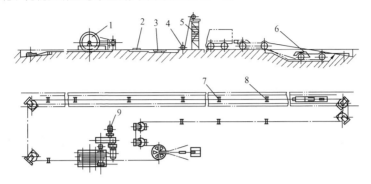

图 11 - 8　150kN 后推式重车铁牛示意图
1—卷扬装置；2—导向轮；3—张紧小车；4—张紧轮；5—配重装置；
6—铁牛本体；7、8—托辊；9—电气部分

1）卷扬装置。由驱动装置和无极绳卷筒组成。驱动装置包括大小电动机各一台和减速机一台，大电动机通过带制动轮的联轴器与减速机高速轴相连；小电动机通过另一带制动轮的联轴承器与减速机的二级齿轮轴相连；减速机高速轴上装有摩擦片式离合器。

卷扬机装置的工作原理是：大电动机工作时，离合器的主动摩擦片闭合，小电动机空负荷运转。当小电动机带负荷工作时，离合器主、从动摩擦片分离，大电动机处于制动状态。摩擦离合器的主、从动摩擦片的离合动作由液压系统控制。

2）张紧装置。后推式重车铁牛的运行距离很长，钢丝绳相应也较长，所以采用无极绳卷筒。为了保证卷筒与钢丝绳之间有足够的张紧力，防止钢丝绳与卷筒发生打滑现象，通常用张紧装置和配重来调整钢丝绳的张紧力。

3）铁牛本体。由牛体、牛臂和轮对组成，牛臂上装有开式车钩和缓冲器，用来连挂、推送和制动车辆。

（2）工作过程。重车在重车线对位后，铁牛大电动机开始启动，通过卷扬装置的钢丝绳将铁牛推出牛槽，并与车列挂连，并推动重车向翻车机方向前进。当第一辆重车进入铁路坡道时，人工摘开第一辆重车车钩。此时大电动机断电，随着制动器的断电，抱闸制动，使第二辆重车后的车辆停止前进，第一辆重车靠惯性从轨道坡上溜入翻车机。第一辆重车机翻卸完毕被推出翻车机后，大电动机轴上的制动器电源再次接通，大电动机

启动，铁牛推动车列前进。当第二辆重车到达坡度位置时，人工将第二辆与第三辆重车的车钩摘开，此时大电动机断电，制动器制动，使第三辆重车及以后的车辆停止前进，第二辆重车在惯性作用下溜入翻车机进行翻卸作业，依次循环，直到全部车辆翻卸完毕。

推送最后一辆重车时，铁牛碰限位开关，由开关控制液压系统，使摩擦片迅速脱开，启动小电动机，使铁牛返回牛槽；通过行程开关使铁牛停止运行。如此完成一个工作循环。

（二）摘钩平台

摘钩平台是使停在它上面的车辆与其他车辆脱钩，并使车辆溜入翻车机的设备。

1. 结构

摘钩平台主要由平台和油缸装置组成，见图 11 - 9。摘钩平台分单油缸支承和双油缸支承两种布置形式，见图 11 - 10 和图 11 - 11。

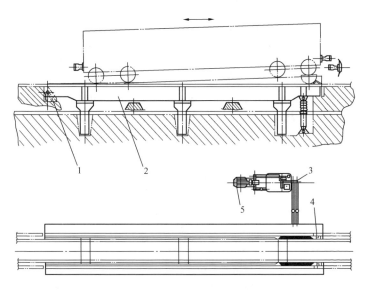

图 11 - 9　摘钩平台

1—轴承装置；2—平台；3—液压装置；4—单向定位器；5—电气设备

平台由钢板和型钢焊接而成，其上面有车辆行走轨道（轨距 1435mm）和铁牛行走轨道（轨距 900mm），平台一端由一对滑动轴承支承，另一端由油缸支承。油缸装置由油缸和液压站组成。

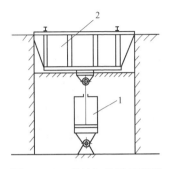

图 11－10　单油缸作用示意图
1—油缸；2—平台

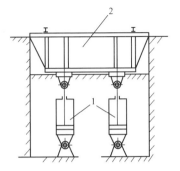

图 11－11　双油缸作用示意图
1—油缸；2—平台

单油缸支承摘钩平台，是由平台后部的一个油缸将平台顶起，完成摘钩任务。此油缸安装在平台后部正中间（即纵向轴线上），其特点是正常工作压力较小，上升所用的时间长，油缸易于布置，升起的平稳性差。

双油缸支承摘钩平台是在平台后端升起部分，由两个相同的油缸将平台顶起，这两个油缸安装于平台后端升起部分，横向并排布置。其特点是：上升所用的时间短，工作压力大，上升平稳，但油缸布置占用空间大，易产生不同步现象而损坏油缸。

（1）平台。

1）前牵地沟式重车铁牛配套使用的平台是由焊接的箱形纵向直梁和三根焊接的 U 字形箱形横梁所构成。

2）前牵式重车铁牛配套使用的平台由焊接工字纵梁（主梁）及工字横梁所构成。

平台上除铺设有钢轨外，还设有护轨，以防止车辆越过单向定位器时脱轨掉道。平台的一端与混凝土基座预埋的销轴座铰接，另一端与油缸活塞杆用销轴连接。

当平台一端升起时，形成一定的坡度，使平台上的车辆与其后的第一节车辆之间的车钩完全脱开，并在重力作用下沿倾斜的平台溜入翻车机。

（2）油缸装置。

摘钩平台的升、降是靠油缸装置即液压系统的作用来完成的。

油缸的上支座用销轴与平台升起端（进车端）相连接，下支座用销轴与混凝土基础上的销轴座相连接。其中，单作用油缸的直径为400mm，双作用油缸的直径为 250mm。

2. 液压系统工作过程

液压站由电动机、油泵、油箱、各种阀门及管路组成。液压系统的工作过程如下：

1）油泵启动后，三位四通换向阀尚未动作（即阀芯在中间位置）时，液压油经过溢流阀、单向阀及三位四通换向阀的中间位置直接返回到油箱。此时，油缸里未充油，平台不动作。

2）当油泵启动后，三位四通换向阀左侧的电磁铁动作（阀芯在左侧位置）时，液压油经过溢流阀、单向阀和三位四通换向阀的左侧位置进入油缸底部，油缸充油，平台升起。

当平台上升到终点时，限位开关发出信号，换向阀电磁铁动作，使阀芯回到中间位置。此时，泵打出的油通过溢流阀回到油箱，平台保持在升起状态。

3）油泵仍然启动，但三位四通换向阀右侧电磁铁动作（阀芯在右侧位置）时，液压油经溢流阀、单向阀和三位四通换向阀直接返回到油箱，不经油缸充油。此时，油缸在平台自重的作用下，将油缸内原来充满的油，通过三位四通换向阀、截止阀压回到油箱，平台下降。当平台复位后，又发出信号，使换向阀动作，阀芯回到中间位置，等待下一次工作。在翻卸重车的整个过程中，电动机和泵始终是在工作状态。

3. 摘钩平台工作过程

一节重车完全进入摘钩平台（即重车的四对车轮全部在平台上）时，翻车机发出进车信号，摘钩平台开始工作，平台升起到一定高度，使第一节重车与第二节重车之间的车钩脱开。第一节重车在重力的作用下，自动向翻车机间溜行，当溜至一定距离，车轮压住电气测速信号限位开关，这时电液换向阀动作换位，摘钩平台随之下降。直到平台回到零位，自动停止，这样摘钩平台的工作过程即告结束。

（三）重车调车机

重车调车机系翻车机卸车线调车设备之一，它可将整列重车牵向翻车机，并将单节重车在翻车机平台上定位，卸完车后将空车推出翻车机平台。它可用来替代重车铁牛（或重车推车器）、翻车机定位器及推车装置。

1. 结构

重车调车机主要由卷扬装置、张紧装置、调车臂、主令控制器、车轮、车体和操作室等组成，见图 11 - 12。

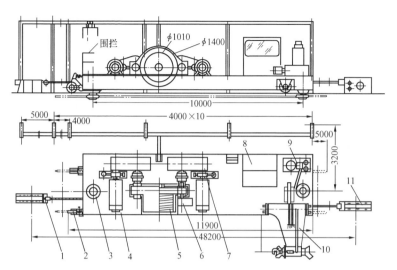

图 11 - 12　重车调车机示意图

1—张紧装置；2—行走轮；3—导向轮；4—电动机；5—卷扬装置；

6—主令控制器；7—减速器；8—操作室；9—液压控制站；

10—调车臂及抬臂装置；11—张紧绞车

（1）卷扬装置。由两台电动机、两台二级渐开线齿轮减速机、齿轮联轴器、卷筒和钢丝绳等组成。其中齿轮联轴器与减速机高速轴相连，减速机的输出轴与齿轮轴相连。相啮合的大齿圈固定在卷筒上，组成一套传动装置。当电动机通过传动机构带动卷筒旋转时，卷筒上的钢丝绳（通过托辊支承）带动车体作往复运动。

（2）张紧装置。它包括座体、张紧轴、丝杆等，其中丝杆选用平面推力滚柱轴承为支承，特点是受力大，摩擦阻力小。

（3）调车臂。由车臂体和液压控制站组成，它的抬、降臂由液压系统来控制和操作。调车机进行的摘钩工作，也由液压系统来进行控制和操作。

（4）主令控制器。重车调车机采用主令控制器控制，通过在齿条上转动的齿轮输入调车机的位置信号，并通过主令控制器向控制室微机系统输入信号，使调车机能在准确的位置上进行动作，并与全系统配合一致。

（5）车体。由钢板和型钢的焊接件组成。在其前、后两侧装有行走轮，下底部装有定位轮，用来控制定位装置的行程及位置。

2. 性能与特点

重车调车机是在平行于重车轨道和翻车机的轨道上往复运动，其性能与特点如下：

（1）既能牵引整列重车，也可将单节重车在翻车机平台上定位，同时可将空车推出。

（2）重车调车机的返回与翻车机作业同时进行，这样可以缩短时间，提高生产率。它没有机房和牛坑，也没有钢丝绳穿过钢轨的设施，可使土建和设计施工简化，降低成本。

3. 工作过程

当整列重车停放于自动卸车线区段后，重车调车机起动并挂钩，使第二节重车的前轮被夹轮器夹紧，人工将第一节与第二节重车的车钩摘开。重车调车机将第一节重车牵到翻车机平台上并定位，自动摘钩抬臂，退出翻车机，同时翻车机开始翻卸。重车调车机与第二节重车挂钩，同时夹轮器松开，重车调车机将整列重车牵动，使得整列重车移动一个车位。当第三节重车到达原来第二节重车的位置时被夹轮器夹紧其前轮。人工将第二节与第三节重车之间的车钩摘开，重车调车机将第二节重车牵到翻车机平台上（此时翻车机已卸完第一节重车并返回到零位），重车调车机摘钩抬臂同时向前运动（约一个车位的距离）。到达刚卸空的第一节车辆时，车臂机构动作将停放在翻车机平台上的第一辆空车推送到迁台上，而后摘钩抬臂退出翻车机，返回到原始位置。翻车机又开始翻第二节重车，如此循环，直至卸完最后一节车厢为止。

4. 安装调整

主机的安装按总装图和基础图进行。下面简单介绍钢丝绳的安装要求和其他几种设备的安装要求。

（1）钢丝绳。钢丝绳选用线接触式，安装时根据实际情况截为两根，两根绳头分别固定在卷筒两端的压绳孔内，另两端分别用套筒、楔子和绳卡固定在张紧座上。

安装钢丝绳时，将张紧装置内的张紧轴伸出，将钢丝绳固定在张紧轴上，然后把张紧轴调整到合适位置。

（2）联轴器。制动轮联轴器，装在电动机和减速机之间；齿轮联轴器，用于连接减速机输出轴与齿轮轴；制动器使用闸瓦制动器。

5. 试运转

当系统安装完毕，钢丝绳松紧合适后，在现场进行试运转。先空载试运转，然后逐渐增加载荷，最后满载运行，直到各部分动作正常，设备达到额定出力。

6. 维护

任何设备的使用寿命都是有限的，为了延长设备的使用期限，正常的检修和维护是非常必要的。下面就重车调车机的主要检查维护和需润滑的主要部位做些介绍。

（1）行走轮的两个滚动轴承，每隔六个月用其油杯加注黄油（2 号钙基脂）。

（2）导向轮的两盘滚动轴承，每隔六个月打开其轴承盖，进行加黄油润滑。

（3）张紧装置的张紧轴，每半年用油杯加注一次润滑油脂。

（4）主轴装置的两盘滚动轴承，每半年用油杯加注一次润滑脂。

（5）中间轴装置的四盘滚动轴承，每六个月用油杯加注油一次。

（6）张紧绞车的四盘滚动轴承，每六个月打开端盖加注一次润滑油脂，其蜗轮副每隔三个月加一次黄油。

（7）车钩装置。摆杆副每天需用油杯加一次透平油进行润滑；两盘滚动轴承，每隔三个月打开其轴承盖加注 2 号钙基脂。

（四）迁车台

迁车台是将翻车机翻卸完煤的空车从重车线移到空车线的转向设备，它用于折返式翻车机卸车线系统。

1. 结构

迁车台由平台、行走部分、定位装置、推车装置、限位装置和液压缓冲器等组成。

（1）平台。以焊接工字梁为横梁，其上面铺设钢轨，承受被迁移车辆的全部负荷。

（2）行走部分。迁车台的行走部分有两套相同的电动机和减速机分别驱动两个主动轮对。行走电动机由一个电源线供给，以确保其同步。

（3）定位装置。采用双向定位器，安装在迁车台靠近翻车机的一侧，车辆从翻车机推入迁车台时，可通过双向定位器阻止车辆反向移动。当迁车台驶到空车线时，双向定位器的挡臂碰到了装设在混凝土墙的挡柱，挡臂则被旋转一个角度，从而使双向定位器与钢轨脱离，迁车台上的推车器可以将空车推出迁车台。

（4）推车装置。其结构和作用与翻车机平台上的完全相同。

（5）限位装置。由安装在迁车台一侧主梁上的电磁铁、杠杆、上挡座、安装在基础上的下挡座和方销（重、空车线各一组）组成。

当迁车台由重车线驶向空车线时，液压缓冲器被压缩，迁车台的速度减小至近于零，上挡座的方销嵌入上挡座的槽中，使迁车台钢轨与基础上的轨道对准。当迁车台由空车线返回重车线时也是如此。

（6）液压缓冲器。分别装在平台的两侧，以减轻迁车台移动到两个终端位置时的冲撞。

2. 工作过程

当空车由翻车机推入迁车台时，第一组轮对撞到止挡器后被缓冲、停止，此时车辆的最后一组（第四组）轮对也驶过双向定位器。操作人员启动限位装置，电磁铁动作，利用杠杆将方销压下，迁车台行走电动机同时接通，开始移动驶向空车线。

当迁车台驶近空车线时，在行程开关的作用下，提前切断行走电源，迁车台依靠惯性滑向空车线。此时装在平台侧面的缓冲器与混凝土墙上的固定挡板接触碰撞，使迁车台得到缓冲并停止。此时在墙上挡柱的作用下，双向定位器的挡臂被撞击，旋转一个角度，定位器与轨道错开，车辆的限位被解除。与此同时，限位装置的上挡座靠其斜面将下挡座的方销压下，在弹簧的作用下，方销嵌入上挡座槽内，迁车台轨道与空车线轨道对准。在确定空车铁牛在牛槽内时，方能启动迁车台上的推车器电动机，推车器将空车推出迁车台。当空车的最后一组轮对离开迁车台后，限位装置电磁铁动作，方销脱开压下，行走电动机启动，迁车台返回重车线。当迁车台接近重车线时，行走电动机提前断电，在液压缓冲器的作用下，迁车台停止，限位装置方销嵌入基础座槽内，使迁车台与重车线轨道准确对位。同时双向定位器准确定位。这样迁车台的工作全过程即告完成。重复上述过程，依次完成第二节、第三节空车厢的迁送。

（五）空车铁牛

空车铁牛安装在空车线上，用于在平直的线路上将从迁车台（或翻车机）上溜出的空车逐列集结，便于将翻卸后的车辆由机车拉走。

1. 设备组成

空车铁牛主要由卷扬装置、铁牛、张紧装置、钢丝绳、导向轮、托辊和电气装置等部分组成。

（1）卷扬装置。卷扬装置的传动部分由大电动机、小电动机、制动器、一台两级减速机、一对开式齿轮和卷筒组成。大电动机通过制动轮联轴器与减速机高速轴相联，小电动机通过制动轮承器与减速机中间轴相联，开式齿轮组是由齿轮轴和一个齿圈相啮合而成。卷筒轴与卷筒成一体转动，齿圈用螺栓固定在卷筒上。齿轮轴与卷筒轴的两端支承在双列向心球面滚动轴承上。

（2）铁牛。由铁牛体、牛臂、轮对组成。铁牛臂装有缓冲器，用以缓减铁牛与车辆的碰撞，防止铁牛轮对掉轨。

（3）张紧装置。由张紧轮、滑轮框架、钢丝绳及配重块、导轨组成。滑轮与框架各为一体，可在导轨上移动。张紧装置的作用是用来保证钢丝拉绳的张紧度。

（4）钢丝绳。空车铁牛钢丝绳采用 D－6×19＋1－30－150 型号的钢丝绳，由六股钢丝绳绞成，钢丝直径为 0.4～0.6mm。在钢丝绳中心加一根麻绳，用来增加钢丝绳的韧性，可吸收部分润滑油，防止钢丝锈蚀。

2. 工作过程

当空车的最后一组轮对溜过牛槽前面的限位开关时，限位开关动作，接通卷扬装置大、小电动机的制动器液压电磁铁和减速机液压系统的电磁换向阀。制动器松开、换向阀换向，大电动机启动，这样卷扬装置及钢丝绳拖动铁牛出槽，推送空车到指定位置。在行程限位开关的作用下大电动机断电，其制动器抱闸，电磁换向阀换向，摩擦离合器动作，小电动机制动器松闸，小电动机启动，卷扬机卷筒反转，带动钢丝绳将铁牛拉回牛槽。铁牛入槽到终点，在限位开关的作用下，切断小电动机电源，制动器抱闸，这样就完成了一个工作的全过程。其工作原理与重车铁牛工作原理相同。

（六）空车调车机

空车调车机属翻车机卸车线的一种调车设备，它与空车线轨道平行布置，可以往复运动。

空车调车机代替了迁车台上的推车器和空车铁牛设备，可直接将空车车辆推出迁车台，将空车集结于空车线上。

1. 设备组成

空车调车机主要包括卷扬装置、张紧装置、车体、传动装置和主令控制器等。

（1）卷扬装置。由两台电动机、两台制动器、一台渐开线齿轮减速机、齿轮联轴器、齿轮轴、大齿圈和卷筒组成。

电动机通过弹性联轴器与减速机高速轴相连，减速机通过齿形联轴器使其输出轴与齿轮轴相连，与轴齿轮相啮合的大齿圈固定在卷筒上，组成一套传动装置。两台电动机通过输送，使车体作往复运动，钢丝绳的固定座除可以固定钢丝绳外，还可以根据现场实际情况来调整钢丝绳的张紧度。

（2）张紧装置。张紧装置由座体、张紧轴、丝杆等组成。丝杆的固定选用平面推力滚柱轴承支承，受力大，摩擦阻力小，可将专用扳手套在丝杆上，进行张紧工作。

（3）车体。由焊接车架及轮对等组成。电动机通过传动机构带动卷筒旋转，卷筒上的钢丝绳通过车体上的托辊输送使车体做往复运动。

2. 工作过程

当空车车辆由迁车台送至与空车线对位后，空车调车机启动，将空车车辆推送到空车线上，空车车辆全部离开迁车台后，迁车台返回到重车线。空车调车机运行一段距离后，在限位开关的作用下停止运行，然后电动机反转，空车调车机返回到起始位置。当迁车台运送第二节空车到空车线对位后，空车调车机便开始推送第二节空车，以此程序进行循环作业，直至推送完最后一节空车为止。

3. 安装调整

主机的安装按总装图和基础图进行，下面简单介绍钢丝绳的安装要求和其他几种设备的安装要求。

（1）钢丝绳。钢丝绳选用线接触式，安装时根据实际情况截为两根，两根绳头分别固定在卷筒两端的压绳孔内，另两端分别用套筒、楔子和绳卡固定在张紧座上。

安装钢丝绳时，将张紧装置内的张紧轴伸出，将钢丝绳固定在张紧轴上，然后把张紧轴调整到合适位置。

（2）联轴器。制动轮联轴器，装在电动机和减速机之间；齿轮联轴器，用于连接减速机输出轴与齿轮轴；制动器使用闸瓦制动器。

4. 试运转

在系统安装完毕、钢丝绳松紧调整合适后，应在现场做空载试运行，然后逐步增加载荷，最后满载运行，直到各部分动作正常，设备达到额定出力为止。

5. 润滑维护

空车调车机主要部件的润滑要求见表 11 - 3。

表 11 - 3　　　　　　　　空车调车机主要部件的润滑

部件名称	润滑零件	数量	润滑方式	周期	润滑油名称
张紧装置	张紧轴	2	油杯	1 季	2 号钙基脂
行走轮（二）	滚动轴承	2	油杯	半年	2 号钙基脂
导向轮	滚动轴承	4	贮油室	半年	2 号钙基脂
中间轴装置	滚动轴承	4	油杯	半年	2 号钙基脂

部件名称	润滑零件	数量	润滑方式	周期	润滑油名称
主轴装置	滚动轴承	2	油杯	半年	2号钙基脂
主令装置	大齿轮	2	表面涂油脂	半月	2号钙基脂
行走轮（一）	滚动轴承	2	油杯	半年	2号钙基脂
长托辊	滚动轴承	4	贮油室	半年	2号钙基脂

四、翻车机检修周期及项目

（一）转子式翻车机的检修项目

（1）各传动、转动部位轴承解体清洗、检查、间隙调整，加油，必要时更换轴承。

（2）检查并紧固轴承底座以及各接合部位的所有螺栓。

（3）检查开式传动齿轮、齿圈的磨损情况，测量并调整其啮合数据，打磨、修理毛刺。

（4）传动减速机解体检修。

（5）制动器解体检修。

（6）联轴器解体检修、清洗、加油或更换传动销。

（7）检查回转盘、底梁、压车梁、平台等金属架构有无裂纹和变形等现象，并进行修理。

（8）转子下部的支托轮轴承或轴瓦解体、清洗、加油。必要时更换轴承或轴瓦。

（9）检查、清洗平台下部缓冲弹簧。

（10）解体检修、调整液压缓冲器并加油。

（11）定位及推车装置进行解体、检修；调整、更换磨损严重及损坏的部件。

（12）更换推车器传动钢丝绳。

（13）检查并调整复位弹簧，必要时更换。

（14）更换摇臂机构月牙形导向槽磨耗板，并调整滚轮与磨耗板的间隙及平台在零位时的位置。

（15）检查平台轨道，并更换磨损或损坏的轨道。

（16）翻车机电气设备（如电动机、开关和接触器等）按电气检修的有关规定和标准进行检查或检修。

（二）侧倾式翻车机的检修项目

（1）各转动部位轴的解体，清洗、检查，间隙调整，加油，必要时更换轴承。

（2）各部位螺栓的检查并紧固。

（3）开式传动齿轮、齿圈的检查、测量，并调整其啮合参数。

（4）各传动减速机的解体大修，其检修项目见有关标准。

（5）制动器、联轴器的解体检修。

（6）各金属结构部件（如回转盘、底梁、压车梁、平台等）的全面检查，发现裂纹、螺钉脱落和变形时，要进行修理。

（7）压车梁垫板、胶板的检查。磨损及损坏的，要进行更换或修补。

（8）对液压缓冲器和弹簧缓冲器进行解体检修和调整，并按规定加油。

（9）定位及推车装置的解体检修。按要求进行检修或更换部件。

（10）推车器钢丝绳的更换。

（11）平台轨道和定位挡轮的检查。发现损坏、磨损和不灵活现象时，要进行修理。

（12）压车液压缸的解体检修，更换易损件。

（13）齿轮泵、储能器、溢流阀、换向阀、单向阀、节流阀以及各开闭阀的解体检查，更换磨损部件。

（14）油箱、滤油器、管路、阀门等油系统部件的检查、清洗，更换油箱液压油。

（15）各液压表计的校正和完善。

（16）电气设备的检修，按电气检修有关规定进行。

（三）调车设备检修项目和质量标准

为确保卸车线中调车设备的正常运行，搞好各设备和部件的检修维护工作尤为重要。下面就主要通用设备和部分机构的检修维护做一简要介绍。

1. 卷扬装置

（1）卷筒的绳槽磨损深度不应超过 2mm，超过时可重新加工车槽。

（2）卷筒磨损后的壁厚应不小于原厚度的 85%，否则应进行更换。

（3）卷筒在钢丝绳的挤压和其他作用下，可能发生弯曲和扭转变形，有时会造成卷筒裂纹的现象。产生裂纹时，只要裂纹不大于 0.1mm 可以进行补后再加工，其具体方法是：

在裂纹两端（宏观可见的端部）各钻一止裂小孔，为防止电焊时的裂纹变形、扩大，磨出焊接坡口，进行电焊修补后再进行加工处理。

（4）钢丝绳在更换和使用当中不允许绳呈锐角折曲，以及因被夹、被卡或被砸而发生扁平和松断股现象。

（5）钢丝绳在工作中严禁与其他部件发生摩擦，尤其不应与穿过构筑物的孔洞边缘直接接触，防止钢丝绳的损坏与断股。

（6）使用的钢丝绳要定期（一般每六个月）涂抹油脂，以防止其生锈或干摩擦。

（7）严禁钢丝绳与电焊线接触，防止电弧烧伤。

（8）传动或改向滑轮，其轮槽径向磨损不超过钢丝绳直径的1/4。轮槽壁的磨损不应超过原厚度的1/3，否则应进行更换或经电焊修补后再机加工。

（9）滑轮的轮辐如发生裂纹，轻微时可进行焊补，但焊补前必须把裂纹打磨掉，并采取焊前预热，焊后消除应力处理，以防变形。

（10）改向滑轮的轴孔一般都嵌有软金属轴套（如铜瓦套等），其磨损的深度不应超过5mm，其损坏的面积应小于$0.25cm^2$。

（11）改向滑轮应定期检查加油润滑（一般每月进行一次）。

（12）改向滑轮的侧向摆动不超过$D_0/1000$（D_0—滑轮的直径。）

2. 传动部分

（1）减速机接合面漏油，解体减速机，取出全部零件，放出润滑油，而后对其接合面进行刮研或研磨修理。具体的操作方法是：首先清除接合面的污垢和锈层，并用煤油清理干净，然后在接合面上薄薄涂一层红铅油，方可进行研磨。研磨时，只要磨掉高点和毛刺，即可达到精度要求。

（2）减速机的出轴及轴承处漏油，可能是轴承盖与其孔的间隙过大，一般可在减速机下机座轴承孔的底部，开回油槽，或采用橡胶密封环进行密封。

（3）减速机接合面上的任何地方其间隙不能超过0.03mm。

（4）要求减速机接合面与传动齿轮各轴线在同一平面内，平面度误差应小于0.02mm。

（5）减速机内各齿轮的啮合应平稳，无异常声音，若出现如下现象时，可视情况进行处理与调整。

1）周期性忽高忽低的声响，应调整齿轮的节圆与轴线的偏心，或处理齿轮周节累计偏差过大等问题。

2）有不均匀的连续敲击声，应对齿轮的工作齿面进行检查，看工作面有无缺陷。

3）减速机箱体振动，有剧烈的金属锉擦声，并伴有叮响声，可能的原因是齿轮的侧隙过小，齿顶磨尖，或齿轮的工作面有凹凸不平的磨损现象；另外也可能是各轮对的中心距偏差过大。发现这一现象时应对齿轮的轮齿和工作面进行修理，并调整轮对的中心距偏差。

（6）齿轮的磨损，要求其轮齿厚度不小于原齿厚的80%，否则应更换齿轮。

（7）当齿轮的轮齿工作面发生疲劳点蚀时，每一个齿面的点蚀面积不能大于齿面的60%，否则应进行更换。

（8）进行传动轴检修时，除宏观检查外，还可用超声波或磁粉探伤，发现轴上有裂纹时，应更换新轴。

（9）大修后的传动轴，其直线度误差应小于0.2mm。

3. 制动器（液压离合器）

（1）制动器闸瓦的磨损超限，铆钉与制动轮发生摩擦时，应进行更换闸瓦。

（2）检查各铰接点销轴与销孔的磨损情况，磨损超标时，应进行更换。

（3）经常向各铰接点加油，保证其自如，无卡涩现象。

（4）定期检查和调整制动器上拉杆的调整螺栓，保证闸瓦在打开和制动时的间隙和紧力在规定范围之内。

（5）制动器油缸应保持足够的油位，其油压应达到0.9MPa，无漏油、渗油现象。

（6）制动器闸瓦（也称制动带）不能与油类接触，特别是摩擦制动面上应无油垢。

（7）制动器打开时，制动器闸瓦与制动轮的间隙，应保持在0.8～1mm。

4. 张紧装置

（1）张紧轮和导向轮的检修与维护。

1）轮辐无裂纹，绳槽应完整无损，绳槽的磨损深度应小于10mm。

2）铜套与轴的磨损，最小间隙应小于0.5mm。

3）轴的定位挡板应牢固可靠，地脚螺栓无松动。

（2）张紧小车的检修维护。

1）车架无明显变形，各焊缝无开裂。

2）车轮的局部磨损量小于5mm。

3）轴的直线度误差应小于0.5‰。

（3）配重装置的检修维护。

1）配重架无明显变形及开焊，地脚螺栓无松动。

2）张紧绳和保险绳完好，每个固定绳头的绳卡子不少于3个。

3）满载工作时，张紧绳放绳长度应保证配重底面离基础地面的距离大于100mm；保险绳的长度应能保证张紧绳卡子在进入张紧导向轮绳槽前100mm时，保险绳必须吃力。

5. 定位及推车装置的检修与维护

（1）定位装置上的液压缓冲器动作应灵活，油量要适中，不应有漏油和渗油现象。

（2）推车器应保持动作灵活，槽钢轨道内不得有杂物阻卡，保持清洁。

（3）推车器钢丝绳的检修维护与卷扬装置钢丝绳相同。

（4）定位器方钢与铁靴活动距离应保持 5～10mm。

（5）单向定位器的轴与孔应留有 2～3mm 的活动间隙，支座侧的立筋应焊牢固，防止车辆压坏单向定位器。

五、常见设备故障及其处理

（1）重车铁牛卷扬噪声大。

1）原因。

a. 联轴器不同心，地脚螺栓松动。

b. 被牵引（或推送）的车辆未排风松闸。

c. 卷筒轴闸瓦磨损严重。

2）处理方法。

a. 按安装的要求标准对联轴器进行找正，紧固地脚螺栓或加防松背帽。

b. 检查被牵引的车辆，对未排风松闸的车辆进行排风松闸。

c. 对卷筒轴闸瓦进行处理或更换。

（2）重车铁牛卷扬轴瓦运行中出现黑色油液或严重磨损。

1）原因。

a. 润滑不良或油质不符合要求。

b. 因安装或调整不同心造成轴瓦接触面小，比压增大。

c. 轴瓦内表面初期刮研不符合其接触斑点要求，无油楔，未形成油膜。

2）处理方法。

a. 对油道进行检查和疏通，定期加油润滑。

b. 调整轴瓦与轴的同心度，使其符合要求。

c. 对轴瓦进行重新刮研，使轴瓦与轴达到均匀接触，并可建立油膜。

（3）钢丝绳在运转过程中脱槽。

1）原因。

a. 钢丝绳掉槽一般是未调整紧或其滑轮偏移所致。

b. 钢丝绳工作时的往返操作过快。

2）处理方法。

a. 对于新安装的钢丝绳，在其初期使用时应随时检查调整，使其紧度稍大一些。但对使用一段时间后的钢丝绳，其张紧度不宜过大，以免影响其使用寿命。一般应在钢丝绳的导向滑轮出口处装设防止脱槽的挡滚轮。

b. 对钢丝绳往返的操作，应注意停留一定的时间（约几秒钟），使钢丝绳的跳动减少。

（4）托滚轮或滑轮不转动。

1）原因。

a. 润滑不良，轮孔有腐蚀，间隙小，有脏物。

b. 滑轮及轮端面与轴承座无游隙。

2）处理方法。

a. 不论是滚动轴承还是滑动轴承，其滚、滑轮都应经常检查，定期加油润膜，必要时对轴承进行清洗或对轴瓦进行刮研。

b. 通过调整或检修处理等方法，使轮端面与轴承座之间留有一定的间隙，但间隙要符合标准要求，不宜过大。

（5）推车器被车辆撞坏。

1）原因。

不论重车推车器还是空车推车器，被撞的原因大部分是推车器返回不到位以及推杆臂未按要求压下。

2）处理方法。

a. 调整推车器的限位开关，使推车器准确前进，后退到位。

b. 检查推车器制动轮工作是否正常，必要时进行调整。

c. 各动作开关及制动装置调整好后，不得随意变动。

d. 推杆臂挡门（或称挡铁）的安装位置应正确，最好采用滚轮式。

（6）摘钩平台升不起来。

1）原因。

a. 活塞密封圈磨损、内泄或是溢流阀损坏。

b. 油箱无油，油泵反转，吸油口堵塞，系统泄漏。

c. 单向阀卡死或电磁阀不动作。

d. 油缸安装不垂直。

e. 平台与基础的间隙小，平台被基础卡住。

2）处理方法。

a. 更换油缸密封，检查溢流阀故障情况并进行排除，或是更换溢流阀。

b. 油箱加油，使油泵电动机接线正确，清理滤网并消除泄漏缺陷。

c. 检查并消除单向阀卡死和电磁阀不动作的故障。

d. 调整油缸的安装垂直度，使其位于平台中心线上。

e. 消除或处理平台与基础在运行中卡碰现象。

（7）摘钩平台升起超越行程，将油缸盖撞坏。

1）原因。

a. 限位开关安装不当或限位开关失灵。

b. 油液太脏，将电磁阀卡死。

c. 电气控制回路有问题。

2）处理方法。

a. 调整限位开关，使其行程动作在油缸的工作范围内，或更换性能可靠的限位开关。

b. 定期更换或过滤液压油，清洗滤网，检查电磁阀的发卡问题并及时处理。

c. 检查并处理电气回路误接线或其他故障。

（8）夹车机构提升钢丝绳易断。

1）原因。

a. 钢丝绳与运动通道摩擦。

b. 左右夹子未调平。

c. 钢丝绳过紧。

d. 夹子复位后与限位挡板无间隙。

e. 滑轮不转。

f. 钢丝绳未按规定涂油。

2）处理方法。

a. 处理与钢丝绳运动时通常相碰或摩擦的部位。

b. 左右夹子调整平，使其误差在规定范围之内。

c. 调整限位挡板间隙在其规定范围内。

d. 钢丝绳调整紧度要适中，且每组应相同。

e. 处理滑轮卡死或不转的缺陷。

f. 钢丝绳定期涂油。

（9）刹车装置卡子头断裂。

1）由于卡子和闸轮圈间隙不当，会造成卡子头断裂，应当将卡子和闸轮圈的间隙调整适中。工作时卡子和闸轮圈工作面要全部接触，不工作时不允许有摩擦，而且应有一定的间隙。

2）因卡子局部表面淬火硬度过高所致，检查卡子齿面热处理性能是否符合要求，应严格按制造要求进行生产和验收。

（10）摆动导轨断裂。

1）由于进车速度过快，车辆可跳过缓冲器而损坏缓冲器和导轨，在操作过程中应严格控制进车的速度。

2）检查摆动导轨的安装是否正确，导轨不能高于钢轨面。

（11）摆动导轨升降变速箱故障。

1）限位开关安装位置不当或失灵，使偏心轮运转超过上死点。应当调整偏心轮限位开关的位置，使其准确停止。

2）定期检查并紧固变速箱地脚螺栓。

3）检查偏心轮的转向是否正确，偏心轮应从翻车机进口侧升起返回。

4）制动靴拉簧容易损坏，使得制动靴不能复位，这样应定期检查和更换制动靴的拉簧。

（12）液压缓冲能力差或降低。

1）要选择合适的缓冲用油。

2）油量不足或无油，会造成缓冲器接受能力下降，应定期按运动规律补油，注油，并排净空气。

3）活塞和密封圈磨损严重时会漏油，要注意在装配各密封圈时的正确性，对活塞等磨损件及时进行处理或更换。

4）主、副缸之间的单向阀不灵活或堵塞会造成两缸的油不能互通，要检查和处理单向阀卡堵和不灵活等问题。

（13）迁车台定位不准。

1）检查行走电动机抱闸是否过紧或打不开，刹车抱闸应调整适当，不宜过紧。

2）限位开关位置不准或有松动时造成平台对位不准，应选择可调式限位开关，并要检查和紧固限位开关底座螺栓。

3）挡销高度不够，或挡销与挡座的间隙过小（或有杂物卡死），会使挡销不能自由升起。一般可调整挡销座的位置，使挡销与挡座的间隙在规定范围之内。

4）检查缓冲器是否缺油或有漏油情况，应消除泄漏缺陷，及时补充油。

第二节　卸船机检修

一、概述

卸船机是港口的主要设备，目前主要有两种形式，机房移动式和机房固定式。机房移动式卸船机悬臂载荷由抓斗起重量和机房自重叠加而成，荷载重，影响整机钢结构强度和寿命，小车自带供电装置。机房固定式卸船机的牵引系统一般配有主小车和副小车，小车为钢丝绳牵引式，其特点为抓斗的起升、开闭和小车横移的驱动机构均固定在后大梁上的机房里，小车不带供电装置，自重较轻，走轮不会打滑，在抓斗横移运动时，所设的副小车能对主小车的运动起到有效地补偿平衡作用，卸船机整机稳定性好。采用小车钢丝绳牵引式与机房小车自行式相比，卸船机整机总重可减少20%。

卸船机的工作环境条件较差，为保证有良好的工作状态，机械件的润滑十分重要。主要润滑件，即轴承、减速机和钢丝绳的润滑方式如下：轴承采用集中和分散手动润滑，润滑脂可用国产 II 型极压锂基润滑脂1#；主要驱动设备减速机为封闭油浴润滑，可用国产 N220 号硫磷型极压工业齿轮油，定期更换；钢丝绳需定期涂刷专用钢丝绳黑油加以润滑保护。

二、主要技术规范

卸船机按抓斗出力可分为多种规格，以下主要介绍1500t/h小车钢丝绳牵引式卸船机情况，其主要技术规范见表11-4。

表 11-4　　　　　　　　1500t/h 卸船机的主要技术规范

序号	项　目			数值	备注
1	生产率	公称出力（t/h）		1500	
		最大出力（t/h）		1875	
2	抓斗	容积（m³）/抓取量（t）	不带调节板	23/18.4	原煤比重取 0.8t/m³
			装调节板	27.5/22	
		自重（t）		17	
		起升高度（m）（轨面以上）		21	
		起升高度（m）（轨面以下）		19	
		抓斗一个抓取周期（s）		47.8	
3	小车	前伸距（m）		30	海侧腿中心至海侧
		后伸距（m）		18	海侧腿中心至陆侧
		行走轨道（kg/m）		37	

序号	项 目				数值	备注
3	小车	主/副小车走轮直径（mm）			φ500/φ400	
		走轮类型				双轮缘、直踏面
		驱动方式				钢丝绳牵引式
4	悬臂俯仰	仰角			82°	
		驱动方式				电动钢丝绳卷筒式
		悬臂起升一个单程所需时间（min）			5	
5	行走装置	行走距离（m）			165.5	两台机单独行走距离
		行走速度（m/min）			20	
		行走轮数量（只）			32	8×4 套
		走轮直径（mm）			φ560	
		走轮类型				双轮缘、直踏面
		轨距（m）			26	
		轮距（m）			17	
		行走轨道（kg/m）			73	
		轮压（t）	运行工况	海侧	48	
				陆侧	36	
			风暴工况	海侧	50	
				陆侧	50	
6	司机室	行走距离（m）		海侧	22	从海侧支腿中心计
				陆侧	23.5	
		行走轨道（mm）			1250×125×10/19	
		驱动形式			双机双驱动式	
7	电梯	上下距离（m）			20.415	
		容量（kg/人数）			350/5	
		驱动形式			钢丝绳曳引	

序号	项 目			数值	备注
8	给料皮带机	出力（t/h）		1875	最大
		带宽（mm）		2000	
		带速（m/min）		30.6	可调整
		槽角		0°	
		承载托辊形式		三辊式	
		回程托辊形式		橡胶盘式平托辊	
		张紧装置		螺旋拉紧式	
9	配料皮带机	出力（t/h）		1875	最大
		带宽（mm）		1400	
		带速（m/min）		201.1	
		槽角		35°	
		承载托辊形式		三辊式	
		回程托辊形式		橡胶盘式平托辊	
		张紧装置		螺旋拉紧力	
10	辅助装置	机房维修吊	型式	双梁式电动车	
			起升重量（t）	8	
			起升高度（m）	45	
			行走距离（m）	13.5	
			行走轨道（mm）/轨距（m）	1350×150×12/24/7.5	
		喷水除尘			
		布袋式除尘器		DJE-60-CH型	
		消防设备			
11	供电	电源		AC3000V/50Hz	
		供电方式		扁电缆卷筒卷取式	

三、总体结构

卸船机主要由行走大车，海、陆侧支腿门框，料斗梁，料斗，斜撑，悬臂，大梁，大梁顶架，前拉杆，后撑杆，机房，主/副小车，抓斗，司机室和电梯等结构组成，图 11 – 13 为 1500t/h 卸船机结构示意图。

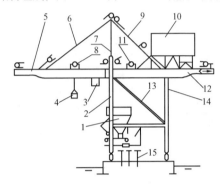

图 11 – 13　1500t/h 卸船机结构示意图

1—料斗；2—海侧门框；3—司机室；4—抓斗；5—悬臂；6—主小车；
7—大梁顶架；8—前拉杆；9—后撑杆；10—机房；11—副小车；
12—大梁；13—斜撑；14—陆侧门框；15—码头面皮带机

（1）行走大车主要包括行走装置、锚定装置、夹轨器及海陆侧支脚门框等部件。

在卸船机行走轨道两侧各有两套行走装置。每套行走装置有八只走轮组成四组台车，配两台驱动设备，各台车通地中、上平衡梁（鞍形架）轴铰联成一体形成一个支承点，以减少行走过程中的不平衡影响。上平衡梁与海、陆侧门框采用焊接和法兰连接，保证整体结构的安全可靠。

海、陆支腿门框为钢板焊接的箱形结构，均分为三段，采用高强度螺栓连接。两侧门框由料斗梁及斜撑连接，共同支承大梁及上述设备。

锚定装置分别焊在两侧门框的下横梁中部，各自拖带一套液压夹轨器。

（2）料斗上梁位于门框支腿中段的上横梁处，为钢板焊接的箱形结构，与两侧门框用高强度螺栓连接；料斗下梁采用 H 型号焊接钢梁，分别与料斗上梁和侧门框用高强度螺栓连接。料斗上、下梁共同支承料斗及洒水、除尘、消防和皮带机等设备。

料斗悬空支承在料斗梁上，配有由四套测力传感器组成的料斗秤。在料斗内臂，受煤流冲击较大处，衬有合金钢板，煤流冲击较小处，为不锈钢钢板，分别由沉头螺栓和点焊固定。在料斗上口位置铺有格栅，用以除掉大块石块、木头等杂物；在格栅的两个角上还设有检修人孔。

（3）卸船机大梁为钢板焊接的箱形结构，后部为变截面设计。大梁与陆机侧门框采用销轴铰接，与海侧门框采用高强度螺栓连接。

悬臂位于海侧，为钢板焊接的箱形结构，头部为变截面设计。悬臂根部与大梁铰接，前端由二根前拉杆与大梁顶架相连，以保持悬臂呈水平状态。

（4）主/副小车平面呈"Ⅱ"字形，构架采用箱形截面和工字型截面，中间装有滑轮组。两组通过抓斗起升、开/闭、小车横移、补偿等钢丝绳连成一体，并靠大梁后侧的小车钢丝绳拉紧装置保持其相对位置。小车行走轨道固定在与大梁和悬臂焊接成一体的"T"形结构钢上。作业时，主小车上的抓斗通过起升/开闭和小车横移等动作将船舱内的原煤抓入料斗。

（5）移动式司机室悬挂在大梁、悬臂的右侧下方专用的工字梁轨道上。司机室装有窗式空调器、工业电视显示屏、通信呼叫系统，司机可在此进行"半自动"或"手动"的卸煤操作。

（6）为便于工作人员上下，在陆侧支腿门框上设置一专用电梯。电梯为钢丝绳曳引，有上下两个出入口。

（7）卸船机机房通过其盘底座安装在大梁后部，为钢板焊接件，其内部又分机械设备房和电气房两部分。房顶配有维修行车一台。机房中部由前向后依次排列布置有悬臂俯仰、抓斗起升、抓斗开闭和小车横移这四大驱动机构；机房左边头部开有检修口，采用活动地板封闭，中间安装电动机一发电机机组，后部放置变压器。位于机房右边的电气房为全封闭结构，卸船机上的电气控制设备安装在内。

（8）卸船机的大车行走轨道两端，设有锚定座及千斤顶基础预埋板，供卸船机大风和检修时停放用。

四、主要设备及附属装置

卸船机的主要设备包括大车行走装置、料斗总成、皮带机系统、抓斗起升和开闭设备、小车横移设备、悬臂起升设备、司机室行走装置及辅助设备。现分述如下。

1. 大车行走装置

卸船机共有四套行走装置，每套行走装置由两组从动台车和两组驱动台车，经平衡梁连成一体。驱动台车由电动机经方式减速机、一对开式齿轮直接驱动一个走轮，并由一个小齿轮传动给另一个走轮。电动机与减速机间通过带制动轮毂的弹性联轴器连接，整套驱动可由电动推杆制动器制动。

轨道两侧的行走装置各配有一套手动、配重式锚定装置和一台液压夹轨器。当外界风力大于或等于30m/s（相当于11级大风）时，应将卸船机行至轨道端部的锚定位置，通过扳动手柄将锚定杆插入锚定座中，以固定卸船机。夹轨器为常闭式，通过主弹簧收缩使夹钳夹紧轨道；大车行走前，通过油泵将压力油注入油缸，克服主弹簧力后，带动楔块滑出，并由两根副弹簧收缩致使夹钳松开轨道。为使夹轨动作准确可靠，夹轨器前后设有导向滚轮，滚轮与行走轨道间隙为15mm。

2. 料斗总成设备

料斗总成设备主要包括测力传感器型料斗秤、料斗振动器、料斗门、落煤回收装置和挡风板卷扬装置，每台卸船机均设有料斗秤，用于计算料斗内的装煤量。料斗秤有关报警及连锁情况见表11-5。

表11-5　　　　　　　　　料斗秤有关报警及连锁

料斗煤量	有关连锁设备	机房内料斗秤表盘显示	司机室内表盘显示
19t	给料皮带机停	指示灯亮，料斗内煤量小于正常值	指示灯亮，提醒司机加煤
38t	给料开始	工作正常	工作正常
76t		指示灯亮，料斗内煤量接近规定容量	报警并且指示灯亮，提醒司机放慢卸煤速度
95t	抓斗打不开	指示灯亮，料斗内煤量超过规定容量	报警并且指示灯亮提醒司机料斗已满

位于料斗下出口旁边的料斗门，可通过调节螺杆来调整其开口大小，进而达到调节其输出煤煤流深度的目的。而在料斗上开口后侧设有活动挡风板，通过电动绞盘，既可升起挡风板，以防止卸煤时被风吹散在料斗外，也可放平挡风板以利抓斗从码头面起吊推扒机出入船舱的作业。

在卸船机海侧装有落煤回收装置，它由落煤挡板和回收皮带机组成，用于回收作业时洒落在船舶和码头间的原煤。落煤挡板通过销轴与海侧门可使挡板在与水平呈75°～45°范围内俯仰。回收皮带机配有清扫器和螺旋接紧装置。

3. 皮带机系统

卸船机皮带机系统主要由包括给料皮带机、配料皮带机、装船皮带机。

（1）给料皮带机。给料皮带机位于下方，为水平布置，皮带上方设有全封闭导料槽，通过单驱动将原煤从料斗转送至配料皮带机。图 11 - 14 为卸船机给料皮带机布置图。

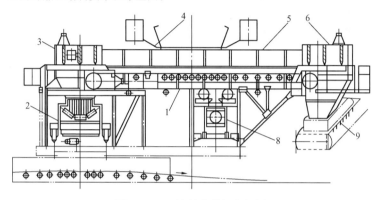

图 11 - 14　给料皮带机布置图

1—给料皮带机；2—配料皮带机；3—头部落煤筒；4—料斗门；5—导料槽；
6—尾部落煤管；7—装船中转皮带机；8—螺旋拉紧装置

驱动装置由滑差电动机、弹性联轴节、减速机、齿轮联轴节和驱动滚筒组成，其特点是电动机可在增加负荷的情况下增大转速，即可以根据实际煤流的需要，在 20% 至 100% 范围内调节皮带机运行速度。

给料皮带机的驱动滚筒均采用焊接结构，外面包有橡胶覆盖层，并分别开有人字形槽和菱形槽，以增大驱动滚筒与摩擦力，并便于排除卡入胶带和滚筒间的异物。同时，菱形槽又利于皮带机反向运行。

在料斗口位置，给料皮带机采用六组橡胶缓冲平托辊，可减少落煤时对胶带的冲击，而在回程侧设有调心托辊一只，以防止皮带机跑偏。

给料皮带机的拉紧装置为螺旋式，水平布置在皮带机尾部。

给料皮带机两侧设有行人道，并分别装有跑偏开关和供紧停用拉线开关；在头、尾部滚筒处还装有胶带清扫器；落煤管上装有防堵开关和手动翻板，以防止堵塞和调节落煤点位置。

为防止承载侧煤流溢出，影响皮带机运行，在承载平托辊下方均装有落煤挡板。

（2）配料皮带机。配料皮带机位于卸船机右侧，与给料皮带机垂直布置。它配有四只行走轮，可在专用轨道上行走。行走装置由电动机、齿轮、齿条组成。

配料皮带机带有头、尾两只落煤管，依靠行走装置、并通过限位开关可停靠三个位置；当尾部落煤管与给料皮带机头部落煤管正对时，原煤由皮带机输送出去；否则，依所停位置不同、原煤经头部落煤管分别送至皮带机上。配料皮带机械的驱动装置由电机、齿轮减速机、联轴器和覆有人字槽橡胶层的驱动滚筒组成。驱动滚筒配有胶带清扫器；尾部滚筒处装有跑偏开关，这些安全装置用于检测皮带的打滑、跑偏等运行情况。头部落煤管上装有手动翻板和防堵开关，可改变落煤点和防止落煤管堵塞，并装有喷淋装置以抑制煤尘飞扬。

配料皮带机采电装置由料斗上梁中部通过导向架引入，采用柔性挂缆供电；头部落煤管喷水点的水源也按同样方式由水缆并排输入。

为防止承载侧煤流溢出影响皮带机运行，在承载托辊下方均安装有落煤挡板。

图 11 – 15　起升和开闭钢丝绳穿绕示意图

1—主小车；2—副小车；3—起升卷筒；4—开闭卷筒

4. 抓斗起升和开闭设备

抓斗起升和开闭设备布置在机房中部，由他们通过相应的钢丝绳滑轮系统完成抓斗的起升和开闭动作。驱动装置均由直流电机、电磁制动器、齿轮联轴器、齿轮减速机和卷筒组成，卷筒一端通过卷筒联轴器与减速机相连，另一端由铸钢轴承座，采用鼓形滚柱轴承支承。在起升/开闭卷筒轴端，分别装有同步传感器，均通过一对开式齿轮啮合传动，由他们共同协调控制起升/闭合电机的速度大小；在起升/闭合电机制动器引伸轴上经橡胶盘联轴器直接装有直流测速发电机，负责将各自的速度反馈到计算机，还装有限速器，以防止起升/开闭过速。各种限位情况见表11 – 6。

表 11 – 6   抓斗起升和开闭设备各种限位情况

设 备		限位控制点	运 动	限位开关闭类型	位 置
抓斗起升	1	上极限限位	起升/闭合电机停	同步传送器 ELRL – 106SZ	起升滚筒轴端
	2	正常上限 （100% 起升）	起升/闭 合电机停		
	3	起升速度下降 （90% 起升）	起升速度下降		
	4	下限	起/升闭 合电机停		
	5	过速	起升/闭 合电机停	限 速 器 ESRK – 002D	起升电机轴上
抓斗开闭	6	100% 打开	闭合电机停 闭合制动顺抱闸	同步传送器 YSGP – 5632SZ	闭合滚筒轴端
	7	70% 闭合 （沉抓停）	起升绳绷紧		
	8	90% 闭合	闭合速度下降		
	9	100% 闭合	闭合电机停 闭合制动器抱闸		
	10	过速	起升/闭合 电机停	限 速 器 ESRK – 002D	闭合电机轴上

图 11 – 15 为起升和开闭钢丝绳的穿绕系统示意图。滑轮由轧制钢制成，采用双列圆柱滚动轴承支承。起升/开闭钢丝绳卷筒侧绳端采用压板固定，抓斗侧绳端采用楔块和轧头固定。值得指出的是，开闭绳分为上下两段，下段穿过抓斗滑轮组后与上段采用快速接头（带锁连接环）相连，这种设计既能节约钢丝绳，又可减少维修工作量。考虑到开闭绳这种结构的特殊性，对主小车上的开闭绳滑轮也采取了相应措施，即除开设正常绳槽外，还加大了轮缘开挡尺寸（由原开口 88mm 增大至 210mm），以利快速接头。另外，主、副小车的滑轮均装有护套，以防钢丝绳跳槽。

5. 小车横移设备

小车横移设备布置在机房后部的下侧，其总成包括直流电机、电磁

第十一章 卸煤设备检修

制动器、齿轮联轴器、齿轮减速机和卷筒。卷筒有左、右旋两组绳槽，一端通过卷筒联轴器与减速机相连，另一端由铸钢轴承座，采用鼓形滚柱轴承支承。该轴承通过滚子链传动、装有同步传感器在电机制动器轴端，经橡胶盘联轴器直接装有直流测速发电机，负责将速度反馈给计算机。另外，在小车轨道的两侧，从悬臂头部至大梁尾部依次装有极限限位、二级减速检测、一级减速检测、半自动开始点（悬臂侧）/料斗位置、减速检测和极限限位（大梁侧）等限位开关。有关小车横移限位开关情况见表 11 - 7。

表 11 - 7　　　　　　小车横移限位开关情况

序号	限位控制点	运　　动	型　　号	位　　置
1	悬臂侧末端	电机停，制动器抱闸，小车行走停止	YSGP - 5632SZ	小车行走卷筒轴上
2	悬臂侧二级减速	速度降至 10% 的正常运行速度		
3	悬臂侧一级减速	速度降至 50% 的正常运行速度		
4	洒水点	向料斗洒水开始		
5	悬臂起升时海侧末端	电机停，制动器抱闸，小车行走停		
6	小车位置	探测小车在大梁上的位置悬臂起升连锁		
7	悬臂起升时海侧速度下降	悬臂起升时，海侧速度下降		
8	陆侧速度下降	陆侧速度下降		
9	陆侧末端	陆侧末端		
10	半自动运行时料斗上	半自动运行时料斗	ID - 2050 - ABOW	悬臂
11	悬臂侧一级减速检查	悬臂侧一级减速检查	PSMM - R3DIH	悬臂

序号	限位控制点	运 动	型 号	位 置
12	悬臂侧二级减速检查	悬臂侧二级减速检查	PSMM – R3DIH	悬臂
13	大梁侧减速检查	大梁侧减速检查	PSMM – R3DIH	大梁
14	阻挡器提升	阻挡器提升	PSKU – 110C	海侧腿
15	海侧极限端	海侧极限端	PIKU – 110	悬臂
16	陆侧极限端	陆侧极限端	PIKU – 110	大梁

除以上限位开关外，主、副小车上还装有液压缓冲器，并在其行走轨道两端装有撞针。为避免横移时啃轨，主、副小车在轨道内侧四个脚上均设有一只水平导向轮，该导向轮偏心设计，偏心距为10mm，可根据实际需要，手动调节轨道与轮子之间的间隙。

图11 – 16为小车横移钢丝绳卷绕系统示意图。

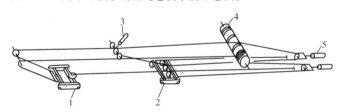

图11 – 16　小车横移钢丝绳卷绕系统示意图

1—主小车；2—副小车；3—补偿绳弹簧拉紧装置；

4—小车横移卷筒；5—液压拉紧装置

滑轮由轧制钢制成，采用双列圆柱滚动轴承支承。主、副小车横移牵引钢丝绳共四根，均绕在同一卷筒上，主、副小车牵引绳对称布置在卷筒的外侧，出绳点在上方，副小车牵引绳对称布置在卷筒的内侧，出绳点在下方，四根绳端在卷筒上均采用压板固定；另一端则采用楔块和轧头分别固定在主小车平衡梁和大梁平衡梁。

卸船机抓斗利用主、副小车，将起升、开闭、小车横移等钢丝绳及补偿绳连成一体，并通过相应的驱动和同步传感器的协调控制而完成抓斗的全过程。为了使抓斗运行过程中主、副小车间具有一定的位置，并使牵引钢丝绳维持一定的张力，在海侧腿顶部、大梁尾部分别设有补偿绳弹簧拉紧装置和牵引绳液压拉紧装置。液压拉紧装置由电机、液压泵、蓄能器、液压缸、油罐和有关阀门、油管及压力开关等组成。该装置通过三个电磁控制阀的控制，可以完成钢丝绳张紧、张力保持，悬臂俯仰以及松绳等各种工况的动作，使主、副小车运行安全可靠。

6. 悬臂起升设备

悬臂起升设备位于机房前部，驱动装置包括直流电机、电磁制动器、齿轮联轴器、减速机、卷筒和带式制动器。另一端由铸钢轴承座、采用鼓滚柱轴承支承，并装有带式制器，以保证悬臂俯仰时的绝对安全。带式制动器采用电动推杆松闸，平衡对重块制动，制动毂即为卷筒本体延伸部分。

为使悬臂俯仰动作可靠安全，在卷筒轴端通过滚子链传动装有同步传感器，而在减速机第二传动轴上装有过速开关。另外，在大梁和顶架顶部也装了一些限位开关，各种限位开关情况见表 11 - 8。

表 11 - 8   悬臂起升设备限位开关情况

序号	限位控制点	运　动	型　号	位　置
1	上限侧速度下降	速度下降至 10% 的正常起升速度		
2	中间点停机	电机停，悬臂停止起升		悬臂起升卷筒轴上
3	中间点速度下降	速度下降至 10% 的正常起升速度	PCRG—8	
4	下限侧速度下降	速度下降至 10% 的正常起升速度		
5	下限端	电机停，悬臂停止下降		
6	悬臂水平位置	探测位置，与小车行走连锁	PSK - 110C	大梁
7	上极限	电机停，悬臂停止起升	PSK - 110C	
8	正常上限	电机停，悬臂停止起升	PSK - 110C	
9	挂钩起升	探测位置	PSK - 110C	顶架顶部
10	挂钩下降	探测位置	PSK - 110C	
11	挂钩锁定	探测悬臂锁定位置	PSK - 110C	

悬臂俯仰动作是通过其起升设备驱动相应的钢丝绳滑轮系统来完成的。滑轮由轧制钢制成，采用双列圆柱轴承支承。钢丝绳卷筒绳端采用压板固定，平衡梁侧采用楔块和轧头固定，该平衡设在顶架顶部位置。另外，在其顶部还安装了一套悬臂锁定装置，该装置由电动液压推杆驱动，

通过带平衡的杠杆机构带动挂钩提起，在悬臂起升到82°时，限位开关动作，挂钩放下，将悬臂予以锁定。悬臂起升过程中为减少撞击，在顶架上与悬臂保持架正对位置装有橡胶缓冲器。

7. 司机室行走装置

司机室行走驱动装置布置在司机室顶上，为双机双驱动式（即四个走轮全为驱动轮），由两台感应电机、盘式制动器、高速轴滚子链联轴器、减速机、低速轴滚子链联轴器和走轮等组成。走轮为单轮缘，圆锥踏面结构，采用鼓形滚柱轴承支承。在四个走轮旁安装有四套司机室行走保护架，护架与工字钢轨道腹板间隙一般为25mm，可手动调节；司机室与行走驱动架间设有橡胶防震器，并在行走架两端装有橡胶止挡器，以减轻撞击。

为防止台风情况下次地司机室刮走，在规定停放位置（陆侧支腿中心附近）设有一套手动锚定装置，以固定司机室；另外，在大梁前端还设有机械挡块，它与悬臂俯仰动作连锁，可防止悬臂锁定时，司机室被台风刮走跌落。

除以上一些机械安全装置外，从悬臂头部至大梁后部，司机行走轨道旁还依次有极限限位、末端限位（悬避臂侧）／与悬臂起升连锁、末端限位、极限限位（大梁侧）等限位开关。

8. 辅助设备

（1）除尘装置。为抑制煤飞扬，减少环境污染，卸船机配有干式和湿式除尘装置。

干式集尘装置布置在卸船机右侧料斗上梁上，负责收集给料皮带机至配料皮带机的粉尘，它主要由布袋式集尘器、抽风机、螺旋输送机、回转阀和空压机等组成。

卸船机湿式除尘装置即为喷淋装置，水位由水位开关和电磁阀控制。水槽内的水经卸船机供水泵打入水箱，然后洒水泵向以下各点喷水。

为抑制抓斗卸煤时的煤灰飞扬，料斗上口有两条洒水线，可根据煤飞扬情况进行组合选择。而且该洒水作业与抓斗运动进行连锁，当抓斗接近料斗时洒水开始，并由时间继电器自动停止洒水。

（2）换绳卷扬装置。为了更换钢丝绳的方便，机房后部有两套电动绞盘，采用悬垂式按钮操纵，并有两只扣绳滑轮配合使用。

（3）电梯。卸船机在陆侧门设有电梯，通过钢丝绳曳引传动，为自操作按钮式控制。为使电梯使用可靠，还有以下一些安全装置：调速器、上限安全限位、调速器限位开关、门限位开关、门自动锁定装置、紧停开关和下部缓冲弹簧等。

五、检修项目和质量标准

1. 钢丝绳快速接头浇铸

钢丝绳的连接方式有多种，钢丝绳快速接头的方法被广泛应用，快速接头有梨形接头和 Ling 环（也称 C 形环），一般应用于抓斗开闭钢丝绳和机构开闭钢丝绳之间的连接、小车陆侧牵引钢丝绳和卸船机陆侧大梁之间的连接、海侧牵引钢丝绳和主小车之间的连接均采用梨形头连接方式。梨形头有一套严格的浇铸工艺，如果按照浇铸工艺的每个步骤和工艺认真执行，梨形头连接方式具有相当高的可靠性和安全性。快速接头外形结构见图 11 - 17，梨形头检修工艺及质量标准见表 11 - 9。

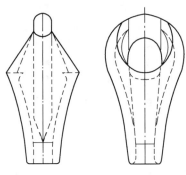

图 11 - 17　11 号梨形头外形结构图

表 11 - 9　　　　　　　　梨形头检修工艺及质量标准

工艺要点及注意事项	质 量 标 准
（1）准备好钢丝绳	钢丝绳直径、捻向、长度应符合要求，钢丝绳表面无锈蚀、断丝、磨损、扭曲缺陷
（2）钢丝绳散头。 a. 把钢丝绳一头穿入梨形头内，钢丝绳根部用夹具固定； b. 用卷尺量出浇头钢丝绳的长度 l $$l = [L - (2 \sim 3)] /1.1$$ L 为梨形头内腔斜面部分垂直长度； c. 用铅丝把钢丝绳需散散的根部扎紧； d. 用螺丝刀把钢丝绳分股后，用管子套入钢丝绳单股，转动着向外拨开，直到钢丝绳每股成喇叭状； e. 用剪刀剪去麻芯； f. 用钢丝钳打散钢丝绳每股成钢丝，使之成扫帚状	钢丝绳固定垂直 长度符合标准 $\phi 35.5mm$ 钢丝绳长度为 $100 \sim 110mm$。 绑扎长度为 $3 \sim 4$ 倍钢丝绳直径。 钢丝可能有弯曲，但不能扭曲或绞在一起，钢丝束不要过分散开，一般与梨形头外形最大直径差不多为宜

工艺要点及注意事项	质 量 标 准
（3）清洗。 加热柴油至50℃左右，然后把钢丝束浸入油内（直到用铅丝绑扎的根部），反复晃动，直到钢丝束清洗干净	要求钢丝表面光洁、无污物
（4）涂镀。 a. 钢丝束酸洗后，去除钢丝上水汽，并充分预热。 b. 在热感应电炉中放入合金条，融化合金。 c. 在合金溶液中加入适量的氯化锌，并搅拌均匀；测量合金溶液温度。 d. 涂镀：把钢丝束慢慢插入合金溶液，钢丝束只能浸到绑扎部位；浸入10~20s后，小心取出；轻轻敲打绑扎部位，去除钢丝束上多余的合金。 e. 检查钢丝表面，如有缺陷，应重新酸洗后再涂镀	温度控制在330~350℃之间 涂镀后钢丝表面无黑点等缺陷
（5）中和。 把钢丝束浸入到3%~5%的氢氧化钠溶液，中和粘附在绑扎部位和钢丝束根部的酸液	酸液必须完全中和
（6）热水清洗。 用热水冲洗经碱液中和的部位，然后晾干或烘干钢丝束	钢丝表面无水迹
（7）梨形头固定和预热。 a. 钢丝绳一端固定，梨形头与1t葫芦连接，把钢丝束拉入梨形头内腔。 b. 钢丝绳根部用夹具固定；用石棉或围丝密封梨形头根部，防止浇铸时合金溶液流出。 c. 预热梨形头表面和内腔	钢丝束顶部应略低于梨形头内腔顶部2~5mm。 梨形头应垂直摆正。 预热充分、均匀，表面温度：100~150℃

工艺要点及注意事项	质 量 标 准
（8）浇铸。 a. 加热合金溶液到 370~390℃，去除漂浮在溶液表面的氧化物； b. 冷却溶液温度到 300~330℃ 之间，进行浇铸，浇铸需一次性完成，避免多次浇铸； c. 浇铸时，梨形头内腔溶液表面会形成凹陷，必须立即补充合金溶液，防止产生缩孔	浇铸期间不可晃动梨形头，梨形头内腔溶液无泄漏
（9）固化冷却。 浇铸完成后，保持梨形头不晃动，直到合金溶液固化；在空气中自然冷却到100℃以下，可以拆除固定夹具	冷却后合金表面无缩孔
（10）涂油脂。 a. 拆除梨形头根部绑扎在钢丝绳上的铅丝； b. 绑铅丝的钢丝绳表面涂钢丝绳润滑油脂	

2. 钢丝绳和滑轮更换

钢丝绳和滑轮更换见表 11 – 10。

表 11 – 10　　　　　钢丝绳和滑轮更换工艺及质量标准

项　目	工艺要点和注意事项	质量标准
小车牵引钢丝绳滑轮轴承更换	（1）滑轮拆卸。 a. 小车固定后，放松钢丝绳液压张紧； b. 拆出滑轮轴压板，用千斤顶把轴顶出； c. 拆下滑轮，滑轮磨损测量。 （2）轴承安装。 a. 拆出旧轴承，检查测量滑轮孔的尺寸； b. 安装新轴承，安装时只能使轴承外圈受力。 （3）滑轮装复	滑轮孔尺寸和轴承外径尺寸配合符合要求

项　　目	工艺要点和注意事项	质量标准
抓斗提升开闭钢丝绳滑轮轴承更换	（1）滑轮拆卸。 a. 放松提升开闭钢丝绳； b. 拆出滑轮轴压板，用千斤顶把轴顶出； c. 拆下滑轮，滑轮磨损测量。 （2）轴承安装。 a. 拆出旧轴承，检查测量滑轮孔的尺寸； b. 安装新轴承，安装时只能使轴承外圈受力。 （3）滑轮装复	滑轮孔尺寸和轴承外径尺寸配合符合要求
补偿钢丝绳滑轮轴承更换	（1）滑轮拆卸。 a. 放松钢丝绳液压张紧； b. 拆出滑轮轴压板，用千斤顶把轴顶出； c. 拆下滑轮，滑轮磨损测量。 （2）轴承安装。 a. 拆出旧轴承，检查测量滑轮孔的尺寸； b. 安装新轴承，安装时只能使轴承外圈受力。 （3）滑轮装复	滑轮孔尺寸和轴承外径尺寸配合符合要求
海侧小车牵引钢丝绳更换	（1）主副小车固定。 （2）安措：切断525V动力电源和大车行走电源。 （3）工作场所挂好安全网、搭设脚手架。 （4）导向托辊安装：主小车海侧安装2000皮带下托辊一只（钢丝绳下方）。 （5）牵引卷扬机钢丝绳安装。 （6）拆卸滚筒压板和叉形绳套销轴。 （7）放出旧钢丝绳。 （8）新钢丝绳安装。 （9）叉形绳套安装。 （10）试运行验收：检查小车限位及补偿钢丝绳张紧限位，必要时调整补偿钢丝绳	压板螺栓拧紧力矩1000N·m

项　目	工艺要点和注意事项	质量标准
陆侧小车牵引钢丝绳更换	（1）陆侧小车固定。 （2）安措：切断525V动力电源和大车行走电源。 （3）工作场所挂好安全网。 （4）拆卸压板和梨形头销轴（期间进行新绳长度测量以及编头）。 　a. 记录好卷筒原有钢丝绳圈数，并做好记号； 　b. 在旧钢丝绳绳头处做好标记。 （5）放出旧钢丝绳：人工盘送时要一圈一圈松，不得连续几圈一起松，并且绳头用麻绳带紧。码头面需有3~4名人员整理旧钢丝绳。 （6）新钢丝绳安装。 （7）尾工及调试。 　a. 检查设备情况，查看有无影响小车运行的杂物； 　b. 恢复补偿钢丝绳液压张紧； 　c. 调试，检查液压张紧位置是否正常	压板螺栓拧紧力矩1000N·m
抓斗开闭钢丝绳更换	（1）工作准备。 　a. 卸船机开至锚定位锚定，抓斗关闭后放至码头面，稍稍拉紧开闭钢丝绳。拆下开闭卷筒凸轮开关。 　b. 用抓斗垫把抓斗楔紧防止抓斗左右晃动，放松钢丝绳至合适位，拆下开闭连接环。 （2）旧钢丝绳拆卸。 （3）新钢丝绳安装。 （4）调试。 　a. 慢速运行各机构，检查其限位的准确性。若不准确，适当调整凸轮开关。 　b. 以正常速度试运行	压板螺栓拧紧力矩为1000N·m

项　　目	工艺要点和注意事项	质量标准
抓斗提升钢丝绳更换	（1）工作准备。 a. 卸船机开至锚定位锚定；抓斗关闭后放至码头面，稍稍拉紧提升。拆下提升卷筒凸轮开关。 b. 用抓斗垫把抓斗楔紧防止抓斗左右晃动，稍稍放松钢丝绳，拆下提升连接环。 （2）旧钢丝绳拆卸。 （3）新钢丝绳安装。 （4）调试。 a. 慢速运行各机构，检查各限位的准确性。若不准确，适当调整凸轮开关。 b. 以正常速度试运行	压板螺栓拧紧力矩1000N·m
补偿钢丝绳更换	（1）准备工作。 a. 把小车开至合适位置，抓斗关闭后放至码头面，放松提升、开闭钢丝绳；主副小车锁定。 b. 新钢丝绳长度测量，运至主小车下方的码头面上。 （2）旧钢丝绳拆除。 （3）新钢丝绳安装。 （4）尾工调试。 a. 恢复补偿钢丝绳液压张紧； b. 调试，检查液压张紧位置是否正常	

3. 主副小车行走轮、导向轮和轴承检修

（1）准备工作。①小车停在合适的位置，使拆卸时工器具不会碰到小车轨道两侧的栏杆；②做好安全措施，工作现场搭好脚手架；③工器具送到工作现场。

（2）拆出主小车行走轮，检查并测量。

（3）拆出副小车行走轮。

（4）拆出行走轮轴承。

（5）轴承安装。

（6）行走轮安装。

（7）水平导向轮轴承更换。

（8）试运转。①提起抓斗，小车来回行走几次，检查主副小车在移动时是否会与轨道发生啃轨现象；②如有啃轨现象，则调整水平导向轮，消除啃轨现象；③检查小车移动时是否有异声。

检修质量标准：

（1）行走轮踏面磨损小于2%；导向轮无严重磨损。

（2）安装轴承时行走轮温度加热不能超过100℃。

（3）小车运行正常，无啃轨现象。

4. 抓斗检修

（1）斗体检查，有无严重变形、裂纹、严重磨损等缺陷，否则检修；抓斗刃口板磨损严重或有较大变形时，应及时修理与更换零件。若采用焊接法更换刃口时，焊条的选用和焊接都要严格按标准工艺进行，并对焊缝进行严格的质量检验。

（2）撑杆检查。

（3）上下承梁滑轮检查，磨损测量。

（4）抓斗提升锚链、提升销轴检查、磨损测量。

检修质量标准：

（1）滑轮直径磨损小于10%。

（2）提升锚链升长小于105%，直径磨损小于10%。

（3）抓斗闭合时，两水平刃口和垂直刃口的错位差及斗口接触处的间隙不能超出标准的规定，最大间隙处的长度不应大于200mm。

5. 滑轮

在装卸桥的升降闭合机构中，滑轮起着省力和改变力的方向作用。滑轮是转动零件，每月要检修一次，清洗、润滑。滑轮检修的要求是：

正常工作的滑轮用手能灵活转动，侧向晃动不超过 $D_0/1000$（D_0——滑轮的名义直径）。

轴上润滑油槽和油孔必须干净，检查油孔与轴承间隔环上的油槽是否对准。

对于铸铁滑轮，如发现裂纹，要及时更换。对于铸钢滑轮，轮辐有轻微裂纹可以补焊，但必须有两个完好的轮辐，且要严格补焊工艺。

滑轮槽径向磨损不应超过钢丝绳直径的35%。轮槽壁的磨损不应超过厚度的30%。对于铸钢滑轮，磨损未达到报废标准时可以补焊，然后进行车削加工，修复后轮槽壁的厚度不得小于原厚度的80%，径向偏差不得超过3mm。

轴孔内缺陷面积不应超过 $0.25mm^2$，深度不应超过4mm。如果缺陷小于这一尺寸，经过处理可以继续使用。

修复后用一个标准的芯轴轻轻压入滑轮轴孔内，在机床上用百分表测量滑轮的径向跳动偏差、端面摆动偏差、轮槽对称中心线偏差。径向偏差不应大于 0.2mm，端面摆动偏差不应大于 0.4mm，滑轮槽对称中心线偏差不应大于 1mm。

6. 卷筒

（1）卷筒可分为铸造卷筒和焊接卷筒，卷筒绳槽已经标准化。为使钢丝绳不致卡住，绳槽半径稍大于钢丝绳半径，一般绳槽半径 $R =$ （0.53 ~ 0.6）d（d——钢丝绳直径，mm）；槽深 $C =$ （0.25 ~ 0.4）d；节距 $t =$ $d +$ （2 ~ 4）mm。

卷筒直径已经标准化，标准的卷筒直径为 300、500、650、700、750、800、900、1000mm。

（2）卷筒的检修内容。

卷筒既受钢丝绳的挤压作用，还受钢丝绳引起的弯曲和扭转作用，其中挤压作用是主要的。卷筒在力作用下，可能会产生裂纹。横向裂纹允许有一处，长度不应大于 100mm；纵向裂纹允许间距在 5 个绳槽以上有两处，但长度也不应大于 100mm。在这范围内，裂纹可以在裂纹两端钻小孔，进行电焊修补后，再进行机加工。超过这一范围的应予以更换。

卷筒轴受弯曲和剪切应力的作用，发现裂纹要及时更换，以免发生卷筒被剪断的事故。

卷筒绳槽磨损深度不应超过 2mm，如超出 2mm 可进行补焊后再车槽，但卷筒壁厚不应小于原壁厚度的 85%。

检查轮毂所和的钢丝绳多是麻芯。它具有较高的挠性和弹性，并能储存一定的润滑油脂，钢丝绳受力时，润滑油被挤到钢丝绳之间，起润滑的作用。

7. 钢丝绳

钢丝绳按捻绕方法可分为顺绕、绞绕两种。顺绕钢丝绳就是绳股的捻绕方向和由股捻成绳的方向一致。这种钢丝绳的优点是钢丝绳为线接触，耐磨性能好；缺点是当单根钢丝绳悬吊重物时，重物会随钢丝绳松散的方向扭转。

绞绕钢丝绳的绳股捻绕方向与股绕成绳的方向相反，起吊重物中不会扭转和松散。由于绞绕钢丝绳具有这一特点，绞绕钢丝绳已被广泛用于装卸桥上。其缺点是绞绕钢丝绳的钢丝间为点接触，因而容易磨损，使用寿命较短。

根据钢丝断面结构，钢丝绳又可分为普通型和复合型两种。

钢丝绳在使用中，每日至少要润滑两次。润滑前首先用钢丝刷子刷去钢丝绳上的污物，并用煤油清洗，然后将加热到180°以上的润滑油蘸浸钢丝绳，使润滑油浸到绳芯中去。

钢丝绳的更换标准是由一捻节距内的钢丝绳断丝数而决定的，钢丝绳的更换标准见表11－11。

表 11－11   钢丝绳更换标准

钢丝绳原有的安全系数	钢丝绳的结构型式							
	6×19＋1 麻芯		6×37＋1 麻芯		6×61＋1 麻芯		18×19＋1 麻芯	
	在一个捻距（节距）内钢丝绳报废的断裂丝数							
	绞捻	顺捻	绞捻	顺捻	绞捻	顺捻	绞捻	顺捻
6 以下	12	6	22	11	36	18	36	18
6～7	14	7	26	13	38	19	38	19
7 以上	16	8	30	15	40	20	40	20

8. 联轴器

（1）联轴器用来连接两轴，传递扭矩，有时也兼作制动轮。按照被连接两根轴的相对位置和位置的变化情况，联轴器分为固定式联轴器和可移动式联轴器。可移动联轴器又分为刚性联轴器和弹性联轴器。在装卸桥上主要用齿形联轴器，齿形联轴器属刚性联轴器的一种。

（2）齿形联轴器的检修。

在一般性检修中，要注意联轴器螺栓不应松动，经常加注润滑油。在大小修中，联轴器解体检查项目有：检查半联轴体不应有疲劳裂纹，如发现裂纹应及时给予更换；也可用小锤敲击，根据声音来判断有无裂纹；还可用着色、磁粉等探伤方法来判断裂纹。

两半联轴体的连接螺栓孔磨损严重时，运行中会发生跳动，甚至螺栓被切断。所以要求孔和销子的加工精度及配合公差都要符合图纸或工艺的要求。

用卡尺或样板来检查齿形；以齿形厚磨损超过原齿厚的百分数为标准来进行判断，升降机构上的齿形联轴器为15%～20%，运行机构的齿形联轴器为20%～30%，则要更新。

键槽磨损时，键容易松动，若继续使用，不但键本身，而且轴上键槽和轮毂键槽将不断被啃坏，甚至脱落。修理方法是新开键槽，其位置视实际情况应在原键处转90°或180°处。一般不宜补焊轴上的旧键槽，以防止

第二篇 卸储煤设备检修

产生变形和应力集中。不允许采用键槽加垫的办法来解决键槽的松动，在紧急情况下允许配异形键来解决临时故障，但在检修中一定要重新处理。

9. 大车车轮

大车车轮通常是根据最大轮压来选择的，如表 11 – 12 所列。

表 11 – 12　　　　　大车车轮最大轮压

车轮直径（mm）	250	350	400	500	600	700	800	900
轨道型号	P11	P24	P38	QU70	QU70	QU70	QU70	QU80
最大轮压（t）	3.3	8.8	16	26	32	39	44	50

（1）车轮滚动面。圆柱形滚动面两主动直径为 $\phi250 \sim \phi500mm$，车轮直径偏差不大于 $0.125 \sim 0.25mm$；$\phi600 \sim \phi900mm$，车轮直径偏差不大于 $0.30 \sim 0.45mm$。圆柱形滚动面两被动轮直径为 $\phi250 \sim \phi500mm$，轮直径偏差不大于 $0.60mm \sim 0.76mm$；$\phi600 \sim \phi900mm$，车轮直径偏差不大于 $0.90mm \sim 1.10mm$。圆锥形滚动面两主动轮直径偏差大于规定要求，要重新加工修理。使用过程中，滚动面剥离，损伤的面积大于 $2cm^2$、深度大于 3mm 时，应予以加工处理。车轮由于磨损或由于其他缺陷重新加工后，轮圈厚度不应小于原厚度的 80% ~ 85%，超出这个范围应予以更换。

（2）轮缘。车轮轮缘的正常磨损可以不修理，当磨损超过公称厚度的 40% 时，应更换新轮。在使用过程中若出现轮缘折断或其他缺陷，其面积不应超过 $3cm^2$，深度不应超过壁厚的 30%，且在同一加工面上不应多于 3 处，在这一范围内的缺陷可以进行补焊，然后磨光。

（3）车轮内孔。车轮轮毂内孔不允许焊补，但允许有不超过面积 10% 的轻度缩松和表 11 – 13 所列缺陷。

表 11 – 13　　　　　车轮轮毂内孔缺陷允许值

车轮直径（mm）	面积（cm²）	深度（mm）	间距（mm）	数　量
≤500	≤0.25	≤4	>50	≤3
>500	≤0.5	≤6	>60	≤3

在使用过程中，轮毂内孔磨损后配合达不到要求时，可将该孔车去

4mm 左右，进行补焊，然后按图纸要求重新加工。在车削过程中，如发现铸造缺陷（气孔、砂眼、夹杂物等）的总面积超过 2cm²，深度超过 2mm 时，应继续车去缺陷部分，但内孔车去的部分在直径方向不得超过 8mm。

（4）车轮装配。车轮装配后基准端面的摆幅应符合规定要求，径向跳动应在车轮直径的公差范围内，轮缘或轮毂的壁厚不得大于 3mm（轮径 $D \leqslant 500mm$）、5mm（轮径 $D > 500mm$）。

10. 大车轨道

（1）一般检修与维护。一般检修是检查钢轨、螺栓、夹板有无裂纹、松脱和腐蚀。如发现裂纹，应及时更换新件，如有其他缺陷应及时修理。

（2）轨道的测量与调整。轨道的直线度可用拉钢丝的方法进行检查。轨道的标高，可用水平仪测量。轨道的轨距可用钢卷尺来检查，尺的一端用卡板固定，另一端拴一弹簧秤，其拉力为 150N 左右，每隔 5m 测量一次。测量前应先在钢轨的中间打上冲眼，各测量点弹簧秤拉力应一致。轨距超过标准时，应予以调整。

11. 大车台车检修

（1）检修程序。

1）检修开始前将卸船机开到指定的检修地点，办好工作票，切断动力电源。

2）将卸船机锚定好，同时在车轮下穿防爬楔，做好防止车轮滚动的措施。

3）将台车的电气全部拆除，同时将该台车的润滑油管拆除，并用回丝包好，防止煤尘进入。

4）拆除减速箱的放油孔，放尽齿轮油，拆除减速箱底座力矩螺栓，拆除减速箱下部轴端盖板，固定螺母后移出减速箱。

5）根据具体的尺寸制作起顶台车的横梁（用 $\delta = 20mm$ 的钢板制作，长为 2m 左右的箱形梁结构），进行具体的强度校核，保证有一定的安全系数。

6）在起顶千斤顶的地面上铺设 $\delta = 50mm$ 的钢板（$1m \times 2m$）作为底板。

7）将横梁穿过台车的空隙处，在起顶平台上放 2 只 500t 的千斤顶，并用钢板将门座架大铰耳下平面和横梁的间隙垫实。

8）放松夹轨器，适当放松大车锚链。

9）起重工负责指挥起顶，起顶分两步，先试顶，观察钢结构的变形，耳朵听钢结构的声响，无异常后，继续起顶。当台车车轮刚悬空时停止起顶，用做好的搁架搁稳，垫实，使门座架大铰耳边的两个铰销不受上部的卸船机重量。

10）台车两边搭好斜撑，防止台车倾翻。

11）制作专用的支架（需现场进行制作），将门座架大铰耳边的两个铰销顶出。

12）用叉车将台车的一组保平，用3t葫芦将台车从门座架平衡梁中移出，运到检修场地检修。

13）减速箱解体检修，更换轴承。

14）将车轮轴顶出，检查，清洗，并对轴承全部进行更换。

15）按拆下的反顺序进行整体装复。

16）试运行。

（2）检修质量标准。

1）检修过程中必须执行 DL/T 5047—1995《电力建设施工及验收技术规范》及图纸规定进行检修，对各部位尺寸必须按规范要求组装；

2）所有的用于检修的工具都应合格，检修前进行检查；

3）在起顶时要注意观察台车的变化，特别是起顶横梁的变形要在合理的范围内；

4）减速箱的检修应根据国家标准进行检修，齿轮的啮合间隙、轴承间隙和游隙应符合规定和图纸要求；

5）轴承的加油量应为轴承腔的2/3；

6）对拆下的轴进行测量和检查，有无磨损和变形；

7）起顶横梁的焊接钢板应打坡口，焊接应保证有足够的焊接强度，焊接人员必须持有相应的焊接项目的合格证。

六、常见故障处理

常见故障处理见表 11 - 14。

表 11 - 14　　　　　常 见 故 障 处 理

零部件	故障情况	原因及可能后果	消除故障措施
车轮	行走不稳及发生歪斜	由于不均匀地磨损，两主动轮直径不相等，大车线速度不等	更换车轮
		传动系统偏差过大	使电动机、制动器合理匹配。检修传动轴、键及齿轮

零部件	故障情况	原因及可能后果	消除故障措施
车轮	行走不稳及发生歪斜	车轮轮缘过渡磨损	磨损尺寸超过原尺寸5%时，换新车轮
		轨道不平	修复轨道，使其平直
		轨道顶面有油污或冰霜	消除油污或冰霜
滑轮	滑轮槽磨损不均匀	安装不正确，钢丝绳润滑不良，导致钢丝绳与滑轮磨损加剧	不均匀磨损超过规程规定值时更换
	滑轮不转动	心轴和钢丝绳磨损加剧，阻力加大	注意润滑情况，心轴是否擦伤，轴承是否完好
	滑轮心轴磨损	润滑不良，心轴损坏致使阻力增加	更换心轴
	轮缘断裂、滑轮倾斜松动	轴上定位板松动，滑轮损坏	更换新轮，调整紧固位板，使轴固定
钢丝绳	断丝扭结和磨损	会导致断裂	发现扭结，明显变形和严重锈蚀的，不能使用。钢丝绳实际直径比公称直径减少7%以下时，或在一个捻距内断丝总数超过10%的不能使用
	大车起制动时，尾车晃动过大	堆取变换机构钢丝绳未张紧	张紧钢丝绳
	起升钢丝绳脱槽	钢丝绳受力伸长，活动梁柔性腿端比刚性腿低	将活动梁落下，张紧钢丝绳
液压缸	液压缸漏油	密封圈损坏，端盖没压紧	旋转端盖，或更换密封圈

零部件	故障情况	原因及可能后果	消除故障措施
液压缸	栓塞研损	端盖与柱塞间隙过小，两侧链条不平行	扩大端盖内孔，移动链条座位置，使两侧链条互相平行
齿轮	齿轮轮齿折断	在工作时跳动，继而损坏机构	更换齿轮
	齿轮磨损	齿轮损坏	齿厚一般磨损量超过规程规定值时更换齿轮
	齿轮轮辐轮缘和轮毂有裂纹	断键	更换齿轮
	键损坏齿轮在轴上跳动	卷筒断裂	换新键，保证齿轮可靠地装配于轴上
卷筒	卷筒出现裂纹	轴被剪断	更换卷筒
	卷筒轴键磨损		停止使用，立即检修
	卷筒绳槽磨损和跳槽	卷筒强度削弱，容易断裂，钢丝绳缠绕混乱	当卷筒壁，厚磨损达原厚度的 20% 以上时，应更换卷筒
轴	轴上有裂纹		更换轴
	轴弯曲	导致轴颈磨损	校正直线度小于 $0.5mm/m$
	键槽损坏	不能传递转矩	重新铣键槽或换轴
联轴器	半联轴器内有裂纹	损坏联轴器	换新件
	联轴器内螺栓孔磨损	在机构运行时跳动，切断螺栓	孔磨损很大时，则补焊后重新加工，严重者更换

零部件	故障情况	原因及可能后果	消除故障措施
联轴器	齿形联轴器齿磨损或折断	缺乏润滑脂，齿磨坏	换新件
	键槽损伤	键脱出	可补焊磨损处，并在与旧键槽相距 90° 的地方重铣键槽
	周期性颤动声响	齿轮调节误差过大或齿侧间隙超过标准，引起机构振动	
减速器	发生剧烈的金属锉擦声，引起减速器振动	通常是减速器高速轴与电动机轴不同心，或齿轮轮齿表面磨损不均匀，顶有尖锐的边缘所致	检修、调整同轴度或修整齿轮轮齿
	壳体，特别是安装轴承处发热	轴承安装不正或滚珠破碎，或保持器破碎轴颈卡住，轮齿磨损，润滑不良	更换轴承，修整齿轮，改善润滑油，更换新油
减速器	润滑油沿剖分面而外漏	密封环损坏减速器壳体变形	更换密封圈，将原壳体洗净后涂液体密封胶，检修减速器壳体，剖分面刮平，开回油槽，紧固螺栓
	减速器整体振动	减速器固定螺栓松动，输入或输出轴与电动机轴工作不同心，支架刚性差	调整减速器传动轴的同轴度，紧固减速器的固定螺松，加固支架，增大刚性
制动器	断电后不能及时刹住，滑行距离较大	杠杆系统中的活动关节被卡住	检查有无机械卡住现象，并用油润滑活动关节
		润滑油滴入制动轮的制动面上	用煤油清洗制动轮及制动瓦
		制动瓦磨损	更换制动瓦
		液压推动器叶轮旋转不灵	检查推动器或其他电气部分，检查推动器油液使用是否恰当

零部件	故障情况	原因及可能后果	消除故障措施
制动器	不能打开	制动瓦与制动轮胶结	用煤油清洗制动轮及制动瓦
		活动关节卡住	检查有无机械卡住现象，并用油润滑活动关节
		液压推动器运行不灵活	推动器油液使用是否恰当，推动器叶轮和电气是否正常
制动器	制动瓦上发出焦味或磨损快	制动时制动轮与制动瓦不是均匀地煞住或脱开，致使局部摩擦发热	检修并调整
	制动瓦易于脱开	调整螺母没有拧紧	按调整位置拧紧螺母
滚动轴承	轴承产生高温	缺少润滑油或安装不良，轴承中有油污	检查轴承中的润滑油量，使其适量。清洗轴承后注入新润滑脂
	工作时轴承噪声大	装配不良，轴承游隙过小，使轴承转动受阻	检查轴承装配质量
		轴承部件损坏	换新轴承
胶带机	胶带跑偏	胶带支承托辊安装不正	逆胶带运动方向观察如向左跑偏，可把托辊支架左端前移，或右端后移
		传动滚筒与尾部滚筒不平行，滚筒表面有煤垢	调整滚筒两边支座，使张紧力相同。支煤垢，改善清扫器作用
		胶带接头不正，重新粘接	
	胶带打滑	给料不正	落煤要正对胶带机中心
		胶带与滚筒摩擦力不够，滚筒上有水	增加张紧力。干燥滚筒后起颈
		胶带张紧行程不够	重新粘接胶带

第三节　底开门车检修

一、概述

火力发电厂来煤分为火车来煤、汽车来煤和轮船来煤三种，火车来煤是内陆火电厂重要的煤炭运输途径，通过火车将煤运入电厂卸煤沟供燃煤使用。火车车皮有平底车和底开门车两种型式。底开门自卸车又称煤漏斗底开门车，能自卸散料的铁路运输专用货车，适用于在标准轨距的线路上运行，供装运煤炭、矿石等散货物，对于运量大、运距短的大中型坑口火电厂尤为适用，可满足固定编组、循环使用、定点装卸、大量装运的电厂、港口、选煤厂、钢铁等企业使用，适用于地面下设有受煤坑和传输装置的供两侧同时卸煤、容量满足的卸煤沟。可自动、快速气动卸车，也可以手动操作卸车。具有卸车速度快，操作方便，劳动生产率高等优点。底开门车型号多样，但结构原理大致相同，下面以 KM70 型底开门车为例阐述。

底开门车管理、检修、维护和保养归属车务段，所以本节着重介绍其结构、原理及特点。

二、结构

底开门车主要由车体、底门开闭机构、风动管路装置、车钩缓冲装置、制动装置及转向架等组成。采用两级传动顶锁式底门开闭装置，风动、手动两用，由上部传动装置、连杆、下曲拐、下部传动轴、双联杠杆、长短顶杆和左右锁体等组成。手动传动机构与风动控制管路系统均设在车体一端的底架上，风、手动控制机构相互独立，其转换由离合器来控制。图 11–18 为底开门车结构图。

底开车卸车方法有手动卸车、风控风动卸车、风控风动边走边卸等。

1. 车体

车体全钢焊接结构，由底架、侧墙、端墙、漏斗、檐板扶梯、底门及拉杆等组成。底架由中梁、侧梁、枕梁、端梁等组成。侧墙为板柱式结构，由侧板、侧柱和上侧梁等组焊而成。端墙由端板、上端梁、端柱、角柱、横带和斜撑等组焊而成。在车体中心设一个横向的中央漏斗脊，与中梁上设置的纵向漏斗脊将全车划分成四个漏斗区。各漏斗脊由 4mm 的 ∧ 形钢板和筋板组焊而成。漏斗板由 5mm 的钢板和纵梁、横梁等组焊而成，与水平面的夹角为 50°。在端墙顶部的外端设有檐板及扶梯，檐板由 3mm 厚花纹钢板与支持梁、边梁等组焊而成。底门由门板、大横梁、横梁、立

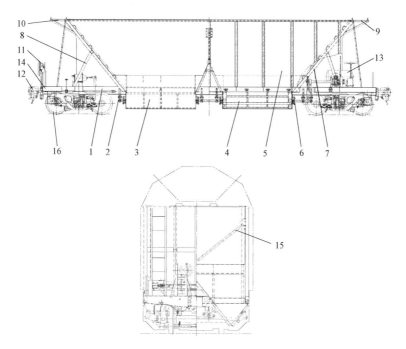

图 11 – 18　底开门车结构

1—底架；2—底架附属件；3—漏斗组成；4—底门组成；5—侧墙组成；
6—底门开闭机构；7—端墙组成（1 位）；8—端墙组成（2 位）；
9—檐板及扶梯组成（1 位）；10—檐板及扶梯组成（2 位）；
11—风手制动装置；12—车钩缓冲装置；13—风动管路
装置；14—标记；15—拉杆组成；16—转 K6 型转向架

柱、上下门框和立门框等组焊而成。在中央漏斗脊部设有拉杆装置，拉杆通过支座和螺栓与侧墙连接。

2. 底门开闭机构

采用两级传动顶锁式底门开闭装置，风动、手动两用，由上部传动装置、连杆、下曲拐、下部传动轴、双联杠杆、长短顶杆和左右锁体等组成。手动传动机构与风动控制管路系统均设在车体一端的底架上，风、手动控制机构相互独立，其转换由离合器来控制。

上部传动装置由上部传动轴、离合器、滚动轴承、齿轮、限位器、上曲拐、离合器传动、减速器、旋压式双向作用风缸、齿条、滚轮、压销座、手轮、齿轮罩等组成。下部传动装置由下部传动轴、下部轴承、双联杠杆、长顶杆、短顶杆、联轴节、连杆、左右锁体、下曲拐等组成。

3. 风动管路装置

风动管路装置由旋压式双向作用风缸控制两侧四个底门的开闭，风源来自列车主管，经截断塞门、给风调整阀充入储风缸内，作为风动开启底门时的动力源。风动管路装置由给风调整阀、操纵阀、截断塞门、储风缸、操纵台、风表等组成。

4. 车钩缓冲装置

采用 E 级钢 17 型高强度车钩和 HM - 1 型缓冲器，提高了车钩缓冲装置的使用可靠性，可解决车钩分离、钩舌过快磨耗等惯性质量问题。

5. 转 向 架

采用转 K6 型转向架，主要由轮对和轴承装置、摇枕、侧架、弹性悬挂系统及减震装置、基础制动装置、常接触式弹性旁承等组成。能有效降低轮轨间的作用力，减轻各部分的磨耗，使车厢在预防性计划修基础上，可实现状态修、换件修和主要零部件的专业化集中检修，建立按走行千米和"当量千米"相结合的检修模式，显著减少车辆的检修费用，提高车辆的使用效率。

6. 制 动 装 置

制动装置分为空气制动和手动制动。

空气制动装置主要由控制阀、旋压密封式制动缸、不锈钢嵌入式储风缸、双向闸瓦间隙自动调整器、空重车自动调整装置等组成。

手动制动装置主要由箱壳、底座、手轮、调速手柄、主动轴、卷链轴、锁闭机构等组成。设有制动锁闭装置，该锁采用三角钥匙操作，如果需要锁闭，制动后用三角钥匙顺时针方向转动位于箱壳左下方的锁舌，直到钥匙转不动时为止，此位置可将缓解功能锁闭。逆时针转动钥匙，锁闭功能解除，可实施缓解操作。

三、机械传动装置

KM70 型煤炭漏斗车采用顶锁式开闭机构开关两侧 4 个底门，具有两级锁闭装置（见图 11 - 19、图 11 - 20），可确保车辆在行走时底门闭锁的可靠性。锁体承受底门销作用力的圆弧面是以锁体转动中心为圆心的圆弧，作用于锁体上的底门压力通过锁体的转动中心，因此底门销压在圆弧面的任意点上，锁体与底门销均呈平衡状态，锁体不会因底门销作用力的增大或减小而转动（见图 11 - 21）。此外，为防止锁体在空车运行时振动自开，在两级传动的上、下部传动轴之间，设计了一个双曲形偏心连杆（见图 11 - 22），其偏心距为 15_0^{+2} mm，该连杆只有在转过死点时才可以开

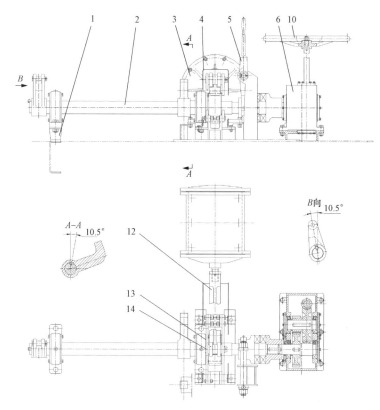

图 11 - 19　闭锁机构上传动装置示意

1—底座组成；2—上部传动轴组成；3—356×280旋压式双向风缸；4—齿轮罩；
5—离合器传动轴组成；6—减速器组成；7—手轮；8—齿条；9—压销座；10—滚轮

启，将下部传动轴锁定在指定的转动位置，从而使锁体被锁在指定位置，形成二级锁闭状态。在开启底门、连杆通过死点时，仅引起锁体的微量转动。因锁体与底门销接触面为一固定半径的圆弧，所以锁体不压缩底门即可转出，机构仅克服底门销与锁体间的摩擦力和各传动零件间的阻尼，所以开启底门所需的作用力较小。当使用风控开关门系统时，在开启过程中，连杆过死点只需约50kPa的风压，空车状态150kPa的风压即可灵活开启底门，重车卸货一般仅需190kPa左右。上部传动轴的前后支承采用了自动调心滚动轴承，可避免因前后支承不同心造成别劲、费力的不良现象。风动或手动开关底门时，启闭装置传动平稳、轻便、灵活。

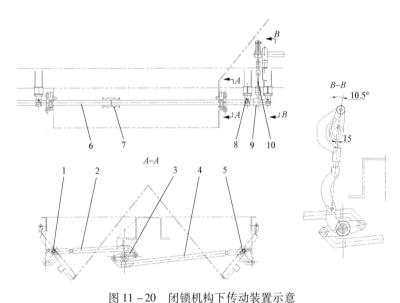

图 11 - 20　闭锁机构下传动装置示意

1—右锁体；2—短顶杆；3—双联杠杆；4—长顶杆；5—左锁体；6—下部
传动轴；7—联轴节；8—下部轴承；9—下曲拐；10—连杆组成

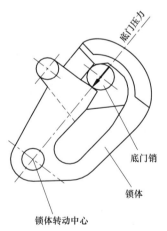

图 11 - 21　锁体与底门销的平衡锁闭原理

　　为了防止底门在锁闭状态解除后使货物对底门的压力传递到下部传动
轴上，造成对下部传动轴不断增大的扭矩，顶锁式开闭机构采用了带空行

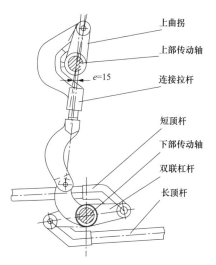

图 11 – 22　连接拉杆的偏心锁闭原理

程的两齿离合器，设计的自由转动角为 146°。这就使得手动卸货时，只要一解锁，底门就被货物的作用压力迅速压开，同时带动下部轴转动，上部传动轴和离合器被动端也迅速转动，并与离合器主动端脱开，使卸物对底门的压力不会传递到下部传动轴上。

　　风动时，双向风缸鞲鞴杆（均衡作用）上的齿条移动，带动上部传动轴上的齿轮转动，齿轮的转动带动上部传动轴和其端部的上曲拐旋转，上曲拐的旋转通过连杆带动下曲拐旋转，又带动下部传动轴和其上的双联杠杆旋转，双联杠杆通过长短顶杆作用于底门两侧的左右锁体上，从而带动底门的开闭。

　　手动时，旋转减速箱上的手轮，使减速箱输出轴旋转，通过牙嵌式离合器带动上部传动轴和其端部的上曲拐旋转，从而实现底门的开闭。

四、风动管路

　　风动管路装置由一个旋压式双向作用风缸控制两侧四个底门的开闭，风源来自列车主管，经截断塞门、给风调整阀充入储风缸内，作为风动开启底门时的动力源，方便了现场无风压设备条件下风动卸料。

　　为了保证风动管路装置与风制动装置互不干扰地独立工作，设置了给风调整阀，用来控制列车管向储风缸内充风的速度，并把列车管向储风缸充风的开启压力控制在 420KPa，使之不会引起列车的自然制动，也不会影响列车制动后的缓解波速。此外给风调整阀还具有逆流截止作用，即当列车管压力低于储风缸时，风动系统的压力空气不会逆流至列车管内，避免引起自然缓解或制动不灵。

操纵台设在车体一端的底架上，操纵阀采用旋转式，有开门、关门、中立、手动四个位置，用来控制双向作用风缸内压缩空气的充、排，达到开、关底门的目的。给风调整阀和操纵阀均设有防盗装置。风动卸车的基本原理是通过操纵阀来变换由储风缸向双向作用风缸充气的气路以开启或关闭底门。

当主管的压力等于或高于 420kPa 时，在截断塞门开通的情况下，给风调整阀开始进风，当低于 420kPa 时，即停止进风。在主管定压 500kPa 时，储风缸内压力空气由 0 上升至 420kPa 的时间在 20min 以内。当需要开关底门时，将操纵阀下面的截断塞门开通，左右扳动操纵阀手把，即可推动旋压式双向风缸的鞲鞴前后移动，从而打开或关闭底门。

五、特点

（1）卸车速度快、时间短，卸一列车只需 2.5h 左右。

（2）操作简单，使用方便。如手动操作，卸车人员只需转动卸车手轮，两侧漏斗底门便可同时打开，煤便迅速自动流出。

（3）作业人员少，省时、省力。每列底开车只需 1～2 人便可操作，开闭底门灵活、迅速、省力。

（4）卸车干净，余煤极少，清车工作量小。

（5）适用于固定编组专列运行、定点装卸、循环使用，车皮周转快，设备利用率高。

（6）平底车皮一般用翻车机卸煤，需建设卸煤线和安装翻车机，结构复杂，投入大。而底开门车皮无需专门建设卸煤线和安装翻车机，投入小。

六、检修项目及质量标准

该车为专用车辆，须由专人操作，专人维护保养。

车辆使用寿命：25 年。

车辆检修周期：段修 2 年，厂修 8 年。

底开门车管理、检修、维护和保养归属车务段，所以这里简要介绍其检修项目和工艺标准。

1. 检修项目

（1）底门开闭机构每两年全面检查、维修一次，与段修同时进行。

（2）每三个月检查一次底门锁体的落锁情况。若八个锁体不能同时落锁，应及时调整相应顶杆的长度。

（3）旋压式双向风缸鞲鞴杆套外表面应保持清洁，润滑良好。

（4）检查各部位螺栓，应无松动。

（5）各传动、转动部位轴承清洗、检查、调整、加油。

（6）减速机解体检修。

（7）检查测量车轮组磨损情况。

（8）检查各部位润滑情况。

（9）检查车体承载结构（底架、侧墙、端墙、漏斗）焊缝和腐蚀情况。

（10）检查摇枕、侧架、组合式斜楔体、摇动座、上心盘、下心盘、承载鞍、车钩钩体应无裂损且磨耗不超限，铸件铸造缺陷不超限。

（11）检查车轴、车轮、交叉杆、支撑座、组合式制动梁、弹簧托板、缓冲器、制动缸体及前盖、双向风缸缸体及前盖、减速箱体、传动轴轴承，应无裂损，轴向橡胶垫不失效，弹簧无折断。

（12）检查传感阀、限压阀、控制阀、操纵阀、给风调整阀阀体及折角塞门、组合式集尘器体，应无裂损。

（13）手动制动装置作用良好、无裂损；闸瓦间隙自动调整器作用正常、不失效。

（14）检查含油尼龙钩尾框托板磨耗板、立柱磨耗板、滑槽磨耗板、衬套，应无裂损、磨耗不超限。

（15）检查底门开闭机构各传动部件，应无裂损。

（16）检查弹性旁承体、轴箱橡胶垫，应不失效。

（17）检查心盘磨耗盘、旁承磨耗板、斜楔主摩擦板、滑块磨耗套的磨损，应在标准范围内。

（18）检查编织制动软管总成，应无裂损、不脱层。

2. 检修工艺及质量标准

（1）向油嘴、油杯内注入润滑脂。保持各轴承、销轴、齿轮、齿条等良好润滑。

（2）旋压式双向风缸鞲鞴套与导向套间如果有漏气现象，应卸下导向套，应更换密封圈。每三个月卸下导向套将润滑圈（泡沫塑料圈）清洗后，浸透油再装回旋压式双向风缸上。

（3）底门落锁后，上曲拐应在极限位置，否则应调整连杆长度。

（4）车体承载结构（底架、侧墙、端墙、漏斗）焊接良好，各部位无严重锈蚀和裂损。

（5）各部位连接螺栓、螺母应紧固，无松动现象。

（6）车轮组磨损在标准范围之内。

（7）检查项目中的（10）～（18）项，如超过标准范围或者已失效，应及时更换。

七、常见故障及处理方法

底开门车常见故障及处理方法见表 11 – 15。

表 11 – 15 底开门车常见故障及处理方法

故障现象	故障原因	处理方法
手轮空转不灵活	减速器阻力大	检修减速器
底门落锁后，上曲拐未转至极限位置	连杆长度不合适	调整连杆长度
底门 8 个锁体不能同时落锁	顶杆长度不合适	调整顶杆长度
离合器不灵活	离合器太脏	清洗、润滑离合器
储风缸充至额定风压打不开底门	风缸、作用阀、操纵阀、截断塞门或管路等漏泄	检修风缸、作用阀、操纵阀、截断塞门或管路等
	离合器未处于风动位	扳动离合器手把将双向离合器置于风动位
	操纵阀及各塞门手把位置放置不正确	将操纵阀及各塞门手把置于规定位置
	各传动零部件或底门等卡住	检查齿轮、齿条的啮合状况或底门、锁体等是否卡住
储风缸不进风或进风压力不足	截断塞门未开通、管路漏泄或集尘器等堵塞	开通截断塞门、检修管路、集尘器等

第四节　链斗机检修

一、链斗机概述

链斗卸车机是利用斗式提升机和皮带运输机联合作业来卸车的一种机械，它主要用于火电厂、铁路货站、港口码头、煤矿焦化厂等卸异型敞车物料或与装卸桥配套使用。大部分电厂用链斗卸车机作为卸异型敞车的一种辅助设备，所以又称为链斗式卸煤机。

二、型号及主要技术参数

1. 型号

目前国内制造的链斗卸车机型号见表 11 – 16。

表 11 – 16　　　　　　　链斗式卸车机型号

型号	结构或 使用特性	轨距 （m）	型号	结构或 使用特性	轨距 （m）
DDK – 66	卸砂石	5.0	D335	四排斗链	5.0
DDM – 66	卸　煤	5.0	液压驱动型	液压传动	5.2
DD – 69	卸　煤	5.0	门　型	悬臂式皮带抛料	10.5
HD 型	四排斗链	5.0	门　型	悬臂式皮带抛料	12.5
单梁型	箱形结构	5.0	门　型	在跨度内抛料	22.5

2. 技术参数

几种常用的链斗卸车机主要技术参数见表 11 – 17。

表 11 – 17　　　　　　常用的链斗卸车机技术参数

参数 ＼ 型号		66 型	门　型		液压 驱动型
跨距（轨距）（m）		5.0	10.5	12.5	5.2
起重量（t）		18	13	13	13
起升高度（m）		4.465	2.5	4	2.5
起升电动机型号/功率 （kW）		JZ2 – 31 – 6/11	JZR$_2$22 – 6/7.5	JZR$_2$22 – 6/7.5	JZ22 – 6/7.5
起升速度（m/min）		3.14	3.22	3.22	3.29
大车行走	电动机型号/功率 （kW），转速	JO$_2$52 – 6/75， 960r/min	JO$_2$42 – 6/4	JO$_2$42 – 6/4	油马达驱动 YM –B67B –JF
	最大速度（m/min）	17.8	17.2	17.2	16.5
	电动机型号/ 功率，转速	JO$_2$32 – 6/2.2， 940r/min	JO$_2$22 – 6/11	JO$_2$13 – 6/1.5	油马达驱动 YM –B67B –JF
	最小速度（m/min）	2.47	2.4	2.4	2.3

型号 \ 参数	66 型	门 型		液压驱动型
小车电动机型号/功率（kW）		$JO_2$11-6/0.8	$JO_2$11-6/0.8	
小车速度（m/min）		5.45	5.45	
翻斗电动机	$JO_2$71-6/17,970r/min	$JO_2$71-6/17	$JO_2$71-6/17	$JO_2$71-6/17
翻斗线速度	1.24	1.3	1.3	1.3
皮带电动机型号/功率（kW）	13kW油冷电动滚筒驱动	$JZ_2$21-6/5	$JZ_2$21-6/5	10kW油冷电动滚筒驱动
皮带速度（m/min）	2.5	2.5	2.5	2.5
皮带变幅速度（m/min）	5.59	5.32	5.32	3～5.8
生产率（t/h）	300	550	550	250～300
最大高度 H（mm）		9335	10831	
轮距 BQ（mm）		5550	5500	
H_3（mm）		5000	6500	
H_2（mm）		8165	9842	
S_1（mm）		2850	3000	

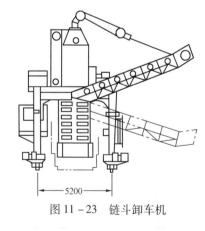

5200

图 11-23 链斗卸车机

三、结构

本节以 5.2m 液压式链斗卸车机（见图 11-23）为例进行介绍。链斗卸车机由主梁架、支腿、端梁、底梁、翻斗及翻斗机构、起升机构、旋转机构、变幅机构和皮带机、行走机构等组成。

（一）金属构架

主梁架、支腿、端梁和底梁均是由钢板焊接而成的箱形结构，各部分之间采用高强度螺栓连接。行走轮对的三角轴承座用螺栓固定在下底梁两端的角形结构上，起升机构、翻斗机构、抛料皮带等均支承在桥架上。

抛料皮带机架是采用型钢焊接的桁架结构，其上端由钢丝绳、滑轮组连接呈悬吊结构，其根部用销轴与门架主梁铰接，可以铰接点为中心，左右摆动90°。

翻斗架为焊接结构，由钢丝绳滑轮组连接，沿立柱上、下移动。翻斗架支承翻斗及翻斗回转机构。

（二）大车行走机构

大车行走机构由驱动装置和轮对组成，支承在底梁上。

驱动装置由 YM－B67B－JF 型油压马达驱动，通过减速机和开式齿轮两级变速带动小齿轮转动。两台驱动装置装于左右两侧，同时分别驱动。

大车行走速度有两挡：快速为 16.5m/min，慢速为 2.3m/min。油压马达用电液换向阀控制。

（三）起升机构

起升机构布置在桥架上，由传动装置、卷筒、钢丝绳、滑轮等组成。

传动装置由电动机和减速机组成，卷筒通过联轴器与减速机的低速轴相连接，传动机构的制动采用液压制动器。起升机构是用来起升和降落翻斗机构的设备。

（四）翻斗机构

翻斗机构由传动装置、斗子等组成。它是链斗卸车机的核心部分，支承在桥架上。传动装置通过链轮带动滚子链，滚子链带动一排排斗子转动，将敞车内的煤舀上来，翻出去，达到卸车的目的。

传动装置中的电动机通过联轴器与减速机相连接。减速机的低速轴通过链轮传动带带动斗子组件上的链轮，链轮带动滚子链，滚子链带动斗子转动。

链斗斗容为434L，斗子线速度为 1.3m/s、斗宽 1.1m，斗子用 3mm 厚的钢板焊接而成。

链斗卸料采用混合卸料方式。装满煤的斗子转动到链斗架顶点后，由于链斗的转向和倾斜，煤则被抛到导料斗中。

（五）抛料皮带机

抛料皮带机由皮带大架、托辊支架、托辊、运输带、滚筒等组成。其传动装置采用油冷式电动滚筒驱动，以节省空间。

链斗卸车机的链斗将煤从敞车内取出来，抛撒在导料斗中，煤从导料斗中流到抛料皮带机上，抛料皮带机运转又将煤抛撒到煤场。

（六）皮带变幅机构

皮带变幅机构由油缸、变幅滑轮组等部分组成，见图 11 – 24。油缸行程为 1450mm，油缸下支座与滑轮组的一组定滑轮相连，变幅滑轮组的倍率为 2，采用的钢丝绳为 6 × 19 + 1 – 16 – 160 – 1。皮带机的变幅可以使皮带机头部最高仰到距大车轨道顶面 8250mm，最低俯首时头部距大车轨道顶面 2250mm。

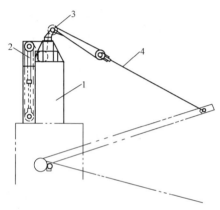

图 11 – 24 变幅机构
1—变幅支架；2—变幅油缸；3—改向绳轮；4—钢丝绳

变幅机构的作用是：在皮带抛煤时，调整煤的落差，减少煤尘飞扬，抛料皮带机框架可以以销轴为中心俯仰。

抛料皮带机需要变幅时，操纵油缸的电磁阀动作，油缸下腔充油，活塞升起，活塞上支座推动滑轮组中的滑轮位移，经过放大 2 倍的距离，钢丝绳长度变化，牵引皮带机使其变幅，皮带机的变幅速度为 3.0 ～ 5.8 m/min。

（七）皮带机旋转机构

抛料皮带机的旋转机构由行程为 425mm 的油缸和扇形开式齿轮组成。抛料皮带机可以绕销轴中心旋转 180°，即不开动大车，抛料皮带可以旋转撒煤（堆煤）。

电磁阀动作可使油缸活塞位移，活塞杆一端与扇形开式齿轮连接，齿轮与抛料皮带尾部通过小齿轮连接。扇形开式齿轮带动抛料皮带机旋转。

（八）液压系统

5.2m轨距的链斗卸车机的三个机构采用液压系统控制，即皮带机的变幅与旋转由油缸驱动，而大车行走机构则由液压马达传动。

液压系统中使用大、小两台双联叶片泵，油泵用来维持液压马达和油缸的工作压力，使液压系统正常工作。

（九）电缆卷筒装置

链斗卸车机的电源电缆，是通过一个卷筒装置随大车行走来实现的，电缆卷筒由电动机驱动。大车行走时，电动机带动电缆卷筒卷线或放线。

四、工作过程

链斗卸车机卸煤的过程是：重车车辆就位后，开动链斗卸车机的大车行走机构使链斗对准敞车的一端，先启动抛料皮带机，再启动翻斗的升降机构和旋转机构，链斗插入煤中将煤舀取上来，抛至导料斗中。煤通过导料流入抛料皮带，抛料皮带运转把煤卸入煤场。抛料皮带的变幅机构随煤场煤堆高度的变化而变幅。旋转机构带动皮带机在煤场旋转，煤被撒卸成弧形煤堆。

链斗既可以在敞车中分层取煤，也可以逐点取煤。链斗取煤时要留有100mm左右的煤层，以保护敞车车底不受损伤。剩余的煤层由人工清理。

5.2m轨距液压链斗卸车机的综合出力一般为250～300t/h。

五、检修与维护

（1）检查各连接部位的螺栓是否有松动和损坏，及时紧固或更换。

（2）检查各转动部位的轴承是否缺油和损坏，及时加油和修理。

（3）齿轮的传动应平稳，无冲击和碰撞现象。

（4）检查转动轴和链轮是否歪斜，传动链有无下垂过大现象，及时进行校正和调整。

（5）对滚子链定期加油润滑。

（6）检查滚子链连接销是否松动或脱落，链轮与链条的磨损不应超过规定标准。

（7）油泵、液压马达不允许有漏油现象，振动要正常。一旦发现缺陷应立即处理。

（8）检查钢丝绳的使用情况，发现断股或磨损严重时，应及时更换。

（9）注意保护电源电缆，运转中的电缆应有规则地排在卷筒内，防止电缆损伤。

（10）防止在取煤过程中损坏链斗。

液压系统的检修参见翻车机卸车线中液压系统的检修和维护的有关部分，钢丝绳的检修维护与重、空车铁牛钢丝绳的检修维护相同，金属结构、链传动等部分的检修与螺旋卸车机的有关部分相同。

六、链斗卸车机的润滑

链斗卸车机经常保持良好的润滑，是延长链斗卸车机的使用寿命、确保正常运行的一个重要因素。对于需要润滑的零（部）件，必须使用有效的正确的方法，采用正确的润滑油（或脂），使之经常保持良好的润滑状态，这是日常保养和维护的一项必不可少的工作。

链斗卸车机各机构采用手动分散润滑，润滑剂的选择能满足当地环境温度的要求，润滑方法见表 11-18。

表 11-18 润 滑 方 法

润滑部位	润滑材料	润滑周期	润滑方式	备　注
减速器	N46 机械油	初期三个月以后六个月	油池润滑	每周检查
电动滚筒				
齿轮联轴器	1 号钙基润滑脂	初期三个月以后六个月	涂　刷	
滚动轴承			油　杯	
开式齿轮			涂　刷	
导轮组油杯				
滑轮、链轮、链条				
钢丝绳	石墨钙基润滑脂 ZG-S	每　月	油　池	冬天用 10 号变压器油
液压推动器油泵	YA-N46 液压油	半月		

润滑注意事项：

（1）各类润滑油及润滑脂，应有专用的密闭的容器盛装，容器、漏斗、油枪等润滑加油用具必须保持清洁。

（2）对于采用涂刷加油方式的部位（如钢丝绳），应先将污旧油刮去，然后涂刷新润滑油、润滑脂。

（3）清洗减速箱油池时，应把陈油放掉，清洗后加入新油至油标指示深度。

（4）对于采用滴涂方式加油部位，可以用油壶进行加油。

七、故障处理

（1）断链。

传动装置负荷过载，链磨损和链轮歪斜是造成断链的主要原因。

1）发现断链时应立即停机，将拉断点前后的链子节拆开，换上同型号的备用链节，按工艺要求予以恢复。

2）发现链轮歪斜时，应及时进行校正处理。

（2）链子松弛度过大。

先利用拉紧装置进行调整。若调整拉紧装置后仍不符合要求时，则拆掉部分链节，并调整拉紧装置，达到松紧适宜。

（3）轴承发热。

造成轴承发热的原因可能是缺少润滑油、轴承歪斜、轴承弯曲变形、轴承内部进煤粉堵塞、轴承紧力过大和轴承的缺陷等。根据查出的原因，进行针对性的处理。

（4）减速机发热。

首先检查是否缺油，齿轮啮合是否良好，针对情况采取相应的方法处理。

（5）链斗破损。

链斗被煤块、石块或其他坚硬杂物卡住时，易造成损坏。待停机后，对链斗进行校正或补焊。

（6）电源接通后电动机不转，有嗡嗡声。

1）检查更换熔丝。

2）检查电缆中是否有断线。

3）检查电气系统是否有其他部件损坏，及时处理。

（7）齿轮转动中有冲击、碰撞声或过热现象。

造成的原因是齿轮严重磨损、轴过负荷弯曲、出现异常或齿轮啮合不良等。必须进行解体检查，更换损坏部件，及时进行调整。

（8）电气系统问题。

1）设备带电或漏电，检查是否绝缘破损或接地不良，及时处理。

2）电磁阀在运行中若发生不正常或不动作等现象时，应随时处理或更换。

其他常见故障及处理方法见表 11 - 19。

表 11 –19 **故障及处理方法**

零部件	故障情况	原因及可能后果	清除故障措施
滑轮	滑轮槽磨损不均匀	安装不正确，钢丝绳润滑不良，导致钢丝绳磨损加刷	不均匀磨损超过3mm时更换
	滑轮不转动	心轴和滑轮磨损加刷阻力加大	注意润滑情况、心轴是否损伤，轴承是否完好
	滑轮心轴磨损	润滑不良，心轴损坏导致阻力增加	更换心轴
	轮缘断裂，滑轮倾斜、松动	轴上定位板松动	更换新轮，调整紧固定位板，使轴固定
钢丝绳	断丝扭结和磨损	会导致断裂	发现扭结点，明显变形和严重锈蚀的不得使用，钢丝绳的实际直径比公称直径减少7%以上时，不得使用，在一个捻距内，断丝总数超过10%的不得使用
齿轮	齿轮轮齿折断	在工作时跳动，继而损坏机构	更换新齿轮
	齿轮磨损	齿轮转动时声响异常	超过允许数值限值时，更换新齿轮（一般取磨损量达原齿厚的15%~25%）
	轮辐、轮缘和轮毂有裂纹	齿轮损坏	更换新齿轮
	磨损坏，齿轮在轴上跳动	断键	停止使用，立即检修
卷筒	卷筒发现疲劳裂纹	卷筒断裂	当卷筒壁厚磨损达原厚度的20%以上时，应更换卷筒
	卷筒轴磨损	轴被剪断	更换车轮
	卷筒绳槽磨损和跳槽	卷筒强度削弱，容易断裂，钢丝绳缠绕混乱	检修传动轴，键及齿轮

零部件	故障情况	原因及可能后果	清除故障措施
行走机构	啃轨	两主动轮直径不相等，大车线速度不等，致使车体倾斜	修正变形
		传动系统偏差过大	调整轨道，使其跨度、直径、标高等符合要求
		结构变形	调整台车机构
		轨道安装误差过大	调整轨道跨距
		轨道顶面有油污或冰霜	调整轨道清扫器
减速器	减速器整体振动	减速器固定螺栓松动，输入或输出轴与电动机、工作机不同心，支架刚性差	调整减速器传动轴的同轴度，紧固减速器的固定螺栓，加固支架，增大刚性
制动器	断电后，不能及时刹住，滑行距离较大	杠杆系统中的活动关节有卡阻现象	检查有无机械止阻现象，并用润滑油活动关节
		润滑油滴入制动轮的制动面上	用煤油清洗制动轮及制动瓦
		制动瓦磨损	更换制动瓦
		液力推动器运行不灵活	检查推动器或其他电气部件，检查推动器油液使用是否恰当
	不能打开	制动瓦与制动轮胶粘	用煤油清洗制动轮及制动瓦
		活动关节卡住	检查有无机械卡阻现象，并和润滑油活动关节
		液力推动器运行不灵活	推动器油液使用是否恰当，推动器叶轮和电气是否正常

第十一章 卸煤设备检修

零部件	故障情况	原因及可能后果	清除故障措施
制动器	制动瓦上发出焦味或磨损	制动时制动轮与制动瓦不均匀地刹住或脱开，致使局部摩擦发热	按制动器使用说明书检修并调整
	制动瓦易于脱开	调整没有拧紧的螺母	按调整的位置拧紧螺母
轴承	轴承产生高温	轴承损坏	根据噪声和振动判断轴承是否损坏，如损坏则更换轴承
		基础松动	检查并拧紧基础螺栓
		缺少润滑油或安装不良	检查轴承中的润滑油量，使其适量
		轴承中有油污	清洗轴承后注入新润滑油
	工作轴承响声大	装配不良，使轴承卡阻	检查轴承装配质量
		轴承部件损坏	更新车轮
车轮	轮辐、踏面有裂纹	裂纹扩展，车轮损坏	更换车轮
	主动车轮踏面磨损不均匀	由于表面淬火不均，车轮倾斜啃轨所致，运行时振动	更换车轮
	轮缘磨损	由于车体倾斜啃轨所致，容易脱轨	轮缘磨损超过原厚度的 50% 时，更换新件
胶带机	胶带跑偏	胶带支承托辊安装不正	用调心托辊调整，逆胶带运动方向观察，如向左跑偏，可把托辊支架左端前移，或右端后移
		传动滚筒与尾部滚筒不平行	调整滚筒两端支架，使张紧力相同
		滚筒表面有煤垢	去煤垢，改善清扫器作用

零部件	故障情况	原因及可能后果	清除故障措施
胶带机	胶带打滑	胶带接头不正	重新粘接
		给料不正	调整落料装置，使落料煤点正对胶带机中心
		胶带与滚筒间摩擦力不够，滚筒上有水	增加张紧力，干燥滚筒后起动
		胶带张紧行程不够	重新粘接胶带
电动机	整台电机过热	工作制度超过额定值而过载	减少工作时间
	定子铁心局部过热	在低压下工作，铁芯矽钢片间发生局部短路	当电压降低时，减少负荷，清除毛刺或其他引起短路的地方，涂上绝缘漆
	转子温度升高，定子有大电流冲击，电机不能达到全速额定负荷	绕线端头中必点或并联绕组间接触不良	检查所有焊接接头，清除外部缺陷
		绕阻与滑环连接不良	检查绕阻与滑环的连接状况
		电刷器械中有接触不良	检查并调整电刷器械
	转子温度升高，定子有大电流冲击，电机不能达到全速额定负荷	转子电路中有接触不良处	检查连接导线对接触器或控制器转子，触头接触不良处进行修整，检查电阻状况，断裂者予以更换
	电动机工作时振动	电动机轴与减速器轴之间不同心	找正电机，减速器的同心度
	电动机工作时不正常	轴承磨损	检查并修理或更换轴承
		转子变形	检查并修整
		滚动轴承磨损	更换轴承
		键磨损	修正或更换新键

第五节 螺旋卸车机检修

一、概述

螺旋卸车机是一种高效的机械化卸料装置，主要用于卸煤、焦炭、碎石、砂、矿粉等散装物料，具有较高的卸车效率，可大大减少人工和降低工人的劳动强度。它被广泛用于大中型火力发电厂、冶金、化工、码头、车站、货场的卸料作业。螺旋卸车机是非自卸载煤敞车进行卸车作业的理想设备。

二、种类

螺旋卸车机的型式按金属架构和行走机构分为桥式、门式、r式三种。

1. 桥式螺旋卸车机

桥式螺旋卸车机的工作机构布置在桥上，桥架可在架空的轨道上往复行走。其特点是铁路两侧比较宽敞，人员行走方便，机构设计较为紧凑。

2. 门式螺旋卸车机

门式螺旋卸车机的特点是：让工作机构安装在门架上，门架可以沿地面轨道往复行走。

3. r式螺旋卸车机

r式螺旋卸车机是门式卸车机的一种演变形式，通常用于场地有限、条件特殊的工作场所。螺旋卸车机按螺旋旋转方向可分为单向螺旋卸车机和双向螺旋卸车机两种。

目前国内使用的大多是双向螺旋卸车机，火力发电厂一般选用桥式螺旋卸车机。

三、技术参数

桥式螺旋卸车机的型号按其跨度可分为6.7、8、13.5m三种，以螺旋卸车机的升、降臂来分有链条传动和钢丝绳传动两种。表11-20为LX系列螺旋卸车机技术参数。

表11-20 　　　　　　　　　　螺旋卸车机基本参数

	型　　号	LX-6.7	LX-8	LX-13.5
大车运行机构	综合卸车能力（t/h）	350~400	350~400	350~400
	运行速度（推荐）（m/min）	13.4	13.4	14.44
	车轮直径（mm）	350	350	500
	最大轮压（kN）	58.0	61.5	89.0
	轨道类型（推荐）（kg/m）	24	24	38

型　　号		LX－6.7	LX－8	LX－13.5
小车运行机构	运行速度（推荐）（m/min）			13.3～14
	车轮直径（mm）			350
	最大轮压（kN）	37	37	62
	轨道类型（推荐）（kg/m）			24
螺旋旋转机构	螺旋速度（推荐）（r/min）	100	100	100
	螺旋直径（推荐）（mm）	900	900	900
	螺旋长度（推荐）（mm）	2000	2000	2000
	螺旋头数	3	3	3
螺旋升降机构	升降速度（推荐）（r/min）	7.84	7.84	7.84
	升降高度（m）	4.5	4.5	4.5
	卷筒直径（推荐）（mm）			400
	卷筒长度（推荐）（mm）			800
	卷筒头数			2
外形尺寸 （mm×mm×mm）		7120× 5900×4100	8351× 5900×4100	14000× 5272×4600
质量（t）		17	19	23

四、结构

螺旋卸车机由螺旋回转机构、螺旋升降机构、行走机构、金属架构和司机室等组成，设备各部件的操作集中在司机室内完成。图11－25为桥式螺旋卸车机结构图。

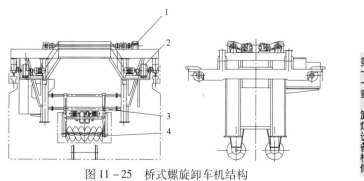

图 11－25　桥式螺旋卸车机结构
1—螺旋升降机构；2—大车行走机构；3—金属构架；4—螺旋回转机构

第十一章　卸煤设备检修

（一）螺旋回转机构

螺旋回转机构由螺旋本体、螺旋机架和传动装置等组成，螺旋本体包括叶片、主轴和两端的轴承座、轴承及链轮。

螺旋叶片有单向和双向制粉，长度 1900～2000mm，常用设备长度为 2000mm；螺旋直径一般在 600～1000mm 之间，常用的为 900mm；叶片的螺距 200～350mm 之间，螺旋角一般为 20°，螺旋头数一般为 3 头。

螺旋叶片由钢板冲压而成，焊接在主轴上。螺旋本体两端的轴承座，用螺栓固定在支架上。因工作条件较差，轴承座与轴之间的密封要求使用较可靠的密封方式。

螺旋机架一般包括横轴、摆臂、横梁和传动装置底座等，其升降方式有混合升降和圆弧升降两种。混合升降是沿一定形状的轨道升降，圆弧升降式沿固定的轨道作圆弧摆动。

螺旋回转机构的传动装置主要由电动机、联轴器、链轮和套筒滚子链等组成。传动装置有两套，分别独立操纵两个螺旋，两个螺旋可以同高，也可以一高一低，垂直升降。

为了防止螺旋在卸料过程中因卡涩而出现过载，造成驱动装置或电动机损坏，一般采用摩擦过载式联轴器。

链条传动方式有单侧传动、双侧传动和中间传动三种形式。中间传动可以增加螺旋的有效工作长度，以尽量减少车底余煤。如果两套螺旋单侧传动，若采用中心不对称布置，可达到增加有效工作长度、减少车底余煤的目的。工作时，电动机通过减速器把扭矩传递给链轮，链轮通过链条把扭矩传递给螺旋本体，实现螺旋转动，从而达到卸下物料的目的。

（二）螺旋升降机构

螺旋升降机构安装在金属构架的升降平台上，由两套独立的传动装置组成。升降机构的驱动部分由电动机、减速器、齿轮联轴器、链轮、传动轴、轴承座和制动器等组成。电动机输出扭矩，通过减速器链轮传递给链条，由链条带动螺旋臂架，实现螺旋升降。螺旋由上至下运动时，可将敞车中的煤从侧门卸出。螺旋卸车机的升降机构如图 11-26 所示。

按照螺旋支架行走轨迹来分，升降方式可分为圆弧升降、垂直升降和混合升降三种。

（1）绕固定轴摆动圆弧升降，一般采用钢丝绳提升。这种升降方式较少使用。

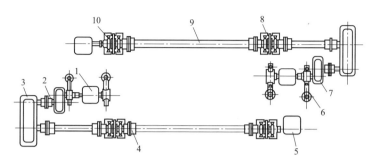

图 11 – 26　螺旋卸车机的升降机构

1—电动机；2、4—齿轮联轴器；3、7—减速机；5—限位开关；
6—液压推杆制动器；8—链轮；9—传动轴；10—轴承座

（2）沿垂直轨道升降，可采用钢丝绳或链条传动。

（3）由以上两种形式组合使用实现升降。这是较为普遍的一种。螺旋机构在链条的传动下，沿垂直圆弧轨道上升和下降。工作时，螺旋大都是垂直升降，螺旋臂是垂直的，当到达圆弧轨道后，螺旋机构的运动轨迹则变为曲线，上升到轨道最顶部时，螺旋臂处于水平位置。当卸料结束，螺旋臂应提升至最顶部并处于水平位置，停机备用。

升降机构可将螺旋下降到车厢中的某一高度，逐层卸下物料，根据物料的振实程度、水分大小等情况调整合适的吃料深度。在一个卸车位作业完毕后，该机构将螺旋装置升起到超过车厢的高度，然后大车行走装置启动，将整机运行到下一个卸车位置。

（三）行走机构

行走机构包括大车行走机构和小车行走机构，目前除 13.5m 跨度桥式卸车机上安装有小车行走机构外，其余均只有大车行走机构。

1. 大车行走机构

（1）组成。主要由电动机、减速机、联轴器、制动器、轴承座、车轮等组成。采用分别驱动方式，即布置在两侧的主动车轮各有一套驱动装置。大车行走机构如图 11 – 27 所示。

行走机构还包括金属构架、大车平台，其主要由两根主梁、两根端梁及主梁两侧的走台组成，每根主梁的端部与端梁焊接在一起，在主梁的上盖板上设置有小车行走轨道；大车行走传动装置固定在端梁上，安装在平台上，平台为各机构的检修及检查提供方便，保证人员安全。

（2）工作原理。大车行走机构采用四轮双驱动，主动轮与减速机低

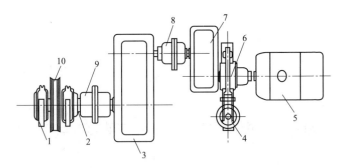

图 11 – 27 大车行走机构

1—角型轴承箱；2—行走轴；3、7—减速器；4—液压推杆制动器；
5—电动机；6—制动轮；8、9—联轴器；10—行走轮

速轴相连，电动机通过液压推杆制动器、联轴器与减速机高速轴相连。当螺旋卸车机移动时，启动两套驱动装置电动机，制动器连锁打开，驱动主动轮转动；当卸车机大车行走停止时，电动机电源切断，同时制动器电机失电，抱闸片抱住制动轮，从而制动大车机构。

2. 小车行走机构

（1）结构。小车行走机构由电动机、减速机、制动器和车轮组等组成。

（2）用途。由于 13.5m 跨度桥式螺旋卸车机多用于双线缝隙煤槽上，煤槽上方可并排停放两列重车，小车行走机构将螺旋臂做水平移动，使螺旋由一条重车线移动到另一条重车线上进行作业。

用于单线缝隙煤槽上的螺旋卸车机则不需要布置小车行走机构。

（3）工作原理。电动机通过减速机驱动主动轮转动，使螺旋活动臂架和小车机构整体沿主梁做水平运动，同时也使螺旋臂架沿圆弧轨道做上、下移动。

（四）金属架构

桥式螺旋卸车机主桥梁由钢板焊接而成的箱形主梁和两根梁组成。端梁与主梁焊接方式连接在一起。

每根主梁两侧腹板用连接角钢与端梁腹板焊接，以增加连接处的强度。两根箱形端梁为倒马鞍形，端梁端部焊接有直角弯板，行走轮组的角形轴承箱用螺栓固定在端梁端部。

起重平台为焊接框架结构，用于安装螺旋升降机构及检修维护使用。

螺旋支承立柱上装有直线导轨，作为螺旋运动的支承导向架，它

与升降平台的下部用螺栓固定，并且焊接加固。侧向支承板是用于加强螺旋支承立柱，提高螺旋在运动中的稳定性。

五、工作原理

螺旋卸车机虽然型式多样，但其工作原理是相同的。它利用正、反螺旋旋转产生推动力，物料在此推力作用下沿螺旋通道由车厢中间向两侧运动，从而达到将物料卸出车皮的目的。同时大车沿车厢纵向往复移动，螺旋升降，大车移动与螺旋升降协同作用，将物料不断地卸出车厢。同时，可通过移动小车找正卸车位置。

六、卸车过程

当重车在重车线就位后，人工将车厢侧门全部打开。操作人员在操作室启动大车行走，将螺旋卸车机开至车厢的末端，按大车行走停止按钮，大车停止运动；启动螺旋升降机构和螺旋回转机构，螺旋开始旋转卸下物料；启动大车行走机构，大车沿车厢纵向移动。螺旋升降机构有上下限位，在下降过程中不会"啃"车厢底部，一般留 100mm 左右的底料，以保护车底，这部分剩余物料由人工清理。当卸完一节车厢时，启动螺旋升降机构，将螺旋提起，越过车厢，开动大车，同样进行其他车厢的卸车作业。

螺旋卸车机卸煤，需要人工开、关车门，清理车底余料等作业。因此，螺旋卸车机只能在一定程度上提高劳动生产效率和降低工人的劳动强度。

七、检查项目和质量标准

（一）检查项目

（1）检查各机构制动器的制动闸瓦、制动轮和柱销磨损情况。

（2）检查液力耦合器、减速机有无渗漏情况。

（3）检查架构各连接部分及轨道有无变形、弯扭、开焊情况。

（4）检查各电阻箱、电气控制柜、电动机和电气元器件绝缘情况。

（5）检查各限位开关和安全装置的动作是否灵活可靠。

（6）检查减速箱中油质情况，如需要，更换新油。

（7）检查电动机转速是否正常。

（8）检查行走缓冲器情况。

（9）检查大车轨道是否符合轨道标准要求。

（10）检查齿轮及滚子链的磨损、啮合情况。

（11）检查各连接、固定螺栓有无松动情况。

（12）检查大车行走车轮、小车行走车轮和螺旋升降导向轮磨损情况。

（13）检查螺旋叶片磨损情况。

（二）质量标准

（1）各结构的连接和紧固螺栓，不能有任何松动，若发现松动，应及时紧固。

（2）各金属架构无开焊、变形和断裂，发现问题及时处理。

（3）套筒滚子链的链销无窜动，链片无损坏，定期润滑滚子链条。

（4）行走车轮和上下挡轮轨道无严重磨损和变形，车轮与挡轮转动应灵活，螺旋支架应升降自如，限位开关动作良好。

（5）主梁、端梁、活动梁和平台无严重变形，无开焊、断裂，如发现问题及时校正或补焊。

（6）根据设备的大小修周期，进行金属结构防腐。如锈蚀严重，虽未到检修周期，也应该进行除锈防腐。

（7）行走机构的检修：

1）两台电动机和制动器应同步动作，动作是检查应符合设备技术条件要求，以防止车架偏斜损坏、车轮啃轨等情况发生。

2）车轮和轮缘内侧面上无裂纹。如轮缘磨损超过初始尺寸的 50% 则应更换。

3）车轮与轨道的偏差（相对于车轮端面）。

垂直偏差小于 $L/400$，水平偏差小于 $L/1000$。（L 为车轮在垂直方向或水平方向与轨道的理论接触长度）

4）对轮轴孔的锥度及椭圆度误差小于 0.03~0.05mm。

5）行走大轮与轴承的配合间隙为 0.12~0.24mm，最大不超过 1.25mm。

6）电动机联轴器找正不同心度和不平行度不大于 0.12mm。

7）两半对轮螺丝孔的节距误差小于 0.20mm。

8）轴于键的配合两侧不得有间隙，顶部一般为 0.12~0.40mm，不得用焊的方法代替键的作用。

（8）螺旋：

1）螺旋叶片表面应无裂纹、砂眼、变形等，磨损严重时，应进行补焊或整体更换。

2）螺旋轴垂直度及同心度偏差应不大于 0.02mm。

3）螺旋叶片补焊或更换后应做平衡校验，重心最大允许偏心距为 25mm。

（9）螺旋升降机构和回转机构链条（或钢丝绳）无断裂，链销无松动，否则必须进行检修或更换。具体要求为：

1）链轮链齿厚度磨损超过 25% 时，应进行更换。

2）主动链轮和从动链轮应在同一平面内，其端面偏差不应大于 1mm。

3）链轮主轴的不平行度允许（指沿轴向）为每米 0.5mm。

4）链条垂度为 $(0.01 \sim 0.015)L$（L 为两链轮中心距）。

5）链轮与链条运行时，应啮合良好，运行平稳，无卡阻和撞击。

6）链轮轴孔与齿根圆之间的径向圆跳动量不应大于 $0.0008d + 0.08mm$ 和 0.15mm 中的较大值。（d 为齿根圆直径）

7）轴孔和齿部侧面的平面部分为参考的轴向跳动值不超过 $0.0009d + 0.08mm$。（d 为齿根圆直径）

（10）液压推杆制动器：

1）制动器各部分动作应灵活，不可有卡住现象。

2）制动器的制动带应符合标准，中部磨损量不大于 1/2，边缘磨损量不大于 1/3，否则应进行更换。

3）检修制动轮时必须用煤油清洗，以保证其摩擦面光滑，无油腻。

4）检修调整后，两瓣制动瓦与制动轮间隙应相同，要求其间隙为 $0.8 \sim 1mm$。

5）制动轮的制动面应光滑，如表面有大于 2mm 的凹陷或沟渡则应将制动轮重新加工或更换。

八、机构的润滑

润滑原则：凡是有轴和孔配合的部位及有摩擦面的机构部分都要按规定定期润滑。润滑注意事项：润滑材料必须清洁，不同牌号的润滑脂不可混合使用，没有注油点的转动部位，应定期用稀油壶点注各转动缝隙中，以减少机构磨损和锈蚀。

（1）润滑油（脂）应用专用的容器盛装，容器、漏斗、油栓等加油用具应保持清洁。

（2）清洗减速机齿轮箱时，应把旧油全部放掉，加入没有至适当高度，正反空转数分钟后放出全部脏油，然后加注新的齿轮油至油标指示高度。

（3）采用滴涂方式润滑的部位（如链条、钢丝绳等），可以用油壶或涂抹进行润滑。

（4）螺旋卸车机各部件润滑表见表 11-21。

表 11 - 21   螺旋卸车机各部件润滑表

润滑部位	油品	润滑周期
减速机	220 齿轮油	24 月
车轮装配及轴承	3 号锂基润滑脂	3 月
齿轮联轴器	4 号合成锂基润滑脂	1 月
液压推杆制动器工作液	25 号变压器油	6 月
制动器接头铰副	40 ~ 50 号机械油	
其他操纵机械活动销轴	车轴油	1 周
滚动轴承	3 号锂基润滑脂	6 月
电动机轴承	3 号锂基润滑脂	5500 小时
传动套筒滚子链	68 号机械油	1 月
升降机构瓦座	68 号机械油	1 月
U 形滑道	68 号机械油	1 周
U 形滑道活动轮	3 号锂基润滑脂	1 周

九、常见故障及处理方法

螺旋卸车机常见故障及处理方法见表 11 - 22。

表 11 - 22   螺旋卸车机常见故障及处理方法

零部件	故障现象	故障原因	处理方法
螺旋	（1）过分磨损及卷边； （2）螺旋不转动； （3）升降不灵活；	（1）螺旋损坏； （2）轴承损坏或链条断； （3）制动器过紧，上下挡轮轴承损坏	（1）更换螺旋； （2）更换轴承或连接链条； （3）调整制动器抱闸，更换轴承
减速机	（1）外壳特别是轴承处发热； （2）润滑沿剖分面流出； （3）减速机在架上振动	（1）轴承发生故障、轴颈卡住、齿轮减速磨损齿轮及轴承缺少润滑油； （2）机构磨损，螺栓松动； （3）联轴器和轴颈损坏	（1）更换脏油，注满新油检查是否正确及轴承情况； （2）拧紧螺栓或更换涂料。用醋酸乙酯和汽油各 50% 洗涮原涂料洗净后重涂液态密封胶，若机壳变形则重新刮平； （3）拧紧螺栓安挡铁

零部件	故障现象	故障原因	处理方法
联轴器	（1）在半联轴器体内有裂缝； （2）连接螺栓孔磨损； （3）齿形联轴器磨损	（1）损坏联轴器； （2）开动机器时跳行：切断螺栓； （3）齿磨坏，螺旋脱落或进走机构停止前进	（1）更换； （2）加工孔，更换螺栓，如孔磨损很大时则补焊后重新加工； （3）在磨损超过15%～25%原齿厚度时更换新的起升机构取用小值
滚动轴承	（1）轴承产生温度； （2）工作时轴承响声大； （3）轴承部件卡住	（1）缺乏润滑油； （2）轴承中有污垢； （3）装配不良，使轴承部件发生损坏	（1）检查轴承中的润滑油量，使其达到标准规定； （2）用汽油清洗轴承，并注入新润滑脂； （3）检查装配是否正确并进行调整，更换轴承
车轮	行走不稳及发生歪斜	（1）主轮的轮缘发生过渡的磨损； （2）由于不均匀的磨损，车轮直径具有很大差别； （3）钢轨不平直	（1）轮缘磨尺寸超过原尺寸的50%时应更换车轮； （2）重新加工车轮或者换新车轮； （3）校直钢轨
液压推杆制动器	（1）制动器失灵； （2）抱不住闸； （3）溜车； （4）制动器抱闸失灵	（1）推杆或弹簧有疲劳裂纹； （2）小轴或芯轴磨损量达公称直径3%～6%； （3）制动轮磨损1～2mm； （4）退矩和弹簧调整不当滚子被油腻堵住，失去自调能力制动轮上有油，自动轮磨损，主弹簧损坏，推杆松动；	（1）更换； （2）更换； （3）重新车制； （4）清除油腻调整限矩、除油、更换

零部件	故障现象	故障原因	处理方法
液压推杆制动器	（5）制动器打不开闸； （6）通电后推杆不动作； （7）电动机工作时发出不正常噪声或均匀发； （8）刹车常磨损过度，发出焦味制动垫片很易磨损	（5）滑道和方轴严重磨损； （6）推杆卡住，网路电压低于额定电压的85%，严重漏油； （7）定子中有错接的项，定子配合下紧密，轴承磨损过载工作，电压过低； （8）制动器失灵，闸块没有和制动轮离开	（5）更换； （6）清除卡涩，提高电压，补充油液修理密封； （7）查接线系统并改正，更换轴承改变工作状态测量电压，电压低于额定电压10%，应停止工作； （8）更换，调整闸瓦与制动轮间隙

第六节　移动式卸料车检修

一、概述

输煤系统的主要任务是将煤炭送入原煤仓的原煤斗供锅炉燃烧使用。原煤仓常用的配煤设备有犁煤器（包括固定式和移动式）、配煤车、移动式皮带机等。本章第二节介绍了犁煤器及其检修，它是固定式的卸料装置，移动式卸料车即移动犁煤器，它是在犁煤器的基础上加以改进，可实现移动卸料，是与带式输送机配套使用的卸料设备，广泛应用于电力、煤炭、冶金、水泥、矿山等行业。以卸煤为例，移动卸料车可沿与带式输送机纵向中心线平行的轨道前后移动，按照工艺流程将煤卸到多个料仓。

移动式卸料车在火力发电厂中用于原煤仓的卸煤分配，结构简单，可靠性高，运行平稳，卸料干净，维修量低且方便，对皮带磨损量小，而且发生输送带溢煤现象较少。配套漏斗锁气挡板，可减缓煤流速度，降低粉尘飞扬。

一般有固定式和可变槽角式两种，固定式为老式，已被可变槽角式逐渐取代。

根据托辊架不同分为摆架式和滑床框架式，摆架式结构较为合理，没有滑道的阻力，所以阻力较小，维护量低。按设备卸料位置分为单侧和双侧，双侧卸料快，主犁刀贴在皮带上，推杆双向锁死，其后有副犁刀，结构紧凑，起落平稳，主副犁配合使用卸煤干净，所以双侧形式使用广泛。按设备安装形式分为左装和右装；按推杆安装形式分为侧推杆和上推杆；按动力形成分为电动、气动和电液，其中电动推杆应用较为广泛。

二、结构及原理

（一）结构

移动卸料车结构与犁煤器类似，犁头增加的锁紧装置为机械拉紧式，可调节犁刀的高低，使得犁刀以最佳工况贴紧胶带。增加了行走机构，电动机通过减速器和链传动机构作用行走驱动轮，行走机构包括行走驱动装置、链轮、链条、行走轮（轴）、行走架、供电系统等，如图 11－28所示。

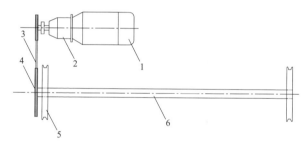

图 11－28　移动卸料车行走机构示意

1—电动机；2—减速器；3—链条；4—链轮；5—行走轮；6—轮轴

（二）工作原理

移动卸料车原理与犁煤器基本相同。固定式犁煤器在每个原煤仓上方均需安装一台，当需要给某一煤仓加煤时，犁煤器放下到位后，上一加煤的煤仓犁煤器抬起，达到给原煤仓加煤目的。移动卸料车可一台机组或者多台机组安装一台，通过行走装置在各煤仓间走行卸煤。移动卸料车虽然增加了行走机构，但减少了安装台数，减少了设备维护量，卸煤均匀。

工作时，电动机运行驱动推杆，带动框架前进，完成犁刀下落过程，同时支撑起托辊组，使托辊组及通过托辊组的皮带工作面由槽形变为平形，犁刀与胶带紧密贴合，将运行的皮带上的煤通过锁气挡板、落煤筒卸入煤仓。部分细小的煤末还留在皮带上，通过副犁刀继续将煤末卸入煤仓。卸料结束，电动机反转驱动推杆，带动框架收回，犁刀抬起，可变槽角托辊组变回槽形，皮带工作面也恢复槽形状态，皮带上的煤流正常通过，不被卸下，也不向外溢煤。

当某一煤仓加煤结束，启动行走机构，将卸料车开至下一煤仓，或抬起犁刀给尾仓加煤。

三、检修

移动卸料车结构比较简单，电动推杆、犁刀磨损，托辊失效，钢构开焊，链轮晃动，链条磨损为常发问题。电动推杆由电动机、减速器、丝杠和螺母构成。电动机经减速器后，带动丝杠和螺母动作，把圆运动转换成直线运动，利用电动机正反转实现犁刀的落和起。推杆的防尘罩需完好，避免煤尘进入推杆运动部分造成故障。检修推杆时应更换套内轴承的润滑脂，一般润滑脂应加到腔室的 40% ~70% 为佳。

（一）检修项目

（1）电动推杆检查、清洗、加油或更换。

（2）检查调整犁刀与胶带的间隙。检查犁刀磨损情况，严重时应更换。

（3）检查推杆的驱动杆有无变形、开裂等。

（4）检查滑动架是否变形严重。

（5）检查定位销、导套磨损情况。

（6）检查各托辊组，损坏应更换。

（7）检查行走机构地脚螺栓有无松动，减速器油位是否正常，有无渗漏。

（8）检查锁气挡板磨损情况，清理积煤。

（9）检查车轮及轮缘的磨损情况。

（10）检查轨道、紧固螺栓及基础，测量两轨道的水平度、中心距。

（二）检修质量标准

（1）解体电动推杆，清洗、加油，齿轮蜗杆磨损严重时应更换。

（2）驱动推杆变形时应修复，如变形严重应更换，驱动推杆动作时，托辊组架运行中无异声和卡涩。

（3）各密封件及防尘罩完整无破损。

（4）犁头磨损到与胶带接触面有 2~3mm 间隙时应更换。

（5）犁煤时犁头与皮带机胶带均匀接触，抬犁时，犁头犁尖与皮带机胶带的距离不小于 350mm。

（6）犁刀下落后犁尖落点与中间托辊中心线重合。机架牢固，犁头在升降操作和运行时不出现晃动。

（7）滑动板要求平直，两滑动板要求平行，不平直度不得超过 2 ~ 3mm，不平行度不允许超出 3mm。滑动架变形严重时应修复。

（8）定位轴与导套应伸缩灵活、无晃动，晃动量超过 0.5mm 时，应更换导套。

（9）发现托辊不转或异声时，打开两端密封装置，检查、加油；损坏时更换；托辊壁厚小于原厚度的 2/3 时应更换。

（10）推杆驱动灵活、可靠，手动用的手轮齐全，与胶带接触良好，不漏煤；犁板平直，不平度不大于 2mm。

（11）行走轮及轮缘磨损在标准范围内，行走无打滑、啃轨。

（12）链传动机构检修质量标准见"第四章 第一节 配煤车检修"。

四、故障及处理

移动式卸煤车常见故障及处理方法见表 11 – 23。

表 11 – 23　　　　移动式卸煤车的常见故障及处理方法

序号	故障现象	故障原因	处理方法
1	犁头与皮带的压紧度过大	推杆限位调整不当	调整推杆限位，减小压紧力
2	犁口与皮带间卡有铁件等杂物	煤中杂物多，犁刀与皮带有缝隙	清除杂物，检修犁刀
3	水平托辊不转	水平托辊轴承损坏或卡涩	更换水平托辊
4	犁刀异常磨损	（1）犁刀使用材料不当；（2）犁刀与皮带过紧；（3）犁刀与皮带间卡有杂物	（1）使用合适的材料；（2）调整犁刀与皮带间紧力；（3）清除犁刀与皮带间杂物
5	两台或多台犁煤器同时使用	（1）程控故障；（2）手动操作失误	（1）检查控制系统；（2）操作人员进行操作，避免失误

序号	故障现象	故障原因	处理方法
6	撒漏煤严重	（1）犁口严重磨损或卡有杂物； （2）犁口不直或与皮带表面接触不良； （3）犁头下降不到位或歪斜； （4）犁口尾部导角太大或无法收拢刮板； （5）皮带表面损坏严重； （6）水平托辊不平或间距过大； （7）皮带向卸料侧跑偏	（1）更换犁口或清除杂物； （2）矫正犁口； （3）调整限位，矫正犁头； （4）减小导角或增装收拢刮板； （5）更换皮带； （6）调整或增加托辊； （7）调整跑偏
7	犁头抬不起来	（1）犁煤器落得太低，螺杆头部轴用挡圈顶脱，大齿轮脱位，大小齿轮不能啮合； （2）螺杆与螺母脱解	（1）解体检修推杆； （2）把犁煤器销子拆掉或抬起犁煤器，盘动电机风叶根部使推杆复位
8	犁头放不下	（1）犁煤器升得过高，推杆螺杆与螺母和缓冲弹簧之间锁死； （2）螺杆头部弹性挡圈被拉脱，大齿轮脱位	（1）手盘动电动机风叶根部让缓冲弹簧螺杆复位； （2）检修推杆
9	犁头升降不灵	（1）电动机烧坏； （2）电动推杆机械部分损坏； （3）连杆机构卡塞； （4）犁头、支架变形	（1）更换电动机； （2）检查、检修推杆； （3）查明原因，消除卡塞； （4）修正犁头、支架
10	电动机声音异常	（1）推杆卡导致电动机过负荷； （2）电动机缺相运行； （3）推杆憋劲	（1）停止操作推杆； （2）电机人员检查； （3）检查机械机构，消除卡涩

第十二章

储煤设备检修

第一节 斗轮堆取料机检修

一、概述

斗轮堆取料机是在我国 20 世纪 60 年代发展起来的新型煤场设备。自 1965 年以来，我国先后设计和制造了 DQ5030 型、DQ3025 型、DQ4022 型、DQ8030 型、MDQ15050 型、MDQ30060 型及 DQ2400/3000.35 型等多种型式的斗轮堆取料机。其中型号前字母 M、D、Q 分别是"门式""堆""取"拼音字母的缩写，前两位或三位数字代表该斗轮堆取料机的取料能力的简写，最后两位数字表示该斗轮堆取料机的回转半径。例如：DQ8030 型"80"表示该机每小时连续取料 800t，"30"表示该机的回转半径为 30m。

二、技术参数

斗轮堆取料机的技术参数见表 12 - 1。

表 12 - 1 　　　　　　　斗轮堆取料机的技术参数

名称	单位	DQ3025	DQ5030	DQ8030	DQ4022	MDQ15050	MDQ30060
堆、取料能力	t/h	取 300 堆 600	取 500 堆 1000	取 800 堆 1200	取 400 堆 500	取 1500 堆 1500	取 3000 堆 3000
物料		煤	煤	煤	煤	煤	煤
物料容重	t/m	0.85	0.85	0.85	0.85	0.85	0.85
料堆高度	m	轨上 10 轨下 -2	轨上 12 轨下 -1.8	轨上 12 轨下 -1.5	轨上 10 轨下 -2	10	14
斗轮直径	m	3.75	5.00	5.20	4.50	6.5	7.1
回转半径	m	25	30	30	22		

名称	单位	DQ3025	DQ5030	DQ8030	DQ4022	MDQ15050	MDQ30060
回转角度	(°)	取料 ±165 堆料 ±110	左右90	取料 ±330 堆料 ±220	360		
行走速度	m/min	30/5	30/5	30/7	取料 28.8-6.6 堆料 18.6	30/5	20/5
带宽 带速	mm/ (m/s)	1000/ 2.50	1000/ 2.50	1200/ 3.15	1000/ 2.00	1200/ 3.15	1600/ 3.15
轨道中心距	m	5	6	6			
轮压	kN	210	310	300	320	300	300
总功率	kW	147.0	235.7	220.7	170.0	465	
整机重量	t	147	260	253	160	220	350~400

三、主要部件及结构

斗轮堆取料机主要由金属构架、进料皮带机（尾车部分）、悬臂皮带机、行走机构、斗轮及斗轮装置、俯仰液压机构等组成。

（一）金属构架

金属构架是由门柱、门座架、臂架、转盘和行走装置等组成。

门柱由箱形钢板焊接而成，它的前部装有悬臂架，后部装有配重箱架，其间采用铰接。

门座架为四支腿门架结构。门座架的四支腿分别与两台驱动台车和两台从动台车连接，下面分别装有四组行走轮对，其中两组为主动轮对，由台车上的驱动装置驱动行走；另外两组为从动轮对。门座架上部分别有右侧平台和左侧平台，顺着轨道对接，以铆钉铆接成一个平台，支腿和平台连接成为一体。

臂架为三角形结构，与门柱铰接。臂架上为悬臂输送机架构。

转盘是连接回转轴承以下门座架行走机构和门柱、臂架、配重箱架的大型钢结构件，为圆形结构。

（二）进料皮带机

进料皮带机位于机器的后部，由两条交叉皮带组成，其中一条头部向着机器中心，斜方向布置，由电动滚筒驱动；另一条皮带顺着轨道布置，即为布置于煤场上的主皮带运输机。前一条皮带的松紧程度是由丝杠式拉紧装置调整拉紧行程，后一条皮带的松紧程度是由煤场主皮带机尾部的车式拉紧装置调整松紧行程，有的拉紧装置布置在机器的一侧。为了防止皮带的跑偏，在两条进料输送皮带上安装有锥形调心托辊或可逆式锥形托辊。

DQ8030 型斗轮堆取料机的进料皮带机位于尾车上，该皮带机的胶带是煤场主皮带机上胶带的一部分。它依靠尾车上的两组液压缸的作用，完成俯仰动作，保证斗轮取料机的堆料和取料功能的发挥。

（三）悬臂皮带机

它装在悬臂板梁构架上，为斗轮堆取料机堆料作业和取料作业装置的重要组成部分。它由一台大功率的电动滚筒驱动，其接紧装置位于悬臂和门柱铰接处，有重锤形式的拉紧装置，也有液压作用拉紧装置。当悬臂皮带输送机正转时，可以将进料皮带输送机来的煤通过输送机头部堆往煤场。当斗轮从煤场取煤时，悬臂皮带输送机反转，将斗轮取到的煤经堆取料机中心的落煤筒送往煤场的主皮带机。

（四）斗轮及斗轮装置

DQ5030 型斗轮为闭式结构，DQ8030 型斗轮采用半格式结构。运行证明，半格式斗轮在煤场作业中运行平稳，效率高，卸料好。斗轮的边缘均焊有耐磨的斗齿，它可以在冬季破碎煤堆表面不大于 100mm 的冰冻层取煤。斗轮驱动装置由内曲线液压马达、轴向柱塞变量油泵等组成。斗轮位置于悬臂梁的一侧，借助溜煤板将斗轮旋转工作时挖取的煤连续不断地供给悬臂皮带输送机，通过煤场主皮带，送往输煤系统。

（五）悬臂俯仰机构

俯仰机构由双作用油缸、三位四通电液换向阀、溢流阀和齿轮油泵及节流阀所组成的开式油系统。斗轮堆取料机的悬臂梁以主门架上的铰座销为回转中心上下俯仰。取料高度为：轨道平面以上 12m；轨道平面以下 1.5m；堆料高度从轨道平面往上可堆高 12m。悬臂梁的动作由电动机带动齿轮油泵产生的高压油，经三位四通电液换向阀进入油缸，通过俯仰的双作用油缸来控制。

（六）回转机构

斗轮堆取料机的回转机构是由连接门座和转盘的大型交叉滚子轴承及

安装在转盘的回转蜗轮减速机、内曲线液压马达、变量油泵、三位四通电液换向阀等组成。电动机带动变量油泵工作，产生高压油，通过三位四通换向阀作用于内曲线油马达，由内曲线液压马达回转通过蜗轮蜗杆减速机，使回转小齿轮围绕大型交叉滚子轴承外齿圈作左右旋转，从而使悬臂根据工作需要做相应的旋转。

（七）行走机构

它是由两台驱动台车和两台从动台车组成，驱动台车上装有双速电动机。电动机启动，通过三级立式减速机带动主动车轮运转，主动轮通过齿轮带动两行走轮同时转动，从而使整机在轨道上前后行走。斗轮堆取料机在空车来回调车时，空车走行速度可达 30m/min；在堆取料作业时，走行速度为 5m/min。

（八）操作室

操作室为斗轮堆取料机的中枢，机构的每一动作，均由运行人员在操作室控制，操作室与立柱相固定，由操作盘、操作仪表、控制设备及配电屏等组成。控制室应视野宽阔，有良好的采光，并配备有空气调节器，使操作人员能有一个良好的工作条件。操作室配有电话，可与主控制室联系启停的操作。

（九）夹轨装置

它由操作室顶上的风速仪与自动夹轨器组成，夹轨器由减速电动机、伞形齿轮组、主轴、钳夹等组成。当风速超过允许风速时，风速仪与控制仪表相连通，使夹轨器自动动作，夹住轨道，防止在刮大风时设备沿着轨道滑移。此时，全机电源中断。

（十）受电装置

斗轮堆取料机的受电设施是地沟滑线，它布置于主机的一侧地沟内。滑动架与主机相连接，滑动架上装有滑动炭刷。主机移动时，滑动炭刷支架随主机而动，炭刷支架由于弹簧的作用，始终与滑线相接触。采用炭刷，通电效果好，可减少滑线的磨损，也便于维护更换。

（十一）液压系统

由齿轮油泵、溢流阀、三位四通电液换向阀、节流阀、双作用油缸等构成开式油路俯仰液压系统。

由 7ZXB732、内曲线液压马达、溢流阀、压力继电器等构成闭式油路斗轮液压系统。

由 7ZXB732、三位四通电液换向阀、内曲线马达、溢流阀等构成闭式油路回转液压系统。

由齿轮油泵、溢流阀、压力继电器构成开式油路液压补油系统。

四、检修项目及检修工艺

(一)金属架构的检修项目及检修工艺

1. 检修项目

(1)架构的焊缝：应每年检查一次，对重点焊接部位应每季度检查一次。

(2)架构的铰接部位：需每年检查一次，对连接轴、固定挡片和固定螺栓等应详细检查。

(3)架构的整体部分：应每年检查一次，重点部位应每月检查，检查有无变形、扭曲和撞坏等。

(4)楼梯、平台和通道：要随时检查其是否完好。

2. 检修工艺

(1)对于金属架构开焊部位，要及时进行补焊。焊缝缺陷要挖尽挖透，并严格按焊接、热处理工艺进行补焊。

(2)对铰接部位的连接轴、固定板和固定螺栓，应保证完好无损，发现缺损应及时进行修复或补齐。

(3)对有缺陷的架构整体，应及时进行修复，对扭曲、变形应及时进行修整或更换。

(4)对于楼梯、平台和通道要随时检查，发现缺陷及时消除。

(5)对在检修中拆除的栏杆及平台上的开工孔洞，要采取必要的安全措施，检修后要及时予以恢复。

(6)在承载梁及架构上开挖孔及进行悬挂、起吊重物或进行其他作业时，要经有关专业工程师批准，必要时进行载荷的校核。

(7)为防止金属架构锈蚀，应每两年刷一次油漆。刷漆前要首先认真进行清污除锈，底漆刷防锈漆，面漆刷两遍调和漆。

(二)行走机构的检修项目及检修工艺

1. 检修项目

(1)检查基础及轨道，测量并调整两轨道的水平度、中心距及坡度，检查紧固螺栓。

(2)检查行走轮、轴、轴承、轴承座、传动齿轮的磨损情况，必要时更换。

（3）三级立式减速机解体检修。

1）检查齿轮、轴的磨损情况；

2）检查轴承的磨损情况；

3）检查、修理或更换磨损件；

4）检查柱塞泵、单向阀的磨损情况；

5）检查、补充或更换减速机内润滑油；

（4）检修减速机电动机。

（5）检修减速机传动联轴器、制动器。

（6）检查、紧固行走部分各部位螺栓。

2. 检修工艺

（1）基础无裂纹及其他明显异常，轨道螺栓紧固。

（2）检查轴承。打开轴承两端压盖，将原有润滑脂清洗干净，并用汽油或煤油冲洗干净，测量轴承间隙，检查轴承完好情况，对有缺陷或磨损超限的轴承予以更换。检查轴端螺母的紧固情况，松动的应重新紧固。检查加油嘴，不良的油嘴应更新。确认无问题后，向轴承壳内加注钙基润滑脂，紧固轴承压盖。

（3）拆检游动轮。

1）将轴承盖和内侧卡轴挡板螺栓拆掉；

2）拆出游动轮组；

3）拆开轴端紧固螺母，拆下外端透盖，用专用工具将轴压出；

4）将两盘轴承的另一个轴承压盖拆下；

5）检查轴承磨损情况，测量轴承间隙；

6）清理、疏通轴内油道；

7）清理、检查游动齿轮；

8）检查密封圈及加油嘴，向轴承内注 3/4 腔润滑脂，并按拆开的相反顺序组装。

（4）检查、清理主动车轮上的大齿圈，清理完毕后涂以干净的润滑脂。

（5）检查轴承座、轮与齿圈间的紧固螺栓情况。对磨损超限或有伤痕的部件应予以更换。

（6）检查轮缘的磨损情况。

（7）立式减速机的拆出。

1）用吊车通过减速机头部的起吊环将减速机垂直吊住，钢丝绳应微吃力；

2）拆开低速轮轴承闷盖，松开紧固螺母；

3）取出减速机耳环上的柱销；

4）将减速机从驱动轴上取下。

（8）柱塞油泵的检查。

1）检查油泵的磨块，超过极限的磨块应更换；

2）检查滤网，破损的滤网应予以更换，过滤细度一般为 80～120 目；

3）检查钢球，对已锈蚀、出现斑痕的钢球应予以更换；

4）检查各弹簧，对已变形、损伤严重、或因锈蚀过度造成刚度降低的弹簧应予以更换，表面锈蚀应清除；

5）用反向灌油的方法检查钢球与密封是否漏油，若有漏油现象，用专用工具进行研磨。

（9）减速机的检修。

1）拆卸机壳连接螺栓，将机壳吊起，放于垫板上；

2）打开减速机盖，用塞尺或压铅丝的方法测量轴承间隙，并做好记录；

3）将齿轮清洗干净，用千分表和专用支架测定齿轮的轴向和径向晃动度，检查齿轮在轴上的紧固情况；

4）观察齿轮啮合情况和检查齿轮的磨损情况，有无裂纹、脱皮、麻坑、掉齿及其他异常现象；

5）用塞尺或压铅丝的方法测量齿顶、齿侧的间隙，并做好记录；

6）用齿形样板检查齿形，判断轮齿磨损和变形程度；

7）检查平衡重块有无脱落，重块位置是否正确。

（10）减速机的整体组装。

1）垂直吊住减速机，将减速机低速轴套在驱动轴上，用专用套管打入，紧固固定螺母，锁紧上退垫，减速机低速轴轴承用压盖固定；

2）将两个柱销装入耳环，减速机的垂直位置已由主动轴固定，柱销不允许减速机横向受力；

3）回装油泵输油管路，加入润滑油；

4）齿轮联轴节找中心，抱闸就位。

3. 检修技术质量标准

（1）齿轮联轴器找正，要求其不同心度、径向位移小于 0.3mm，倾斜角小于 0.5°。

（2）三级立式减速机各轴承的轴向间隙见表 12–2。

表 12 – 2 三级立式减速机各轴承的轴向间隙 mm

轴　径	$\phi45$	$\phi60$	$\phi95$	$\phi190$
最大间隙	0.13	0.15	0.18	0.22
最小间隙	0.05	0.06	0.07	0.12
轴承型号	7509	7512	7519	7138

（3）减速机各级传动齿轮的齿侧间隙：高速齿轮 0.12～0.18mm，低速齿轮 0.15～0.26mm。

（4）减速机各齿间啮合情况：沿齿高方向啮合面积大于或等于 45%；沿齿长方向啮合面积大于或等于 60%。

（5）齿侧间隙：一级为 0.12～0.20mm，二级为 0.14～0.25mm，三级为 0.16～0.30mm。

（6）低速轴孔与驱动轴：锥度 1：10，粗糙度为 $\frac{3.2}{\sqrt{}}$，键与轴的配合为 H7/h6。

（7）油泵柱塞和柱塞孔的配合间隙为 0.01mm～0.02mm。间隙超过 0.1mm 时，必须更换柱塞。柱塞和柱塞孔的粗糙度为 $\frac{0.4}{\sqrt{}}$。

（8）油泵的磷锡青铜磨块磨损超过 2mm 时应更换。

（9）油泵的滤网完整、清洁，进出油口无反向泄漏，喷头在运转中能正常、连续地喷油。

（10）试验要求：齿轮啮合平稳，声音正常，各处无渗漏油现象，刹车灵活可靠，减速机温度不超过 60℃，振动不大于 0.15mm。

（11）轨道应牢固地固定在基础上，各螺栓不应松动。轨道的普通接缝为 1～2mm，膨胀缝为 4～6mm，接头两轨道的横向和高低偏差均不得大于 1mm，轨道的平直度应小于 1/1000。

（12）主动、从动轮组和行走轮各轴承完好无损，间隙符合下列要求：3526 轴承 0.06～0.10mm；316 轴承 0.015～0.04mm。内侧轴承不应有轴向间隙，出轴侧应留有轴向间隙 1～1.5mm，两角轴承座内边的间距应保证 480mm（H8/h8）。轴承箱两支承面与车轮中心线的两垂直平面的平行度不应超过 ±0.08mm。

（13）装配后的车轮应转动灵活。主动车轮的轮齿啮合应符合下列标准：

1）齿顶间隙 2.5mm；

2）齿侧间隙 0.5～0.6mm；

3）啮合斑点所分布的面积：沿齿高方向大于40%，沿齿宽方向大于60%。轮缘无局部严重磨损，且各轮缘磨损程度基本相同，轮对在运转时与其他部件不摩擦，各车轮直线偏差小于或等于2mm。

（三）夹轨器的检修项目及检修工艺

1. 检修项目

检查闸瓦的损坏和螺栓的断裂情况，以及其他丝杠、套、弹簧的磨损情况，及时更换。

2. 检修工艺

（1）依次拆下防尘罩、减速电动机、限位开关，拆下架体与从动车轮上的连接螺栓，将夹轨器吊下，送至检修间。

（2）拆下主轴螺母与滑块间的四条螺栓，将钳夹取出。

（3）拆下空心螺栓，取出挡圈，从主轴上拆下伞形齿轮、手轮及主轴螺母。

（4）拆下钳夹上所有的铰接销轴，拆下闸瓦。

（5）清洗各部件。

（6）检查伞形齿轮轮齿的磨损情况，检查其键槽的完好情况。

（7）检查主轴。

1）轴的弯曲度；

2）梯形螺纹的磨损情况；

3）键及键槽的配合情况；

4）彻底清理、疏通空心油管；

（8）检查与主轴配合的两铜套的磨损情况。

（9）检查手轮有无裂纹及键和键槽的配合情况。

（10）检查主轴螺母铜套螺纹的磨损情况及主轴螺母及滚轮的完好情况。

（11）检查钳夹铰接处各销轴、销孔的磨损情况，磨损超限的销轴应更换。

（12）检查闸瓦的磨损及完好情况。

（13）检查涡卷弹簧是否有裂纹或严重脱皮，用加压法测量弹簧的刚度。

（14）清洗、检查、修理完毕后进行组装，组装和就位可按相反的拆卸顺序进行。

（15）各绞接处的销轴、销孔、涡卷弹簧、主轴螺母等在装配中应涂少量润滑脂。

（16）用涂红丹粉的方法检查伞形齿轮啮合状况。如果啮合不良，齿顶、齿侧间隙过大或过小，啮合斑点偏向大端或小端，可采用调节减速机或限位开关底座衬垫的办法解决。调节好后在轮齿上涂以润滑脂。

（17）利用手轮升降夹轨器，按要求调节限位开关的行程。

（18）通过黄油嘴向主轴螺母铜套内及主轴轴瓦腔内加注润滑脂。

（19）进行试运。

3. 检修质量技术标准

（1）伞形齿轮。

1）齿轮无裂纹，伞齿无其他明显异常，轮齿磨损应小于原齿厚的 20%。

2）大端齿顶间隙为 1mm，啮合线在节圆线上；

3）啮合斑点沿齿高和齿宽方向均大于 40%，且啮合接触不得偏向一侧。

（2）主轴。

1）主轴的弯曲度小于全长的 1/1000。

2）主轴梯形螺纹部分应完好，无断扣、咬扣、斑剥等缺陷，磨损应不大于标准规定。

3）空心油道清洁、畅通。

4）主轴与铜套的配合为 D4/d4（H9/h6）。

5）主轴与手轮的配合：轴与孔 D4/gc（H9/k6），轴槽与键 Jz/d4（H8/h8）。孔槽与键 D4/d4（H9/h8）。

6）主轴与伞形齿轮的配合：轴与孔 D/gc（H7/k6），轴槽与键 Jz/d4（H9/h8），孔槽与键 D4/d4（H9/h8）；

（3）主轴螺母。

1）螺纹完好无损，磨损量小于原螺纹厚度的 1/3，否则应予更换；

2）螺母衬套与螺母体配合紧密，无松动，定位销螺栓紧固，且与端面平齐；

3）螺母体应完好无裂纹，螺孔中螺纹无损伤；

4）装在螺母中间爪子上的辊子应转动灵活，且无局部磨损；销子完整无弯曲。

（4）连接主轴螺母和滑块的四条螺栓。

1）无断裂、弯曲和其他明显损伤；

2）在主轴螺母上固定牢靠，四条螺栓长短一致；

3）当螺栓头与滑块接触时，涡卷弹簧应为自由状态（无预压缩量），

且弹簧上端面与主轴螺母下端面无间隙;

4）螺栓头部应涂以明显的颜色,以便检验涡卷弹簧的压缩量。

（5）钳夹各销轴应灵活而无松动,定位销牢固可靠且平整,各销轴与孔的配合均为 D4/dc4（H9/f9）。

（6）两闸瓦平行且高低一致;闸瓦沿销轴应有一定的活动量,以便增加适应能力。新换的闸瓦除应满足几何尺寸外,其表面硬度应为RC28～32。

（7）涡卷弹簧。

1）表面无裂纹,两端面平行,自由高度 h 的差小于 5mm;

2）弹簧刚度标准要求见表 12 - 3。

表 12 - 3　　　　　　　　弹 簧 刚 度 标 准

压力（N）	0	8000	15000	22000	25000
弹簧高度（mm）	118	115.5	93.1	85.5	84

（8）限位开关的调节行程应符合以下规定。将涡卷弹簧压缩 30mm 时是为下限点,将主轴螺母由下限点上行 184.9mm,定为上限点。

（9）各润滑点和防锈蚀部位全部涂注钙基润滑脂。

（10）各结合螺栓紧力均匀可靠,密封罩完整无变形,导轨槽平直光滑;行程指示牌完整、鲜明,

（11）试运。夹轨钳制动器（电动、手动）灵活可靠,限位开关动作准确,伞齿轮啮合平稳,无异常噪声。

（四）油缸的检修项目及检修工艺

1. 检修项目

（1）检查密封件的磨损情况,磨损严重的应更换。

（2）各部位螺栓的检查与更换。

（3）检查活塞皮碗,损坏或老化时应更换。

（4）活塞杆的检查。

（5）缸体的检查。

（6）检查轴承座,必要时进行更换。

2. 检修工艺

油缸不得漏油,油封保证完好;连接部分牢固,活塞杆不得有弯曲、损坏、裂纹;活塞与缸体表面应光滑,不得有拉毛;螺栓不得有松动,焊缝不得有裂纹;皮碗不得有纵向深槽,磨损不大于 0.5mm;活塞要保持光

洁，不得有因油内杂质磨成的毛刺，粗糙度要求在 $\overset{0.8}{\bigtriangledown}$ 以下；缸体不得有明显的毛刺，粗糙度保证在 $\overset{0.8}{\bigtriangledown}$ 以下。

3. 技术标准

活塞泄油孔必须畅通；起导向作用的轴套粗糙度要求在 $\overset{0.8}{\bigtriangledown}$ 以下，活塞杆与轴套之间为动配合，其最大间隙为 0.11mm，最小间隙为 0.04mm；装配后应保证各部件运动灵活，无卡涩现象，活塞皮碗和缸体紧力不应太大；充压力油后，无内部和外部泄漏。

（五）轴向泵的检修项目及检修工艺

检查轴承、活塞、缸体、缸体与配流盘、卡瓦与销子、各密封件的磨损情况；蝶形弹簧及其他零件的检查。

1. 检修工艺

（1）泵体必须与主轴同心，可调整轴承垫片来保证同心度，不同心度不得大于 0.03mm，活塞和缸体的间隙为 0.02～0.03mm，不得大于 0.06mm，圆柱度不得超过 0.10mm，圆度不得超过 0.10mm；

（2）缸体与配流盘的接合面要求平整，粗糙度在 $\overset{0.8}{\bigtriangledown}$ 以下；

（3）蝶形弹簧的紧力要求压缩弹簧 0.30～0.40mm；

（4）活塞与缸体之间要求转动灵活，间隙符合标准，接触面要求均匀；

（5）各密封件应当密封完好，无泄漏；

（6）油封与转动轴相结合处的紧力不能太大，防止轴被磨损；

（7）各接合面保持平整，可用加垫片来调整，紧固螺栓用力要均匀，保证不泄漏；

（8）检修完毕后，主轴能灵活转动，后泵体能左右轻微地摆动，并要求壳体内加满油，备用油泵泵体内也要注满油，以防锈蚀；

（9）联轴器的找正，对回转油泵，要求径向 0.10mm，轴向 0.18mm，对斗轮油泵，要求径向 0.05mm，轴向 0.11mm。

2. 技术标准

外观整洁，无油垢和煤粉，各接合面及油封不漏油；运转声音正常，振动不超过标准（斗轮油泵，≤0.03～0.06mm，回转油泵，≤0.04～0.07mm），油温不超过 60℃；不允许反向旋转。

（六）液压马达的检修项目及检修工艺

1. 检修项目

（1）检查和检修壳体、活塞。

（2）检查密封件及涨圈的磨损情况，磨损严重或变形时应更换。

（3）检查缸体的磨损情况。

（4）检查曲轴轴瓦的磨损情况，必要时更换。

（5）检查轴承，必要时更换。

2. 检修工艺及质量标准

（1）涨圈不得有损伤及棱角。装配时相邻两胀圈的开口位置应相错180°。

（2）活塞与活塞孔的间隙应在0.01～0.02mm范围内。

（3）检查活塞与活塞孔时，对拆出的液压马达要在柱塞和其孔口旁边做好对位标记。

（4）曲轴两边推力轴承的轴向间隙为0.05～0.10mm。

（5）转阀与阀套的间隙要求在0.015～0.025mm，转阀不得破损。

（6）十字接头两边的转阀与曲轴不能任意变换，否则将会使液压油马达出现反转现象。

（7）缸体的内表面磨损不得超过0.05mm，且不能有沟槽。

（8）活塞与活塞杆的连接应转动平稳灵活，且无晃动。

（9）活塞杆与其下部曲轴结合处的乌金瓦应无损伤及其他明显缺陷。

（10）油封磨损后需调整缩紧弹簧时，不能紧力过大，以免磨轴，当胶圈失去弹性时应更换。

（11）各结合面应保持平整，必要时可以涂漆片。

（12）检修中必须保持清洁，不允许有任何污物落入油马达内。

（13）检修后，油马达用手能灵活盘转，将润滑油加满。

（14）检修好的备用液压油马达，也要将油注满，以防锈蚀。

（七）齿轮油泵的检修项目及检修工艺

1. 检修项目

（1）检查各接合面、密封件、壳体，必要时进行修理或更换。

（2）检查轴承，必要时进行更换。

（3）检查侧板。

（4）检查齿轮。

2. 检修工艺

（1）若只有一个齿轮被磨损，进行修复时，应使两齿轮厚度差在0.05mm范围之内，且垂直度与平行度误差不得大于0.05mm。

（2）齿轮的装配间隙：轴向间隙，应在0.05～0.08mm之间；径向间隙，应在0.03～0.05mm之间。

（3）要求齿顶与箱体内孔之间的间隙在0.15～0.20mm之间。

第十二章 储煤设备检修

（4）键与链槽的配合。键与轴上键槽的配合为 H9/h9 或 N9/h9 装配时可用铜棒轻轻打入，以保证一定的紧力。键与轮毂键槽的配合应为 D10/h9 成 Js/h9，装配时应轻轻推入轮毂键槽。键装完后，键的顶部与轮毂的底部不能接触，应有 0.2mm 左右的间隙。

3. 检修质量技术标准

（1）外壳无裂纹及其他明显损伤，不漏油。

（2）密封件不渗漏。

（3）轴承不得有压伤、疤痕等缺陷。

（4）侧板的表面不能有损伤。

（5）检修后，表面应光洁，无油垢、煤粉。

（6）检修后，齿轮油泵能用手灵活转动。

（7）试转时，应确认转向正确、无噪声。

（8）振动值应不超过 0.03mm～0.06mm。

（八）回转系统的检修项目及检修工艺

1. 检修项目

（1）检查液压系统、泵、马达、管道阀门等，必要时进行更换。

（2）检查 1797/3230Gzy 推力向心交叉滚子轴承的润滑情况，必要时进行检修。

（3）检查大齿圈与啮合小齿轮的啮合、磨损情况，必要时调整或更换小齿轮。

（4）蜗轮减速机解体检修。

1）检查蜗轮减速机的啮合、磨损及润滑情况，必要时对蜗轮、蜗杆进行修理或更换；

2）检查各轴承的润滑、磨损情况，必要时更换轴承；

3）更换减速机内润滑油。

（5）检查减速机下部开式齿轮的磨损及啮合情况，必要时进行调整或更换齿轮。

（6）检查传动轴套及轴承的润滑与磨损情况，必要时更换传动轴套及轴承。

（7）检查紧固回转系统的各部螺栓，必要时进行更换。

2. 检修工艺

（1）蜗轮减速机的拆装及工艺要求。

1）将蜗轮减速机的所有连接螺栓与液压马达的管接头拆开，用吊车将蜗轮减速机箱连同液压马达一起吊下放置在检修场地的平面上，下座用枕木垫起，避免蜗轮轴触地。

2）用吊车以适当的力吊住液压马达，拆除液压马达与蜗轮减速机壳之间的紧固螺栓，用两把改锥从接合缝处对称别撬，使液压马达与蜗轮减速机壳脱开，将马达吊至合适位置放下进行检修。

3）拆下箱盖，利用蜗轮辐板上的孔将蜗轮连同轴、轴承一同吊出，置于合适位置，检查蜗轮轮齿的磨损情况。若磨损超过规定要求，应更换齿圈。在拆装齿圈的过程中，要注意定位销的拆卸及定位孔的配制工艺。

4）检查轴承磨损、轴承内套及轮毂在轴上的紧固情况和轴承外套在孔中的配合情况。检查透盖密封毛毡的磨损情况，对磨损严重者应按规定要求进行更换。

5）拆出蜗杆。检查蜗杆齿面磨损情况，检查蜗杆轴承磨损情况。

6）清理箱体，注意污物及棉纱头不能留在箱体内。

7）与拆开相反的顺序，回装蜗杆、蜗轮。考虑轴承的磨损，每次必须采用轴承套压铅丝的方法测量其间隙，并调整轴承套与箱壳间的垫片，以保持蜗杆两端轴承的间隙。

8）由于蜗轮下部支承轴承的磨损，可能会造成蜗轮下沉，致使蜗杆、蜗轮的轴线发生偏移，可采用样板靠在蜗轮侧面上并用塞尺测量其间隙，两边间隙应相同。如果不相同，可通过下端轴承压盖与箱壳间的垫片进行调整。轴承的轴向间隙通过上轴承盖与箱壳间的垫片进行调整。

9）蜗轮上部轴承应加钙基润滑脂，否则轴承在运转中无法得到润滑。

10）用千分表测量蜗轮蜗杆轮齿间的侧隙。将千分表磁力座固定在箱壳上，表针压在蜗杆的一端面上，卡住蜗轮不动，盘动蜗杆。从一死点到另一死点蜗杆轴向移动量即为侧隙。可通过蜗杆转过的角度值，根据蜗杆的导程来换算侧隙值。

（2）传动套轴的拆装工艺。

1）拆下小齿轮端部压盖，用专用工具拆下小齿轮；

2）拆下轴承支座与回转平台部分的紧固螺栓，用钢丝绳吊出传动套轴；

3）将传动套轴平放，拆去两端轴承压盖，使轴从套中退出；

4）检查两端轴承，对不符合要求的轴承予以更换；

5）检查各密封件是否磨损；

6）检修完毕后进行回装，回装顺序与拆卸顺序相反，两轴承应加一定的润滑脂；

7）特别要注意两端推力轴承的安装，两个外套不能互换，安装的顺序也不同，对于上端轴承应先装外套，而下端的轴承则应后装外套，并要注意调整好轴承的间隙；

8）最后将齿轮装好，压盖压牢，并检查齿轮啮合情况。

（3）推力向心交叉滚子轴承。

由于轴承转速很低，若无大的问题（如滚动有异音及滚道严重磨损），一般不需要更换，但必须对其进行定期检查维护和加油润滑。

1）清扫落在齿圈上的煤粉，清理齿上的旧黄油，并加注新的黄油，以保证正常润滑；

2）检查轴承的内、外圈紧固螺栓，若有松动要紧固牢靠；

3）检查轴承整体与转盘的固定螺栓，若有松动要予以紧固；

4）检查固定在齿圈上的密封胶皮，如有损坏或磨损，要及时更换。

3. 检修质量技术标准

（1）蜗轮蜗杆侧隙为 0.15～0.3mm。

（2）蜗轮轴承间隙为 0.10～0.2mm。

（3）蜗杆轴承间隙为 0.15～0.3mm。

（4）蜗轮蜗杆的接触面积在齿高和齿宽方向应大于或等于 55%。

（5）回转泵振动应小于或等于 0.07mm，声音正常，轴承温度小于 70℃。

（6）液压系统不漏油，油温小于 60℃。

（7）回转速度符合取料要求。

（8）换向灵活，冲击力小。

（9）传动套轴两端轴承应保证 0.2～0.3mm 间隙，轴承与轴的配合为 K6，与孔的配合为 K7。

（10）传动轴与蜗轮轴的径向偏差小于 0.5mm。

（11）转动套轴两端应留有 10mm 的间隙。

（12）小齿轮（$m = 25$，$z = 18$）与轴为花键配合，各个尺寸公差配合要求为 $\phi200H8$、$\phi180H12$、30D9。

（13）小齿轮与大齿圈之间接触面积在齿高方向不小于 30%，在齿长方向不小于 40%，齿侧间隙为 1.5～2mm，齿顶间隙为 6.25mm。

（14）蜗轮轮心无裂纹等损坏现象。青铜轮缘与铸铁轮心配合，一般采用 H7/s6。当轮缘与铸铁轮心为精制螺栓连接时，螺栓孔必须绞制，与螺栓配合应符合 H7/m6。

（15）蜗轮齿的磨损量一般不准超过原齿厚的 20%。

（16）蜗轮与轴的配合，i 一般为 H7/h6，键槽为 H7/h6。

（17）蜗杆齿面无裂纹毛刺。蜗杆齿形的磨损，一般不应超过原螺牙厚度的 20%。

（18）装配好的蜗杆传动在轻微制动下，运转后蜗轮齿面上分布的接触斑点应位于齿的中部。

（19）装配齿顶间隙应符合 $0.2 \sim 0.3 m_t$（m_t 为蜗轮端面模数）的计算数值。

（20）轴应光滑无裂纹，最大挠度应符合图纸的有关数值，其圆锥度、圆柱度公差应小于 0.03mm。

（21）端盖与轴的间隙应四周均匀，填料与轴吻合，运行时不得漏油。

（22）上盖与机座结合严密，每 100mm 范围内应有 10 点以上的印痕，均匀分布，未紧螺栓前用 0.1mm 的塞尺塞不进去，且结合面处不准加垫。

（九）斗轮系统的检修项目及检修工艺

1. 检修项目

（1）检查油泵、油马达及液压系统的其他部件，必要时进行更换。

（2）检查斗轮传动轴、齿轮的磨损及润滑情况，必要时更换齿轮或轴。

（3）检查各部轴承的磨损及润滑情况，必要时更换轴承。

（4）检查斗轮体、斗子、斗壳的磨损情况，必要时整形或挖补。

（5）检查斗齿的磨损情况，及时修理或更换。

（6）检查斗轮减速机及机壳的严密性，消除渗、漏油。

（7）检查溜煤板的磨损情况，磨损严重造成取煤量降低的溜煤板，应修补或更新。更换的溜煤板应符合图纸要求，表面平整、光滑。

2. 检修工艺

（1）将齿轮清洗干净，检查齿轮的磨损情况和有无裂纹、掉块现象，轻者可修整，重者需更换。

（2）用千分表和专用支架测量齿轮的轴向和径向晃动度。如不符合质量要求，应对齿轮和轴进行修理。

（3）转动齿轮，观察齿轮啮合情况和检查齿轮有无裂纹、剥皮、麻坑等情况，并检查齿轮在轴上的紧固情况。

（4）用塞尺或压铅丝的方法测量齿顶、齿侧的间隙，并做好记录。

（5）用齿形样板检查齿形。根据检查结果，判断轮齿磨损和变形的程度。

（6）斗子、斗壳磨损造成漏煤时，应更换；斗齿磨短时，要补齐；

斗齿头部磨损超过 1/2 时，应更换。

（7）溜煤板磨损严重造成取煤出力降低时，应当修整或更换。

3. 检修质量技术标准

（1）齿顶间隙为齿轮模数的 0.25 倍。

（2）齿轮轮齿的磨损量超过原齿厚 25% 时，应更换齿轮。

（3）齿轮端面跳动和齿顶圆的径向跳动公差，应根据齿轮的精度等级、模数大小、齿宽和齿轮的直径大小确定。其中一般常用 6、7、8 级精度，齿轮直径为 80～800mm 时径向跳动公差为 0.02～0.10mm；齿轮直径为 800～2000mm 时径向跳动公差为 0.10～0.13mm；齿宽为 50～450mm 的齿轮端面跳动公差为 0.026～0.03mm。

（4）齿轮与轴的配合，应根据齿轮的工作性质和设计要求确定，键的配合应符合国家标准，键的顶部应有一定的间隙，键底不准加垫。

（5）滚动轴承不准有制造不良或保管不当的缺陷，其工作表面不许有暗斑、凹痕、擦伤、剥落或脱皮现象。

（6）斗轮液压马达运转声音正常，斗轮运转平稳，轮斗内无积煤。

（7）斗子转速达到额定转速，取煤量达到额定出力，斗轮转向正确。

（8）斗轮泵振动小于或等于 0.06mm，减速机振动小于或等于 0.10mm。

（9）压力保护要求动作灵敏，动作压力要求在规定范围内。

（10）溢流阀压力应在规定压力范围内。

（11）轴承温度小于 70℃，油温小于 60℃。

（12）各部连接螺栓齐全、紧固。

（13）现场要求整洁，液压系统不漏油。

（14）皮带出力达到标准。

（十）阀类的检修项目及检修工艺

1. 溢流阀

在泵启动和停止时，应使溢流阀卸荷。调整压力后，应将手轮位置固定，所调的工作压力不得超过系统最高压力；油液要保持清洁，防止杂质堵塞节流孔。溢流阀的使用与维修如下：

（1）溢流阀动作时要产生一定的噪声，安装要牢固可靠，以减小噪声，避免接头松漏。

（2）溢流阀的回油管背压应尽量减小，一般应小于或等于 0.2MPa。

（3）油系统检修后初次起动时，溢流阀应先处于卸荷位置，空载运转正常后再逐渐调至规定压力，调好后将手轮固定。

（4）溢流阀调定值的确定。溢流阀作纯溢流时（如补油系统），系统工作压力即为调定压力。溢流阀作安全阀用时，其调定值一般按说明书规定。如说明书未做具体规定，必须掌握调定压力不得超过元件和管路所能承受的最大压力。如果系统工作压力远低于元件和管路的最大承受压力时，其调定值可按系统工作压力的 1.2~1.5 倍考虑。

（5）溢流阀拆开后，应检查导阀和主阀的锥形阀口是否漏油，并做压力试验，如有泄漏，必须进行研磨处理。检查弹簧是否断裂或变形，阻尼小孔是否畅通无堵；清理阀内各处的毛刺、油垢、锈蚀。安装时，各配合面涂以干净的机油。安装完毕后备油口应封好，以防杂物、尘土进入阀内。

（6）溢流阀的质量标准为动作灵敏可靠，外表无泄漏，无异常噪声和振动。

2. 节流阀

（1）安装单向节流阀时，油口不能装反。否则，将造成设备损坏事故。

（2）用节流阀调节流量时，应按流量由小到大的顺序进行，即按斗轮机大臂下降速度由低到高的顺序进行。

（3）当检修或拆换节流阀时，必须采取防止大臂突然下降的措施（一般可将大臂斗轮放在煤堆上或降到地面上），以防设备损坏和人身伤亡。

（4）节流阀的检修与溢流阀相同。可能发生的缺陷有：阀口损坏或结垢，弹簧发生永久变形或折断，小孔被污物堵塞，O 形密封圈破损等。每次检修应认真检查，消除各部位的缺陷。

（5）节流阀检修后，应动作灵活，外观无渗漏现象。

3. 流量控制阀

流量控制阀最小流量的调节范围为公称流量的 10%，压力补偿装置的压力差为 0.15~0.20MPa，供调节的油量必须充足。

4. 方向控制阀

应尽量保持电压稳定，波动范围为额定电压的 110%~85%；使用时应将盖密封，阀的安装方向须与轴线成水平。

5. 单向阀

单向阀的构造简单，维护量小，每次拆开后应检查阀口的严密性，阀芯与阀体孔应无卡涩；清理小孔等处的积垢，检查弹簧是否断裂或变形。安装单向阀时，切勿将进出口方向装反，否则将造成事故。单向阀检修后应动作灵活、可靠、外观无泄漏。

6. 换向阀

（1）运行中应保证电磁线圈的电压稳定，电压为额定电压的85%～110%，过高或过低都可能使线圈烧损，在供电系统中最好能有稳压装置。

（2）检修中检查阀芯与阀孔的磨损情况；间隙为0.008～0.015mm，粗糙度为$\frac{0.4}{\bigtriangledown}$，间隙及配合面出现径向沟痕、应研磨，沟痕严重时应更新。

（3）检查复位弹簧是否断裂或有无塑性变形。

（4）清洗阀体通道及阀芯平衡沟槽的油垢及杂物，清洗时要用干净的细白布擦拭，以免划伤高光洁度的配合面，单件清洗完后用压缩空气吹净。

（5）检查O形密封圈是否老化、破损变形，不合格的要更换。

（6）回装时在阀芯柱塞表面涂以清洁的机油。注意油口不要对错，密封圈要装好，紧固螺栓的紧力要均匀一致。

（7）组装完后的换向阀如果暂时不装回设备上时，应将各油口封严或用整块干净的白布将阀门重要零件包好并妥善保管，以防杂物或尘埃进入阀内。

（8）换向阀检修后应动作灵活、可靠，无漏油（包括不向电磁铁漏油）。

五、斗轮行星减速箱解体检修

（一）检修工艺

（1）减速器从斗轮机上整体拆除。

1）首先用两台2t手拉葫芦将斗轮机悬臂固定在地锚上，防止将减速器拆除时悬臂跷起。

2）用手拉葫芦将斗轮机斗轮固定在地锚上，防止施工时斗轮转动。

3）将斗轮机减速箱侧面的栏杆割除。

4）施工前用白色油漆将减速器外部各部位做好标记，如减速器端盖的原始位置、收缩卡盘与轴之间的原始位置等。

5）将减速器与电机连接的靠背轮保护罩拆除，用力矩扳手将连接靠背轮的螺栓拆除，并在检修卡上记录好螺栓松动时的力矩值。

6）用力矩扳手将减速器的四个地脚螺栓拆除，并记录好螺栓松动时的力矩值，将用油漆做好原始记号的减速器的两个定位销拆除。

7）用力矩扳手将收缩卡盘的连接螺栓拧松但不拆掉，以防止盘松脱时崩脱发生意外，用四块楔木塞在两收缩卡盘缝的四侧，用大锤使楔木均匀受力，使两收缩卡盘松脱。

8）将减速器底板的顶紧螺栓拧紧，使减速箱底板与斗轮机之间有所松动，以减小它们之间的摩擦力。

9）将密封端盖上的六角螺栓拆除，用顶紧螺栓将密封端盖顶出，顶紧螺栓拧紧时受力要均匀，对油封、密封套筒进行检查，并用游标卡尺和塞尺测出各部分间隙，并在检修卡上做好记录。

10）用两台 50t 液压千斤顶将减速器与传动轴分离，在顶升过程中，千斤顶受力一定要均匀。

11）用 8t 汽车吊将减速器吊至地面，起吊过程中，要做好防护措施，防止将别的设备碰坏。

12）用 3t 铲车将减速器运至检修车间。

（2）解体检修前准备。

1）在检修车间，将所需使用的工具及消耗性材料准备好。

2）在施工场地上敷设一层透明塑料布，然后在塑料布上铺一层 5mm 厚橡胶板，用以堆放零件，并防止油污弄脏地面，做到文明施工。

3）用行车将减速器水平吊至地面，两头用木板垫平，防止减速器倾斜。

4）用铁刷对减速器的表面进行清理，将减速器表面及顶紧螺栓孔内的杂质及气化物清除干净。

（3）拆除输入端伞齿轮。

1）用拉马将输入端伞齿轮的靠背轮拉出，将键取出放在指定地点，摆放整齐并做好记录。

2）用力矩扳手将密封端盖上的螺栓松掉，用两件 M10 螺栓拧入密封端盖的顶紧螺栓，使螺栓均匀受力，将密封端盖顶出。

3）对油封、套筒、固定套筒、轴承进行检查，并用游标卡尺和塞尺测出各部分间隙，并做好记录。

4）将减速器上部注油孔盖打开，用色印检查伞齿轮的咬合，并测量出齿轮咬合的齿侧间隙及齿顶间隙并做好技术记录。

5）将油封、轴承定位螺母、套筒定位螺栓、密封套筒拆除，放到指定地点摆放整齐并做好记录。

6）用行车将轴承座套吊出，用力矩扳手将螺栓拆除，用顶紧螺栓将轴承座套和伞齿轮整体拆除，对轴承、一级定位套筒各部位间隙进行测量并做好技术记录。

7）将伞齿轮和轴承一起从轴承座套中拆除。

（4）拆除输出端箱体和支座。

1）对输出花键轴、轴承、套筒进行检查，并测量出各部位间隙，做好技术记录。

2）用力矩扳手将输出端箱体上的螺栓拆除，用两件 M24 螺栓将输出端箱体顶出，螺栓拧紧时要均匀。

（5）行星架系统拆装。

1）割除行星架推力轴承外壳，加热内套，取出内套。

2）用内六角扳手拆除行星轮转动轴上的定位销，如果太紧，可以用烘把将定位销周围加热再松定位销，在行星架表面和转动轴的结合面做上记号，以便安装时轴和支架的定位孔在一条直线上。

3）在轴的两侧各放置 1 只 50t 液压千斤顶，均匀提升千斤顶，直到将转动轴取出，在千斤顶顶起前对转动轴周围均匀加热。

4）取出行星轮轴套和齿轮，在取出齿轮前先将齿轮拉出一部分后，用撬棒将齿轮顶起，将轴套移动使其偏离中心，将齿轮连同套环一起取出。

5）取出齿轮后，用卡环钳将定位齿轮轴承的卡环取出，再用铜棒将轴承敲出。

6）清洗齿轮，做 PT 试验检查齿轮受损情况。

（6）拆除 630V3 太阳轮轴。

1）用力矩扳手将密封端盖上的螺栓松掉，用两件 M10 螺栓拧入密封端盖的顶紧螺栓孔，使螺栓均匀受力，将密封端盖顶出。

2）对套筒、定位套筒轴承、轴承定位螺母、止动垫片进行检查，并用游标卡尺和塞尺测出各部分间隙，并做好技术记录。

3）将轴承定位螺母和止动垫片拆除，放到指定地点并做好记录。

4）用力矩扳手将轴承座套上的螺栓松掉，用顶紧螺栓将轴承座套、轴承座套、轴承一同拆除。

5）对伞齿轮、3 级定位套筒、4 级定位套筒、轴承、630A5 太阳轮、定位环进行检查，用游标卡尺和塞尺测出各部分间隙，并做好技术记录。

6）将 630V3 太阳轮轴同伞齿轮及轴承一起吊出锥齿轮传动箱体。

7）将定位套筒、定位环拆除，将伞齿轮从太阳轮轴上拆除。

（7）减速器组装。

1）用柴油对各拆除的部件进行清洗，并通知做环齿 PT 试验，对齿轮箱内部进行清洗。

2）检查各部件受损情况，要求轴承外观应无裂纹、重皮等缺陷。

3）伞齿轮、太阳轮轴、定位套筒、定位环经检查合格后，进行复装，将安装完的太阳轮轴装入锥齿轮传动箱体，将轴承座套安装就位。拧紧螺栓 $M_A = 1650 \text{kgf} \cdot \text{cm}$（$1 \text{kgf} \cdot \text{cm} = 9.8 \text{N} \cdot \text{cm}$），调整轴位置，安装轴承定位螺母、止动垫片。

4）安装行星架系统时，将合格的轴承、卡环和轴套装和行星轮内，并把行星轮装入行星架内。

5）将行星轮转动轴承冷却至 −20℃，同时将行星架加热至 80℃，将轴装入行星架内，装入时保证轴上的定位孔和行星架上的定位孔在同一位置。

6）加热行星架推力轴承后将轴装入。

7）用色印检查太阳轮与行星轮啮合情况。

8）安装支座和输出端箱体，用力矩扳手将螺栓拧紧，$M_A = 1000 \text{kgf} \cdot \text{cm}$。

9）安装输入端伞齿轮，将轴承座套安装在锥齿轮传动箱体上，拧紧螺栓，$M_A = 1650 \text{kgf} \cdot \text{cm}$，将装配好的伞齿轮装入轴承座套里，调整伞齿轮及轴承位置。用色印检查伞齿轮啮合情况，符合要求后，将轴承定位螺母拧紧。

10）安装油封及端盖拧紧螺栓，$M_A = 1650 \text{kgf} \cdot \text{cm}$。

11）用铲车将减速器运至斗轮机旁，用 8t 汽车吊吊装就位，用两台 50t 千斤顶做推力，将斗轮转动轴承插入减速器输出花键轴内。

12）将减速器基座找正，安装定位销、地脚螺栓，恢复斗轮机栏杆，连接联轴器。

13）进行试运转。

（二）质量控制及质量标准

（1）轴承内套与轴不得产生滑动，不得安放垫片，用热油加热轴承时油温不得超过 100℃。在加热过程中轴承不得与加热容器的底接触，轴与轴封卡圈的径向间隙为 0.3~0.6mm，密封盘根应为均匀质密的羊毛毡，严实地嵌入槽内，与轴接触均匀，紧度适宜。

（2）油环应成正圆体，环的厚度均匀，表面光滑，接口牢固。油环在槽内无卡涩现象，一般油液底浸入油环直径的 1/4。

（3）装配靠背轮时不得放入垫片或冲打轴以取得紧力，两半靠背轮找中心时，其圆周及端面允许偏差值（即在直径的两端位置所测得间隙之差的最大值）达 0.04~0.06mm。

（4）用色印检查大小齿轮工作面的接触情况，一般沿齿高不少于 50%，沿齿宽不少于 60%，并不得偏向一侧。

（5）键与键槽的配合：两侧不得有间隙，顶部（即径向）一般应为 0.10~0.40mm 间隙，不得用加垫或捻键的方法来增加键的紧力。

（6）主轴承轴封的安装应符合下列要求：垫料应为质量良好，紧密的细毛毡，厚度适宜，毛毡裁制应平直，接口处应为阶梯形，毛毡与轴接触均匀，紧度适宜。压填料的压圈与轴的径向间隙均匀，一般为 3~4mm。

（7）机盖与机械体的法兰结合面应接触严密，不得漏油。

（8）所加齿轮油约为 67L。

（9）组装后的减速机用手盘动轴，应转动灵活、轻便、咬合平稳。

（10）试运转半小时后，要求减速器无异常振动、无异常温升、密封处无漏油现象。

六、斗轮堆取料机故障及处理方法

（一）斗轮堆取料机常见故障及处理方法

斗轮堆取料机常见故障及处理方法见表 12 - 4。

表 12 - 4　　　　　　斗轮机常见故障及处理方法

序号	故障现象		原因分析	处理方法
1	减速器整体振动且有异常声响		（1）齿轮轮齿磨损严重，接触不均匀； （2）联轴器中心不正； （3）减速器轴承损坏； （4）减速器底脚螺栓松动	（1）齿轮更换； （2）联轴器中心找正； （3）轴承更换； （4）底脚螺栓紧固
2	液力耦合器故障	温升高，受载侧转速低或喷油	（1）液力耦合器内缺油； （2）受载侧过载或被异物卡	（1）液力耦合器加油至标准位； （2）减少流量或清除异物
		振动及异常声响	（1）各连接螺栓松动； （2）联轴器中心不正	（1）各连接螺栓紧固； （2）联轴器重新找正
3	设备停止运行时，制动器不能及时刹车，滑行距离过大		（1）制动器各铰接部位润滑不良或脏污，转动不灵活； （2）制动毂有油污； （3）电动液压推杆故障； （4）闸瓦磨损严重，制动力矩变小	（1）清理各铰销脏污，润滑铰销； （2）清理制动毂油污； （3）电动液压推杆修理； （4）更换闸瓦，制动器调整
4	制动器松开不够或松不开，当电机转动时制动毂冒烟、有异臭		（1）液压推杆没带电； （2）制动器各铰销缺油或脏污，转动不灵活； （3）制动器间隙调整过小，制动闸瓦与制动毂相摩擦； （4）电动液压推杆故障	（1）电气检查电缆接头； （2）清理各铰销脏污，润滑铰销； （3）制动器重新调整； （4）电动液压推杆修理

序号	故障现象	原 因 分 析	处 理 方 法
5	夹轨器不能完全打开或停机后夹钳夹不住	（1）各铰接部位润滑不良，或被异物卡住； （2）电磁阀堵塞或线圈损坏； （3）夹轨器夹钳和轨道中心不正	（1）清除异物，铰销润滑； （2）电磁阀清洗和更换线圈； （3）找正
6	轴承过热，有异常声响	（1）轴承润滑不良或有脏物； （2）装配不良； （3）轴承磨损严重，损坏	（1）加强润滑或清除脏物； （2）轴承重新装配； （3）轴承更换
7	行走轮啃轨	（1）轨道变形，不平行； （2）轨道面有油污或结冰； （3）行走轮轴承损坏或轴承座底脚螺栓松动； （4）两侧主动轮直径不等，使左右行走速度不等	（1）轨道校正； （2）油污或结冰清除； （3）行走轮轴承更换或轴承座底脚螺栓紧固； （4）两侧主动轮更换
8	行走过载	（1）行走轮被异物卡住； （2）行走轮轴承损坏； （3）行走轮轴承座螺栓松动； （4）行走减速器损坏； （5）行走制动器未打开	（1）清理异物； （2）行走轮轴承更换； （3）轴承座螺栓紧固； （4）减速器修理； （5）制动器检查，修理
9	回转过载	（1）回转时斗轮与煤堆相碰； （2）回转制动器未完全打开； （3）联轴器中心不正； （4）回转轴承润滑不良或损坏； （5）回转减速器损坏； （6）小齿轮和大齿轮中心不正	（1）使斗轮与煤堆离开； （2）制动器检查，修理； （3）联轴器中心找正； （4）回转轴承润滑和修理； （5）回转减速器修理； （6）小齿轮和大齿轮中心找正

第十二章 储煤设备检修

序号	故障现象	原因分析	处理方法
10	皮带跑偏	(1) 皮带机头尾滚筒和皮带的中心线不对正; (2) 皮带机支架变形; (3) 调偏托辊组损坏, 调偏不灵; (4) 托辊损坏; (5) 滚筒安装倾斜或滚筒表面粘煤; (6) 落煤点不正或落煤筒积煤; (7) 皮带胶接头歪斜或老化变形; (8) 皮带下积煤碰到皮带, 皮带背面潮湿、结冰等	(1) 滚筒中心和皮带中心找正; (2) 皮带机支架校正; (3) 调偏托辊组修理; (4) 损坏托辊更换; (5) 重新安装滚筒或粘煤清理; (6) 落煤点调整或积煤清理; (7) 皮带接头重新胶接; (8) 皮带下方积煤清理
11	皮带打滑	(1) 煤流太大, 皮带过载; (2) 驱动滚筒表面或皮带背面积水、结冰、油渍等; (3) 皮带张紧力不够; (4) 滚筒等机件损坏	(1) 减少煤流; (2) 保持空皮带运行, 待皮带干燥或清理结冰、油渍; (3) 增加配重; (4) 损坏机件修理或更换
12	皮带机过载	(1) 煤流太大; (2) 落煤筒堵煤; (3) 清扫器太紧; (4) 托辊损坏较多; (5) 导料槽处被大块异物卡住; (6) 制动器未完全打开或闸瓦间隙过小	(1) 减少煤流, 按规定运行; (2) 清理堵煤; (3) 清扫器调整; (4) 损坏托辊更换; (5) 清理导料槽大块异物; (6) 制动器调整
13	撒煤严重	(1) 导料槽裙板橡皮磨损或松; (2) 裙板橡皮破损或跌落; (3) 落煤筒堵煤; (4) 煤流过大, 煤溢出; (5) 清扫器失灵或损坏	(1) 裙板橡皮更换或固定螺栓; (2) 裙板橡皮更换; (3) 清理落煤筒; (4) 减少煤流; (5) 清扫器调整或更换

序号	故障现象	原 因 分 析	处 理 方 法
14	清扫器振动严重，有异声	（1）清扫器紧度不当，角度不适； （2）刮板有异物卡涩； （3）皮带破损； （4）清扫器变形，损坏	（1）清扫器重新调整； （2）刮板处异物清理； （3）检查皮带，补损； （4）清扫器更换

（二）液压马达常见故障及处理方法

液压马达常见故障及处理方法见表 12-5。

表 12-5　　　　　　液压马达故障及处理方法

故 障	故 障 原 因	处 理 方 法
转速低转矩小	（1）油泵供油量、供油压力不足； （2）马达内泄漏严重； （3）马达外泄漏严重	（1）检查处理油泵； （2）拆开马达，检查柱塞，配油轴间隙； （3）检查密封件，接合面对称均匀牢固
噪声严重	（1）马达内空气未排净； （2）相位未对准； （3）转子内衬位移； （4）斗轮的斗子粘煤不均，过度偏重； （5）滚轮内滚针轴承损坏； （6）马达固定不牢固	（1）通过系统中排气装置继续排除空气； （2）转动调相螺钉，至最佳声音锁紧； （3）拆开马达，用专用工具回位，加定位螺钉； （4）清理斗子上的粘煤； （5）更换滚针轴承； （6）检查固定架，紧固马达
温度过高	（1）内泄漏严重，相对运行件磨损； （2）油的黏度过低； （3）油脏，造成配油轴硬性磨损； （4）进排油管与配流轴刚性连接轴与转子不同心	（1）检查相对运动件配合间隙，更换过量磨损件； （2）更换合适的液压油； （3）换油消除造成的磨损； （4）进排油管采用浮动连接

（三）轴向柱塞油泵常见故障原因及其处理方法

轴向柱塞油泵常见故障原因及处理方法见表 12-6。

第十一章　储煤设备检修

表 12 -6 **轴向柱塞油泵故障原因及其处理方法**

故　障	故　障　原　因	处　理　方　法
泵排不 出油	(1) 油泵主动轴旋转方向错误； (2) 补油系统故障； (3) 油的黏度过高； (4) 主动轴切断	(1) 改变马达转向或调节变量机构； (2) 消除补油系统故障； (3) 改换黏度合适的液压油； (4) 拆开油泵，更换已损坏零件
压力上 不去	(1) 因上述原因油泵不能排油； (2) 配流阀缸体柱塞孔磨损严重； (3) 溢流阀故障或压力调整太低； (4) 系统（油缸或油马达等）有泄漏； (5) 换向阀故障； (6) 系统空气未排净	(1) 按上述办法进行消除故障； (2) 拆开油泵，修理或更新零件； (3) 修理或调整溢流阀； (4) 对系统依次检查，消除泄漏； (5) 消除换向阀故障； (6) 继续排除空气
排油量 不足	(1) 斜盘或缸体摆角过小； (2) 内部磨损严重，内泄漏过大； (3) 变量机构失灵； (4) 油的黏度太低； (5) 配流盘与缸体的预压紧力不够； (6) 变量机构的差动活塞磨损严重，间隙过大	(1) 调节变量机构，加大摆角； (2) 拆开油泵，检查修理； (3) 拆开变量机构，检查处理； (4) 更换合适的液压油； (5) 调节螺钉，保证预紧力； (6) 更换活塞，保证活塞与孔的配合间隙在 0.01 ~ 0.02mm

（四）液压系统油路常见故障及处理方法

液压系统油路常见故障及处理方法见表 12 -7。

表 12 -7 **液压系统油路故障处理方法**

故　障	故　障　原　因	处　理　方　法
过度发热	(1) 油的黏度过高或过低； (2) 不正常的磨损； (3) 工作压力过高； (4) 环境温度过高	(1) 更换合适的液压油； (2) 拆开油泵检查； (3) 检查溢流阀和压力表，使其保证准确度； (4) 冷却器加入可循环的冷水

故　障	故　障　原　因	处　理　方　法
发出噪声	（1）从进油管吸入空气； （2）系统空气未排净； （3）油黏度过高，或油温太低； （4）补油系统故障； （5）管路固定不牢； （6）换向阀动作不稳定； （7）泵与马达轴安装不同心	（1）拧紧接头； （2）继续排除空气； （3）更换合适液压油，或用加热器使油温上升； （4）消除补油系统故障； （5）加固管路； （6）修理换向阀； （7）重新找正，达到标准要求
操作杆停不住	（1）伺服阀芯对阀套油槽的遮盖量不足； （2）伺服阀芯卡死； （3）伺服阀芯端部拉断； （4）活塞及阀芯磨损严重	（1）检查阀套位置； （2）拆开清洗，必要时更换阀芯； （3）更换伺服阀芯； （4）更换伺服阀芯或差动活塞

第二节　装卸桥检修

一、装卸桥概述

装卸桥是主要用于煤场，承担煤场堆取料作业的设备，也可用来卸车和上煤。装卸桥实际上是煤场专用的龙门起重机，它由大车（桥架）和起重小车两大部分组成，如图 12 - 1 所示。

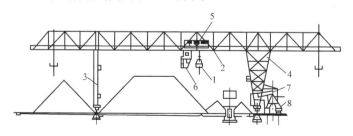

图 12 - 1　5t × 40m 装卸桥

1—抓斗装置；2—桥架；3—挠性支腿；4—刚性支腿；5—小车机构；
6—司机室；7—给煤机；8—受料带式输送机

装卸桥桥架，是一个在一端或两端装有高架支腿的桥架结构。在支腿的一端或两端外侧，桥架主梁可以做成外伸悬臂的形式，以扩大装卸桥的作业范围。在桥架的刚性支腿上装有装卸桥的行走机构（即大车行走机构），使整个装卸桥可以沿地面上的装卸桥轨道纵向行走。支腿下部横梁上装有防滑装置（夹轨器），防止不运行时大风将装卸桥吹动，保证设备和作业的安全。

起重小车沿桥架主梁上的小车轨道横向行走，在轨道终端位置处装有行程开关和缓冲挡座，在起重小车上装有减速装置，以保证起重小车行走至小车轨道终端位置时能减速、停车。

普通型式的装卸桥有起升、小车行走和大车行走三个主要机构。

装卸桥的取料装置以双绳抓斗和四绳抓斗为主，其起重量常小于50t，跨度常大于40m。抓斗起升和小车行走是工作性的运动，速度较高（起升速度大于60m/min，小车行走速度常在120m/min以上，甚至达360m/min），但大车行走是非工作性的（在吊运时不工作），速度常在25m/min左右。

装卸桥的主要技术参数是跨度和生产率。跨度的大小既与它的用途有关，也与它的结构型式有关。生产率主要取决于抓斗的容积，如果只用于煤场，则可以采用大容积抓斗，其生产率可大大提高。

装卸桥的主要优点：运行灵活可靠，维护工作量小，可以进行综合性作业；其缺点是：结构重量大，造价高，电耗大，不便于实现电动化。

二、结构

装卸桥由金属结构、大车行走机构、小车行走机构、抓斗升降和闭合机构、缓冲煤斗和给煤机等组成。

1. 金属结构

主要由主梁和两个支腿组成。支腿分刚性支腿和挠性支腿，主梁的结构有桁架式、箱形、管式等形式，支腿的结构与主梁相同。

装卸桥的一个支腿与主梁铰接，称为挠性支腿，只承受垂直载荷；另一个支腿与主梁采用刚性连接，称为刚性支腿，既可承受垂直载荷，又可承受一定的水平载荷。

箱形结构具有加工方便、刚性大、节省钢材的优点。其结构型式有L型、C型、O型；按轨道布置来区分，又有中轨箱形和偏轨箱形；根据有无悬臂，还可分为无悬臂、单悬臂和双悬臂。装卸桥都是双悬臂结构，悬臂长度为梁全长的20%～30%。

2. 大车行走机构

大车行走机构的驱动形式有集中驱动和分别驱动两种,装卸桥多为分别驱动。分别驱动是用两台规范相同的电动机,借齿形联轴器与减速器高速轴连接,减速器低速轴经联轴器与大车车轮连接。这种结构的特点是减速器距端梁较近,整体尺寸较小,主梁受扭转载荷较小。

装卸桥设置自动正步装置,当两支腿的电动机不同步造成桥架偏移时,可以从偏斜指示盘上读出偏斜数值。

3. 操纵室

操纵室是司机操纵装卸桥的工作室,操纵室装有大、小车行走机构和升降闭合机构操纵系统的装置和仪表等。

操纵室有敞开式和封闭式两种,封闭式分普通封闭与带保温层的封闭。操纵室有的固定在主梁下部一端,有的随小车移动。

在操纵室的上方,有通向大车行走台的人孔盖,只有把人孔盖关上,装卸桥才能送电进行作业。正在运行的装卸桥,打开入孔盖时电源就自动切断,可避免司机或维修人员上车触电。

4. 小车行走机构

(1) 小车架。小车架是由钢板焊接而成。其上装设有小车运行机构、抓斗升降闭合机构、行程限位开关、缓冲器、栏杆等。

(2) 小车驱动机构。小车驱动机构是用来驱动小车,使其沿主梁上的轨道运行,它包括电动机、减速器、制动器、联轴器、车轮与角形轴承箱等。小车行走机构的结构是减速器位于小车中间,这种结构方式使减速器输出轴及两侧传动轴承所承受的扭矩比较均匀。小车从动轮分别安装在两个角形轴承箱的旋转心轴上,独立工作。

(3) 抓斗升降闭合机构。抓斗升降闭合机构是用来抓取物料的装置,抓斗的升降闭合机构分别由电动机、联轴器、制动轮联轴器、制动器、减速器和卷绳滚筒等组成。抓斗由两个颚板、一个横梁、两个支撑杆和一个上横梁组成。抓斗的操作过程可分为四个步骤:①降斗——张开的抓斗下降到物料堆上;②闭斗——抓斗插入物料堆内,并不断闭合;③升斗——抓斗抓满物料后,迫使颚板闭合,抓住物料;④开斗——抓斗运动到卸料地点的上空,卸出物料。然后抓斗进行下一个循环过程。抓斗的提升及闭合机构的传动装置,整机装在小车架上。

5. 制动器

制动器是用来使装卸桥各机构准确可靠地停止在所需要的位置上,它是装卸桥上三大重要安全构件(制动器、钢丝绳、抓斗)之一,习惯上把制动器叫作闸或叫作抱闸。根据制动器结构以及动力的不同，又有脚闸、电闸、液压闸之分。装卸桥上用的制动器是常闭式的双闸瓦制动器，具有结构简单、工作可靠的特点。常闭式制动器平时抱紧制动轮，在装卸桥工作时方松开。双闸瓦制动器有长行程制动器和短行程制动器之分。

6. 夹轨器

为防止大风将装卸桥吹走，装卸桥必须设夹轨器，以保证装卸桥设备本身和作业的安全。目前常用的夹轨器有手动螺杆夹轨器、电动重锤式夹轨器和电动弹簧式夹轨器等。

7. 煤斗及给煤机

煤斗及给煤机装在刚性支腿外侧，给煤机装在煤斗底下出煤口处，有往复式单向给煤机和电磁振动给煤机。

煤斗的上口设有箅子，箅子孔大小为200mm×200mm，防止大块煤及其他杂物随煤流进输煤系统，造成堵塞或卡住磨煤机。

三、工作原理

装卸桥的工作分为卸煤、堆煤、向系统上煤三种方式。

1. 卸煤

铁路来煤车时，先将卸煤栈台两侧沟内的煤抓出腾空，煤车停好后，抓斗开始卸车，从列车一端按顺序卸至另一端。一般一节车厢分为4~6段卸除，在同一位置上一般两抓即可见底，并排两抓能卸除车厢全宽的载煤量，即每段四抓，车厢全长约16~24抓即可卸完，每抓约需时间为18~20s。

抓斗卸完后的车底尚有一定量的剩煤，所以每台装卸桥应配置4~5人进行人工清底和开闭车门。通常卸车前先将车门打开，部分煤自流入煤沟或栈台两侧。煤湿时自流煤量小，下抓时煤受抓斗冲击，自流煤量增加。通常自流量在20%~40%左右。

据有关厂的资料介绍，冬季冻煤层厚度为100mm时，抓斗落放的冲击力可以击碎冻层，但卸车及清车的总时间增加50%。冻层超过100~150mm时，抓斗卸煤会有困难，此时卸车及清车总时间则要增加一倍。冻层越厚，卸煤越困难，此时卸煤出力降低。一般情况下，卸完一节车厢平均需要时间8~10min，折合卸煤出力为300~320t/h。

2. 堆煤存煤

部分来煤直接运往锅炉燃烧，其余的来煤存入煤场，此时装卸桥从车厢上卸煤，直接送往煤场堆存。电厂燃用多种煤时，卸煤可分别堆存。堆煤平均出力为300~320t/h。

3. 向系统上煤

装卸桥向系统上煤时，通过刚性支腿外侧的煤斗和给煤机。抓斗从煤场或车厢内抓取的煤送往支腿外侧的煤斗，通过给料机送入上煤系统，供锅炉燃用。

四、检修工艺和质量标准

装卸桥的检修包括升降闭合机构检修、大车行走机构检修、小车行走机构检修、给煤机检修、安全装置检修、金属结构检修等。

（一）升降闭合机构

升降闭合机构的检修包括取料装置、滑轮与卷筒、钢丝绳、滚动轴承、联轴器等的检修。

1. 取料装置

取料装置是装卸桥的主要部件，为保证安全作业和提高劳动效率，取料装置必须工作可靠，操作方便。装卸桥是抓取散状物料的设备，其取料装置为抓斗。

抓斗是一种由机械或由电动机控制的自行取物装置。根据抓斗的特点可分为单绳抓斗、双绳抓斗和电动抓斗三种。

抓斗装置的检修项目有抓斗、滑轮和钢丝绳等的检修。抓斗刃口板磨损严重或有较大变形时，应及时修理与更换零件。若采用焊接法更换刃口时，焊条的选用和焊接都要严格按标准工艺进行，并对焊缝进行严格的质量检验。

检修后抓斗的质量标准是：抓斗闭合时，两水平刃口和垂直刃口的错位差及斗口接触处的间隙不能超出标准的规定，最大间隙处的长度不应大于 200mm。

2. 滑轮

在装卸桥的升降闭合机构中，滑轮起着省力和改变力方向的作用。滑轮是转动零件，每月要检修一次，清洗、润滑。滑轮检修的要求是：

正常工作的滑轮用手能灵活转动，侧向晃动不超过 $D_0/1000$（D_0——滑轮的名义直径）。

轴上润滑油槽和油孔必须干净，检查油孔与轴承间隔环上的油槽是否对准。

对于铸铁滑轮，如发现裂纹，要及时更换。对于铸钢滑轮，轮辐有轻微裂纹可以补焊，但必须有两个完好的轮辐，且要严格补焊工艺。

滑轮槽径向磨损不应超过钢丝绳直径的 35%，轮槽壁的磨损不应超过厚度的 30%。对于铸钢滑轮，磨损未达到报废标准时可以补焊，然后进行车削加工，修复后轮槽壁的厚度不得小于原厚度的 80%，径向偏差

第十二章 储煤设备检修

不得超过 3mm。

轴孔内缺陷面积不应超过 $0.25cm^2$，深度不应超过 4mm。如果缺陷小于这一尺寸，经过处理可以继续使用。

修复后用一个标准的心轴轻轻压入滑轮轴孔内，在机床上用百分表测量滑轮的径向跳动偏差、端面摆动偏差、轮槽对称中心线偏差。径向偏差不应大于 0.2mm，端面摆动偏差不应大于 0.4mm，滑轮槽对称中心线偏差不应大于 1mm。

3. 卷筒

卷筒可分为铸造卷筒和焊接卷筒。卷筒绳槽已经标准化。为使钢丝绳不致卡住，绳槽半径稍大于钢丝绳半径，一般绳槽半径 $R = (0.53 \sim 0.6)d(d$——钢丝绳直径，mm)，槽深 $C = (0.25 \sim 0.4)d$，节距 $t = d + (2 \sim 4)$mm。

卷筒直径已标准化，标准的卷筒直径为 300、500、650、700、750、800、900、1000mm。

卷筒既受钢丝绳的挤压作用，还受钢丝绳引起的弯曲和扭转作用，其中挤压作用是主要的。卷筒在力作用下，可能会产生裂纹。横向裂纹允许有一处，长度不应大于 100mm；纵向裂纹允许间距在 5 个绳槽以上有两处，但长度也不应大于 100mm。在这范围内，裂纹可以在裂纹两端钻小孔，进行电焊修补后，再进行机加工。超过这一范围的应予以更换。

卷筒轴受弯曲和剪切应力的作用，发现裂纹要及时更换，以免发生卷筒被剪断的事故。

卷筒绳槽磨损深度不应超过 2mm，如超出 2mm 可进行补焊后再车槽，但卷筒壁厚不应小于原壁厚度的 85%。

检查轮毂，不得有裂纹，螺钉应紧固。

4. 钢丝绳

装卸桥所用的钢丝绳多是麻芯。它具有较高的挠性和弹性，并能贮存一定的润滑油脂，钢丝绳受力时，润滑油被挤到钢丝绳之间，起润滑的作用。

钢丝绳按捻绕方法可分为顺绕、绞绕两种。顺绕钢丝绳就是绳股的捻绕方向和由股捻成绳的方向一致，这种钢丝绳的优点是钢丝绳为线接触，耐磨性能好；缺点是当单根钢丝绳悬吊重物时，重物会随钢丝绳松散的方向扭转。

绞绕钢丝绳的绳股捻绕方向与股绕成绳的方向相反，起吊重物中不会扭转和松散。由于绞绕钢丝绳具有这一特点，绞绕钢丝绳已被广泛用于装卸桥上。其缺点是绞绕钢丝绳的钢丝间为点接触，因而容易磨损，使用寿命较短。

根据钢丝绳断面结构，钢丝绳又可分为普通型和复合型两种。

钢丝绳在使用中，每日至少要润滑两次。润滑前首先用钢丝刷子刷去钢丝绳上的污物，并用煤油清洗，然后将加热到180°以上的润滑油蘸浸钢丝绳，使润滑油浸到绳芯中去。

钢丝绳的更换标准是由一捻节距内的钢丝绳断丝数而决定的。

5. 联轴器

联轴器用来连接两轴，传递扭矩，有时也兼作制动轮。按照被连接两根轴的相对位置和位置的变化情况，联轴器分为固定式联轴器和可移动式联轴器。可移动联轴器又分为刚性联轴器和弹性联轴器。在装卸桥上主要用齿形联轴器，齿形联轴器属刚性联轴器的一种。

在一般性检修中，要注意联轴器螺栓不应松动，经常加注润滑油；在大小修中，联轴器解体检查项目有：检查半联轴体不应有疲劳裂纹，如发现裂纹应及时给予更换；也可用小锤敲击，根据声音来判断有无裂纹；还可用着色、磁粉等探伤方法来判断裂纹。

两半联轴体的连接螺栓孔磨损严重时，运行中会发生跳动，甚至螺栓被切断。所以要求孔和销子的加工精度及配合公差都要符合图纸或工艺的要求。

用卡尺或样板来检查齿形：以齿厚磨损超过原齿厚的百分数为标准来进行判断，升降机构上的齿形联轴器为15%～20%，运行机构的齿形联轴器为20%～30%时，则要更新。

键槽磨损时，键容易松动，若继续使用，不但键本身，而且轴上键槽和轮毂键槽将不断被啃坏，甚至脱落。修理方法是新开键槽，其位置视实际情况应在原键处转90°或180°处。一般不宜补焊轴上的旧键槽，以防止产生变形和应力集中。不允许采用键槽加垫的办法来解决键槽的松动，在紧急情况下允许配异形键来解决临时故障，但在检修中一定要重新处理。

（二）大车行走机构

大车行走机构的检修与维护包括车轮、轨道等的检修与维护。

1. 车轮

装卸桥的车轮通常是根据最大轮压来选择。

（1）车轮滚动面的检修与维护。圆柱形滚动面两主动轮直径为 $\phi250$～$\phi500mm$，车轮直径偏差不大于 0.125～0.25mm；$\phi600$～$\phi900mm$，车轮直径偏差不大于 0.30～0.45mm。圆柱形滚动面两被动轮直径为 $\phi250$～$\phi500mm$，车轮直径偏差不大于 0.60～0.76mm；$\phi600$～$\phi900mm$，车轮直径偏差不大于 0.90～1.10mm。圆锥形滚动面两主动轮直径偏差大于规定要求时，要重新加工修理。在使用过程中，滚动面剥离，损伤的面积大于

$2cm^2$、深度大于 $3mm$ 时，应予加工处理。车轮由于磨损或由于其他缺陷重新加工后，轮圈厚度不应小于原厚度的 $80\% \sim 85\%$，超出这个范围应予以更换。

（2）轮缘的检修与维护。车轮轮缘的正常磨损可以不修理，当磨损量超过公称厚度的40%时，应更换新轮。在使用过程中若出现轮缘折断或其他缺陷，其面积不应超过 $3cm^2$，深度不应超过壁厚的30%，且在同一加工面上不应多于3处，在这一范围内的缺陷可以进行补焊，然后磨光。

（3）车轮内孔的维修与维护。车轮轮毂内孔不允许焊补，但允许有不超过面积10%的轻度缩松和缺陷。在使用过程中，轮毂内孔磨损后配合达不到要求时，可将该孔车去 $4mm$ 左右，进行补焊，然后按图纸要求重新加工。在车削过程中，如发现铸造缺陷（气孔、砂眼、夹杂物等）的总面积超过 $2cm^2$，深度超过 $2mm$ 时，应继续车去缺陷部分，但内孔车去的部分在直径方向不得超过 $8mm$。

（4）装配后的检修。车轮装配后基准端面的摆幅应符合规定要求，径向跳动应在车轮直径的公差范围内，轮缘或轮毂的壁厚不得大于 $3mm$（轮径 $D \leqslant 500mm$）、$5mm$（轮径 $D > 500mm$）。

2. 轨道

（1）一般检修与维护。一般检修是检查钢轨、螺栓、夹板有无裂纹、松脱和腐蚀。如发现裂纹应及时更换新件，如有其他缺陷，应及时修理。

（2）轨道的测量与调整。轨道的直线度可用拉钢丝的方法进行检查，轨道的标高，可用水平仪测量。轨道的轨距可用钢卷尺来检查，尺的一端用卡板固定，另一端拴一弹簧秤，其拉力为150N左右，每隔5m测量一次。测量前应先在钢轨的中间打上冲眼，各测量点弹簧秤拉力应一致。轨距超过标准时，应予以调整。

（三）缓冲器

缓冲器的作用是吸收小车或大车与终端立柱相接触时的冲击能量，要求能在制动器或终端开关发生故障的情况下，仍能保证装卸桥安全停车。通常使用的缓冲器有橡胶缓冲器、弹簧缓冲器和液压缓冲器等。

液压缓冲器由顶杆、工作腔和贮油腔等组成。液压缓冲器的优点是无冲击，缺点是受温度影响较大，有时有漏油。

装入缓冲器的缓冲液必须先过滤，可用变压器油替代。在装入过程中，必须严格注意排除空气。

（四）夹轨器

为了防止装卸桥被风刮走，保证设备和作业的安全，必须装设防风夹轨器。夹轨器有手动螺杆式防风夹轨器，电动、手动两用防风夹轨器和电动重锤式夹轨器。

夹轨器的各传动部分和铰接点要求灵活，不得有卡涩现象，夹板应紧紧地夹在轨道的两侧。电动夹轨器还要经常注意指示针的位置，及时调整限位开关的行程，以保持夹持力并避免电气部件被烧坏。如果发现夹轨器机构中的闸瓦、钳臂、螺杆、弹簧、螺栓等有裂纹、变形或其他严重损伤时，要及时予以更换。

第三节 储煤罐检修

一、储煤罐概述

近年来，许多火力发电厂采用储煤罐。储煤罐又称为圆筒仓，它是一种储煤设施或缓冲、混煤设施。储煤罐的直径和储存量由 10 多米、储存煤 1000 余吨发展到 20 多米、10000 余吨。

储煤罐占地面积小。与储煤场比较，同样的占地，储煤罐可以多储煤。便于实现储卸自动化，运行费用低，能减少煤因风吹日晒而发热量降低的损失。采用储煤罐储煤，还可以减少煤尘对周围环境的污染，在多雨地区使用，更有其优越性，但储煤罐造价高。

二、种类及结构

根据储煤罐的形状分类，有圆筒仓和方仓；根据布置分类，有地上仓和半地下仓；根据仓的深度分类，有浅仓和深仓。火电厂多采用圆筒仓作为输煤系统缓冲或混煤设备，或代替煤场作为储煤设施。浅仓主要用于铁路上给车辆装散装物料，深仓是用来长期存放散装物料的具有竖直壁的容器。火电厂用的储煤罐都属于深仓类。

储煤罐的规范见表 12 - 8。

表 12 - 8 　　　　　　　　　储 煤 罐 规 范

直径（m）	容　量　（t）	罐下口至罐顶高度（m）		
10	800 ~ 1000	15. 6	18. 2	20. 8
12	1600 ~ 2000	17. 2	20. 7	24. 7
15	3000 ~ 3500	21. 3	24. 2	27. 3
22	8000 ~ 10000	28. 6	33. 9	39. 2

储煤罐的构造包括罐顶装料设备、罐筒、罐下斜壁、卸料口、卸料机械等部分（见图12-2）。

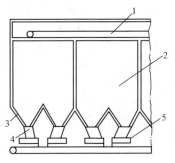

图12-2 储煤罐构造示意图

1—罐顶装料设备；2—罐筒；3—罐下斜壁；4—卸料口；5—卸料机械

（1）装料设备。多采用带犁式卸料器的带式输送机、埋刮板输送机等设备。装料设备是将煤装入储煤罐的设备，为了提高储煤罐的有效容量，装料设备应保证尽量把煤均匀地洒到储煤罐里。

（2）罐筒和罐下斜壁。罐筒和罐下斜壁大多是用钢筋混凝土制成的，用于储存散装物料。为了防止"挂煤"和加速煤的流动，常在罐筒和斜壁内砌衬铸石板，装助流振动器。

（3）卸料口。它位于储煤罐底部，卸料口的形状有圆形、正方形、长方形。采用一个卸料口的储煤罐极少见，通常采用4个卸料口，目的是为了卸料速度快。卸料口下方多装有闸门。

（4）卸料机械。为了将料迅速地从卸料口运走，通常采用卸料机械。目前多采用电磁振动给煤机。当几个储煤罐相切布置时，也有将卸料口开成通常的卸料口，像缝隙煤槽下的卸料口那样，此时可采用叶轮给煤机作为卸料设备。

三、卸料过程

当卸料口闸门打开后，煤受自重作用，从煤罐中落下，由卸料机卸到输送机后运走。

在装料时，煤在煤罐内呈一个个圆锥形状。落差虽然相同，但大块煤从圆锥顶部沿其斜面滚到筒壁，而粒度较小的煤都集中在煤罐的中心部位。这种在装料时产生的大、小块煤重新分布的现象，理论上叫作离析现象。这种现象在任何型式的煤仓中都存在，它对储煤罐内物料流动起着很大的破坏作用。因为落点下部的煤粒度较小，而且受后面落下煤的冲击，致使层层压实，而且粒度越来越小。粒度小的煤流动性差。

在卸煤过程中，物料的流动受物料的物理性质影响，也受装料方式影响。采用移动式带式输送机装料是目前较为理想的装料机械，它可以使储煤罐横向连续装煤，各点的煤粒度比较均匀。采用单点装煤的装料方式效果最差，离析现象最严重，而且储煤罐的有效储煤量最小。

储煤罐在卸料过程中煤的实际流动是比较复杂的，它受卸料口形状和其他因素的影响。煤在储煤罐中的流动有以下几种形式：

（1）整体流动。储煤罐内的煤在卸料过程中全部"活化"，物料呈水平状下降。这种流动形式是一种理想的流动形式，实际中极为少见。只有在煤的颗粒大小一致，水分适中，卸料口尺寸很大的条件下才会接近这种流动工况。

（2）中心流动。这种流动形式的特点是只有储煤罐卸料口上方的煤流动。此时储煤罐中虽然储存有大量的煤，但只有卸料口正上方的煤靠自重流出，而靠边壁的煤会挂在壁上，当中间的煤卸出后，边壁挂的煤会产生崩溃，将卸料口堵塞，造成输煤系统断煤。边壁挂的煤长期储存在罐内，极易产生自燃，特别是挥发分大的煤，不利于安全生产。

储煤罐的卸料过程以第一种流动方式最好。目前使用的储煤罐中采用条形卸料口，叶轮给煤机卸煤的方式，煤的流动方式接近整体流动。

四、适用范围

储煤罐在电厂中有其一定的适用范围，它由煤的粒度、水分和外部条件决定，还受当地全年气候条件的影响。

1. 煤的颗粒组成

当电厂来煤是经过筛选、颗粒均匀时，储煤罐的效果比较好。此时煤在储煤罐中不易产生离析现象，颗粒之间摩擦力相近，流动性能好。如果来煤未经筛选，颗粒组成复杂，煤进入储煤罐时产生严重的离析现象，流动性较差，引起搭拱，造成物料难卸。此时储煤罐的作用无法发挥。

2. 外部条件

若电厂距煤矿较远、电厂容量很大时，储煤量要相应增大，此时所需的储煤罐的直径和个数也相应增大，一次投资的费用远远大于储煤场的投资。储存天数加大，对储煤罐十分不利，根据使用储煤罐的电厂的经验表明，煤在罐中的储存天数一般不要超过三天。

3. 煤的水分

水分的大小也限制着储煤罐的使用。一般来说，煤的外有水分在8%～12%时，煤的流动性好，卸料时储煤罐内物料都能活化，不易产生挂壁或中心卸料；当煤的水分大于12%时，例如洗中煤，水分子包裹了煤粒，其间摩擦减少，煤容易自流，失去控制而从卸料口涌出，压坏卸料设备；水分低于8%时，煤颗粒之间摩擦力较大，容易搭拱，储煤罐的作用得不到充分的发挥。

五、检修与维护

储煤罐的使用随罐的用途不同而异。若储煤罐是用于储煤，则要考虑煤的储存时间不能过长，防止煤在仓内储存时间过长而被上层煤压实，流动性降低，因此应及时地将罐中的煤卸出再存新煤；若储煤罐用于混煤，则应按不同煤种混烧的比例开启相应的给料机，向系统供煤。要求严格按比例混煤的电厂，配制储煤罐是适宜的。

储煤罐多数是用钢筋混凝土浇筑而成，储存量高达千余吨到万余吨，因而在使用中应注意检查储煤罐的地基是否有下沉现象，并随时检查筒壁有无裂纹现象。

第四节 推 煤 机 检 修

推煤机作为煤场设备的一种辅助机械，目前广泛用于火力发电厂输煤系统，本节以 T140 – 1 推煤机为例进行介绍。

一、发动机零部件的检修

（一）气缸体及气缸套的检修

（1）气缸体不得有裂纹，焊修或用环氧树脂修复的气缸应进行水压试验。试验要求：在 0.3 ~ 0.4MPa 下 5min 无渗漏现象。

（2）气缸体应清洗干净，水道和润滑油道内不允许有污垢。

（3）气缸体平面上螺纹滑扣不超过两扣，固定气缸盖的螺栓不得弯曲和滑扣，拧入气缸体的双头螺栓不得松动，应垂直于气缸体的上平面。拧上螺母后，螺栓露出部位为 2 ~ 3 扣。

（4）气缸套内表面应光洁，无擦伤和刻痕，内径磨损过大，超过磨损极限，应更换。更换时，应先试装一次，以检验台肩处密封带是否密闭以及气缸套高于机体平面是否符合要求。压入气缸套时应装好密封胶圈，并在胶圈外涂薄薄的一层机油。

（5）检修气缸套时，必须用专用工具压出或装入机体，气缸套外表面的积灰或水垢应清除干净。

（6）各气缸直径应一致，汽缸套装好后应进行测量，其椭圆度、圆锥度应符合该机说明书的有关规定，装配时应防止气缸套变形。高于机体平面尺寸应合适，否则应予以修整。

（7）长期使用后的气缸套外表面出现蜂窝状孔洞（即穴蚀现象），严重时甚至可以击穿气缸套，所以使用一段后（一般在 2000h 以上）应抽出气缸缸套进行检查，必要时将气缸旋转 90° 继续使用或换为新的气缸套，以免发生击穿现象。

（8）气缸体报废标准：

1）安装气缸套的座孔之间发生裂纹不能修复者；

2）气缸盖裂纹横向延伸到主轴承座孔或固定汽缸盖的螺纹孔时；

3）相邻气门座之间的间壁上曾发生裂纹，经焊接后又发生裂纹。

（二）气缸盖的检修

（1）气缸盖应清洗干净，无水垢或积灰。

（2）气缸盖不得有裂纹。进行水压试验（压力 0.3 ~ 0.4MPa），3 ~ 5min 内不漏水、渗水或降压。

（3）气缸盖与气缸体的接触面应平整光洁，在全长上不平度应符合该机说明书规定。

（4）气缸盖装上机体后，用读数准确的力矩扳手按顺序对称拧紧螺母。两缸共用的螺母需在另一气缸盖所有螺母拧紧后方可拧紧。螺母不要一次完全拧紧，而且用力不要过猛。要按顺序拧过一遍后再拧第二遍、第三遍。最后拧到扭力扳手上的读数为 215.6 ~ 245N · m（22 ~ 25kgf · m）为止。

（5）拆气缸盖后重装的柴油机在第一次走热后各螺母应拧紧一次，因柴油机走热后的气缸盖衬垫经常会产生一些下陷。如不重拧，往往保证不了密封，在最后一次拧紧螺母达到规定力矩后，还要重新调整一下气门间隙。

（6）气缸盖报废标准：

1）气缸盖裂纹横向通过气门导管座孔或缸螺孔。

2）相邻气门座之间的间壁上曾发生裂纹，后经处理后又发生裂纹。

（三）曲轴及主轴承的检修

（1）检查主轴颈和连杆轴颈。轴颈上出现疤痕时，可用细砂布修整，然后用研磨膏抛光。磨损过大或发生严重烧瓦、拉道、刻痕时，应更换曲轴。

（2）曲轴轻度弯曲时，可将曲轴放在 V 形架上用压力机调直，也可用其他校直方法。

（3）连接盘和轴套的外圆面是前后油封的工作面，若有轻微拉伤，可用修理轴颈的办法修复，必要时换成新件，以保证密封的可靠性。

（4）曲轴修复后，以下几方面应符合该机型说明书的标准：

1）各轴颈的圆锥度和圆柱度；

2）各轴颈的直径偏差；

3）各主轴颈的同心度偏差；

4）连杆轴颈和主轴颈的平行度；

5）曲轴回转半径偏差；

6）各轴颈肩部圆角；

7）轴颈表面的粗糙度；

8）油孔口边缘。

（5）主轴承盖及主轴瓦有顺序号，装配时不要装错序号和方向，瓦盖要轻轻打入，不可过松或过紧。

（6）新的主轴瓦可以互换，但用过的主轴瓦不能互换。更换或检修轴瓦时应用涂色法检查，曲轴与轴瓦之间和外表面与轴承孔之间的贴合面积、主轴颈与轴瓦的间隙、曲轴轴向窜动量等应符合该机机型说明书的要求。

（7）轴瓦表面出现拉纹或硬点，可用刮刀修去峰面及嵌入金属颗粒；轴瓦表面镀层如有合金剥落现象，应及时查明原因并更换为新轴瓦。

（四）活塞连杆组的检修

（1）更换连杆组时，必须采用同一组别的连杆，每组重量差应符合该机型的规定。

（2）连杆小头衬套磨损和活塞销间隙过大时，应更换。更换时应注意连杆衬套大小头孔的同心度要求。

（3）连杆弯曲和扭曲变形后，都不允许使用。轻微变形时，可进行调整后再使用，否则必须更换。

（4）新的连杆瓦可以互换，用过的连杆瓦不能互换。检修后的瓦要按瓦上的顺序号安装，不得装错，安装新瓦时，应与相应的连杆轴颈或标准轴试装一次，检查瓦的贴合情况，配合间隙应符合相应的规定。

（5）更换活塞时，必须采用同一组活塞，重量差应符合该机型的规定。

（6）检修活塞组时，必须将零件清洗干净，严格检验各部尺寸的精确度。活塞环与气缸的间隙、活塞与环槽的间隙、活塞销与销孔的间隙等应符合该机型的说明书的要求。各部件间隙超过磨损极限时，应更换为新零件。

（7）活塞的工作表面应光洁，无擦伤和刻痕，粗糙度不大于 $\sqrt{\dfrac{1.6}{}}$。

（8）活塞环带内圆倒角的面或印有"止"字标记的平面应向着顶部。三道环装入气缸套内时，开口依次错开120°，以免漏气、窜油。

（9）若活塞环开口间隙或端面间隙过大（超过磨损极限）时，应更换为新环。新环间隙过小时，可用细锉刀修整。其弹力和漏光检验应符合该机型说明书的要求。

（10）活塞销应符合该机型的质量标准。装配时，可采用加热装配，加热温度为 70~100℃。装配时，应用橡皮锤敲打，不准使用铁锤。活塞销发生裂纹或渗碳层剥落时，应予以报废。

（五）凸轮轴及传动机构的检修

（1）凸轮轴及组件的质量要求、凸轮轴轴承与凸轮颈的间隙、凸轮轴颈的椭圆度和圆锥度、凸轮轴全长弯曲度、凸轮轴推力板与止推板的间隙，参照该机型的规定。

（2）传动齿轮系装置随发动机总装时，要注意将各相应的字头标记对齐，合各齿轮的间隙符合该机型规定的要求。

（六）配气机构的调整与检修

（1）气门密封性的检验。当怀疑气门漏气时或经检修研磨后的气门，应进行密封性的检验。检验时，将气门机构装好，然后将气缸盖立放，从进气或推气口注入煤油。若在 3~5min 内没有渗漏现象，则为密封合格，否则应重新研磨，再检验，直到合格为止。

（2）配气相位在检查调整时，气门开闭点的测量必须仔细认真并反复进行几次，所测得开闭点必须符合该机型说明书的规定。如果偏差较大，应查明原因；若因齿轮位置或凸轮位置装错，则应重新安装；若因凸轮磨损过大，则应及时检修。

（3）气门及气门座的检修。若气门密封锥面磨损较严重或有较深的磨点，则必须对锥面进行磨光（可用专用的磨光机或在机床上进行修光），然后，再与相应气门座配研，并进行检修。对于气门座，如磨损较轻，可用研磨的方法修复；如果磨损较大，应先用铣铰的方法修整，然后再研磨修整；如损坏严重，则必须更换为新气门座。

（4）气门杆部与气门导管的间隙，应符合要求，气门弹簧性能应符合该机型说明书的规定。弹簧必须经无损探伤，确认无任何缺陷后方可使用。

（5）挺柱表面如有轻微的拉毛，可以研磨后继续使用；如磨损严重，则应更换。挺柱与挺柱孔的间隙，应符合该机型说明书的规定。如发现推杆弯曲，可进行调直。

（6）摇臂头部磨损不大时，可用细砂布或油石修复；若磨损较大，可以堆焊后按要求修复磨光，圆弧部表面碎硬，摇臂衬套与摇臂轴的间隙及摇臂轴螺栓紧力，应符合该说明书的规定。

二、发动机燃油及调速系统的检修

（一）输油泵

（1）输油泵输油量不足，输油压力低，主要是进出油止回阀或活塞与输油泵泵体之间的密封性不好而造成的，需要重新研磨或更换为新件，往凸轮油腔内漏油是推杆与推杆套之间的密封性不良所致。修理时应重新研配或更换新件。

（2）泵活塞与手泵体的间隙要选配合适。手泵不工作时，应将手柄拧回去，以免在柴油机工作时振坏。

（二）滤清器

（1）燃油滤清器的作用是清除燃油中混入的杂质。在检查滤清器是否堵塞时，应观察其出油情况。右出油连续畅流，说明滤芯未堵塞；反之，须拆开清洗。

（2）清洗滤清器时，应将燃油先从外壳放出，将外壳与滤芯及盖分开，卸下的各零件用汽油或煤油清洗并吹干。对纸质滤芯，可用毛刷轻轻刷洗。如果滤芯破裂或沾污严重难以清洗时，应更换为新滤芯。

（三）喷油器

（1）喷油器故障的检查。喷油器故障，柴油机会冒烟，燃烧不完全，功率不足，油耗上升。检查时，逐个将喷油器与高压油管松开，停止喷油，检查冒烟情况及转速的变化。如果是喷油口故障，黑烟消失，转速不变；如果不是喷油器故障，则继续冒黑烟，转速降低。

（2）喷油器的拆卸。当喷油器必须拆卸时，拆卸前将各接头周围用煤油擦拭干净，松开接头，拆开油管，并用干净的布或塑料布将管口包起来，避免脏物进入。

喷油器未拆零件前应在试验台进行试验，发现下列不良现象时应将喷油器打开消除其故障（拆卸时，零件必须保持干净，零件表面不允许有压伤擦伤；针阀体任何部位都不准用虎钳夹固，钳口有铜皮也不允许）。

1）针阀在不到规定压力时已开启；

2）喷油不雾化，或有明显燃油连续流出；

3）燃油喷射不出即切断，出现多次喷射现象；

4）各个喷孔喷出的油雾不均匀，射流长短不一；

5）喷油嘴滴油；

6）喷孔堵塞，或喷出的油雾成分枝状态或喷不出油。

（3）喷油器及喷嘴的清洗。

1）喷油器各零件在干净的汽油或煤油中清洗，油槽用刷子清洗并用压缩空气吹干净，紧固帽上的积灰应仔细地清除；

2）用铜丝布和汽油清洗喷嘴所有烟渣；

3）用合适的铜丝或铅丝清理阀体油路，用通针清理喷孔的堵塞，针阀头部用专门铜丝刷子刷洗。

4）所有零件清洗后再用纯净的汽油清洗吹净。

（4）喷油器的修理。仔细检查各零件有无缺陷，缺陷严重的予以更换。如喷油嘴导向面及密封锥面磨损、肉眼能看得出的伤痕、针阀导向部分有过热变形而拉毛、针阀体喷孔有椭圆形磨损、喷油嘴喷孔边缘压碎等，都应更换为新件。

缺陷轻微的可以修复，如针阀与针阀体配合不够光滑、滑动性不良、密封锥面有轻微损伤、针阀体大端平时面有轻微损伤、喷油器本体与针阀体接合端面有轻微损伤等，都可以进行研磨修整。

（5）喷油器的试验和调整。

1）将装配好的喷油器放在喷油器试验调整台上进行试验调整。利用改变调整垫厚度调整开启压力，要求符合该机型说明书的要求。

2）密封性试验应符合该机型说明书严密试验的要求，喷油嘴不得有渗漏滴油现象，只允许有微量的渗迹，否则重新清理或研磨。

3）喷雾试验在 40~80 次/min 速度下检查喷油雾化情况，油雾应均匀，雾束不得有肉眼可见的油滴飞溅现象，雾束方向的锥角在15°~20°左右，燃油切断及时并发出特殊清脆的声音。

（四）喷油泵

（1）拆装、修理及调整喷油泵时，首要条件是保持泵的清洁，拆卸必须注意每一个分泵的零件，应做好记号并放在一起。柱塞配件及出口阀配件不能调换，必须成对安置，零件要清洗吹净。

（2）对各零件进行质量检查，不符合要求的零件应更换，有轻微缺陷的可以修复使用。回装时应按原样装好。

（3）喷油泵运行一定时间（1000h）或检修回装完毕后，必须进行调整。因喷油泵精度很高，必须有熟练工作人员在一定设备条件下对喷油泵调速器进行调整。调整时参照该型说明书的要求和标准调整喷油泵供油时间、各分泵的供油角度、喷油泵供油量均匀度和最大供油量等。

（4）必要时，将喷油泵连同调速器送专业修理厂，在试验台上校对喷油量和喷油时间等。

三、发动机润滑系统的检修

（一）机油泵的检修

（1）装配机油泵时，主泵的径向间隙和端面间隙应符合该机型说明书的要求。间隙超过规定时，应更换齿轮或泵体。

（2）用手盘转组装好的机油泵时，应灵活、无卡住或阻滞现象。

（3）装配好机油泵后应进行性能试验，必要时将机油泵送专业修理厂进行调整试验。试验项目和要求见该机型说明书。

（二）机油滤清器的检修

（1）拆装机油滤清器时，注意将 O 形密封圈及各垫片放正，以免产生漏油现象。滤清器的转子部件是经过动平衡校正的，装配时一定要对正记号，使转子盖上的箭头对准壳体上的箭头。

（2）对滤清器，每隔一定时间（125h 左右）要拆开清理一次，若发现铁屑或合金碎片，要认真找出原因，并排除故障。

（3）对集油管、滤网及转子体，应在汽油或煤油中清洗。装好后，应检查其转动是否灵活、密封圈装配是否正确、柴油机启动后机油压力是否正常和有无漏油现象。

（三）机油冷却器的检修

（1）装配机油冷却器时，O 形密封圈要放正、压严，垫片厚度应适应，以防漏水或油、水窜通。当发现冷却水中有油时，说明有水、油窜通之处，应对冷却器进行检查，找出原因，排除故障。

（2）柴油机放水时，冷却器也应放水。冷却器工作一段时间（1000h 左右）后，应将冷却器芯子用汽油或煤油清洗一次。

四、发动机冷却系统的检修

（1）水泵外壳及叶轮不得有裂纹、破损及其他明显缺陷，叶轮端面漂偏应符合该机型说明书要求。

（2）装配水泵时，应先将各部零件修整好，并清洗干净，依次装好，并在轴承内加入适量的润滑油脂，水封如有损坏，应及时更换。装好后，拨动水泵叶轮，应转动灵活，无跳动及阻滞现象。

（3）检修水泵后，应进行总体试验，符合该机型要求。

（4）风扇叶片不得有裂纹、翘曲或变形，叶片端面摆差、风扇的静不平衡度和皮带紧度应符合该机型说明书的要求。

（5）水箱使用一个时期后，对水箱内的沉淀杂质或水垢应进行清洗或处理，如有泄漏可以补焊，对少数损坏严重又无法焊补的管子可以堵塞，但不能太多。

（6）节温器要很好保养，不要碰伤皱纹或被污物堵塞，如有损坏应及时修复或更换，不要轻易取消。

五、发动机电启动系统的检修

检修或更换各种电器设备时，各接线均应按原样接牢，切勿接错，以免损坏电气设备。

（一）蓄电池的使用、充电及极板的"硫化"处理

参照该机型说明进行。在冬季要特别注意蓄电池经常处在充足电的状态，以免电解液比重下降而冻结。

（二）启动机的保养和修理

（1）经常保持启动机清洁，紧固件应连接牢固，导线接触紧密可靠，绝缘无损坏。

（2）定期检查整流子表面，应光洁，炭刷在架内无卡住现象，炭刷弹簧压力正常。若发现炭刷磨损严重，整流子表面严重烧毛和其他故障，应拆下修理。

（3）应视启动机使用条件，定期检修、定期加注润滑油。

（三）充电发电机

（1）根据该机型所采用的充电发电机型号，按该型号说明书的要求对充电发电机进行使用和维护。按该型号接线图接线，要正确牢靠，切不可接错或接反正负极，不然将损坏发电机及电压调节器。

（2）检查和维护发电机时，绝对不允许用兆欧表来检试绝缘性能，只允许用万用表进行检测。

六、底盘部分的检修

（1）分动箱组装时，两个壳体的对接面要严格密封，两壳体之间的耐油橡胶石棉垫合适，连接螺栓齐全并均匀拧紧。

箱体内孔与曲轴法兰四周间隙要保证均匀，最小间隙不得小于该机说明书的要求。

（2）分动箱内各齿轮的精度及表面光洁度都要求很高，齿轮在处理后要经过磨齿加工，其啮合间隙符合该机说明书的要求。齿轮或轴承如损坏和磨损超限时，应及时更换。

（3）主离合器液压系统如窜入柴油机机体，检查曲轴密封圈唇口是否损坏，如有损坏应更换。检查两道聚四氟乙烯密封环、两端面与槽侧面平行度及外圆的圆度、密封环与槽侧面的间隙，要符合该机说明书要求，外圆的棱角不能出现倒角和圆角，密封环如有损坏应及时更换。

七、整机试运转

（一）试运转前的检查

（1）主发动机在分段试运中符合要求。

（2）按技术保养要求加足燃料、润滑油、冷却水、润滑脂和油压增力器中的液压用油。

（3）检查各部零件是否牢固和齐全，并调整间隙及行程：

1）制动踏板行程；

2）转向离合器自由行程；

3）风扇皮带紧度；

4）履带紧度，用撬棍撬起履带侧托轮，轮踏面与链轨的距离为30~50mm；

5）绞盘操纵杆收和放的工作行程为400mm；

6）主离合器自由行程。

（4）外观检查。

1）水箱罩不歪斜，引擎盖、表盘固定牢固；

2）喷漆均匀，无裂缝，驾驶室门窗开闭灵活；

3）绞盘、铲刀及液压缸传动部分良好；

4）大钢板弹簧端部压于台车钢板弹簧平面上，接触不应有偏斜现象。

（二）整机试运转

（1）在启动及试运过程中，应做好防止发动机超速的准备，在发生发动机超速时能立即停车。

（2）试运转检查。

1）仪表指示正常，机油压力为 0.196~0.245MPa，柴油压力为 0.0686~0.098MPa，水温为 60~90℃。

2）在试运转中每挡至少要分合主离合器 2~3 次，以检查主离合器的工作情况，应无卡死和打滑现象。由有经验的人员调整主离合器，必要时停止主发动机后再进行调整。

3）变速箱各挡的变换应轻便灵活，运行中无异常的响声及敲击声。主离合器接合时，其自锁机构保证不跳挡。

4）保证转向离合器在各挡时均能平稳转向。在一、二挡行驶时，在原地做左右 360°急转弯试验。要求：被制动一侧履带停转，制动带无打滑和过热现象，制动踏板不跳动。对其余各挡，做两次左右 360°转弯试验，应良好。

5）刹车装置应保证在 20°的坡度上能平稳停住。

6）在平坦干燥的地面上和不使用转向离合器及制动器情况下，推土机作直线行驶，其自动偏斜应不超过 5°，链轨的内侧面不允许与驱动轮或引导轮凸缘侧面摩擦，其最小一面的间隙不小于两面间隙总和的 1/3。

7）铲刀起升、下降应灵活平稳，并能在任何位置上停住，绞盘无打滑现象。

8）试运转结束后，应进行技术保养，并消除试运转中发现的各种缺陷，做好交车准备。

（三）试运转时间要求

（1）无负荷行走试运转，总时间 100min。

1）一速行驶 20min；

2）二速行驶 20min；

3）三速行驶 15min；

4）四速行驶 10min；

5）五速行驶 10min；

6）各速倒速行驶 25min。

（2）有负荷试运转，总时间 120min。

1）1/4 负荷运行 30min；

2）1/2 负荷运行 30min；

3）全负荷运行 60min。

第十三章

卸储煤设备检修综述

第一节 输煤设备安全质量管理

一、安全管理

（1）一般情况下切割钢丝绳，要用机械切割法，只有当钢丝绳使用段与切割口相距大于20mm时，才允许用火焰切割。

（2）空压机等可能带压的设备及管路检修时，必须开启放气阀，确认压力为零时，方可开始检修工作。

（3）所有计划检修项目，必须编制《检修作业文件包》，文件包内容要求完善，对作业过程中的危险点必须作出事先分析，提出预控措施，文件包必须履行审批手续。

（4）集尘器转阀检修时，必须切断转阀电源，严禁在转阀转动时进行任何与转阀有关的检修工作。

（5）更换皮带在皮带搭接处，必须采用专门加工的铁板两面压紧。拖动皮带时，要有可靠的联系手段，沿线不应有障碍物存在，人员必须撤离至安全区域。

（6）使用伸缩式皮带刀时，刀片不能伸出太长，以免刀片折断；割皮带时注意身体各部位，应避开刀刃方向。

（7）皮带打毛时，工作人员必须戴防护眼镜。打毛机接电源前，其开关应在"停"的位置，工作前应先检查其旋转方向，并确认正确，工作时要拿稳，用力不要过猛。停止使用后，待完全停止转动时才能放在地上。

（8）配制皮带粘接剂时，必须通风良好，人员须在上风口工作，以防有害气体伤人，配制过程中附近严禁烟火。

（9）不得使用碘钨灯来烘干皮带，以防起火。

（10）需搭脚手架才能进行的检修工作，搭设结束后，使用人应会同搭设人共同验收，验收合格后双方签名，脚手架的荷重牌应悬挂在正面醒目处。

（11）夜间进行检修工作时，工作人员不得少于两人。

（12）工作中如需切割钢结构横梁、立柱的连接螺丝等，需经专业工程师同意，并做好防倒、防倾等安全措施后，方可开始进行工作。

（13）检修工作时使用的临时电源线，工作地点距电源点超过10m的，应将电源线悬挂起来；没有悬挂条件的，应采取其他措施，防止电源线打结、被压、脱钩等现象发生。除直接用插头插入检修电源箱插座外，其他的临时电源接线工作必须由电气人员进行，严禁将导线直接插入带电的插座，滚筒式拖线盘在使用时应将滚筒内的线全部拉出，以防止发热。

（14）工作完成拔出插头时，应及时将插座盖旋好。

（15）更换各类机械的钢丝绳时，必须事先做好防止设备转动的安全措施，牵引绳和钢丝绳连接牢固。钢丝绳往上牵引时，下面人员应与钢丝绳保持足够的安全距离，防止钢丝绳滑下伤人。

（16）在任何情况下，禁止钢丝绳和电焊线或其他电线相接触，焊接卸船机抓斗和斗轮机的斗轮时，电焊机的接地线必须搭接在斗体上，并接触良好。卸船机、斗轮机、装船机上其他地点的电焊工作，接地线触头必须与焊接件接触良好，施焊点与接地点应在1m以内，接地线应完整无损，禁止用铁棒等金属物代替接地线。严禁借用铺设的管道、钢结构、建筑物或构筑物作接地线。

（17）液压系统检修时，不得将油污沾在制动片或制动轮上。

（18）揭扣减速箱盖时，严禁将头或手伸入法兰接合面之间，扣盖前工作负责人应认真检查确认无工具或其他物件留在箱内，方允许盖上。

（19）用油加热装配零件时，应采取防止热油伤人的措施；采用夹具夹零件时，工作人员应戴手套，且需做好防火措施；用轴承加热器加热轴承时，额定温度控制在100℃以下。

（20）气割工作、清理焊渣或使用磨光机打磨时必须佩带防护眼镜。

（21）清洗机件用煤油、柴油等清洗剂，严禁使用汽油清洗；清洗过程中应注意机件的棱角和毛刺以免划破手；清洗地点严禁烟火，严禁电、气焊在旁进行工作；清洗后的废油、废料、严禁倒入海中或煤中，应当回收处理。

（22）进入落煤筒内的工作，落煤筒高度超过2m的，工作人员必须使用安全带，并用绳子缚在外面牢固的地方，外面必须有人监护，在里面工作人员未出来以前，外面监护人不得离开；落煤筒内必须使用24V以下的行灯进行照明。

（23）运行人员在配合检修工作时，应服从检修工作负责人的指挥，并严格执行《安规》和《运行规程》的规定，远距离的配合工作必须配齐联络工具，操作前复诵和核对工作负责人的指令。

（24）检修人员在指挥卸船机司机、斗轮机司机配合检修工作时，必须由有指挥资格的人担任，指挥信号要按《系统装卸作业起重指挥信号》的标准执行。

（25）切割钢丝绳时工作人员需戴好防护眼镜，切割完成后，立即用水冷却切割部位，以防钢丝绳麻芯跑油或燃烧。

（26）浇铸钢丝绳梨形头时，工作人员必须穿戴好防护脚套、耐热手套等必要的劳保用品，并加好衣服领口。接触酸碱作业时，工作人员必须穿橡胶围裙，戴好橡胶手套和防护眼镜。

（27）当从火炉中取出盛有液态浇铸金属的坩锅时，须做好防止坩锅掉落的预防措施。取坩锅须由两人配合，用两只钳子夹住坩锅，保持平衡、协调、轻放于地上。

（28）调整磁铁分离器皮带跑偏时，须由运行人员进行启停操作，不得在磁铁分离器皮带运转时调整滚筒轴承座。

（29）爬上抓斗栏杆进行检修工作时，工作人员须系好安全带，安全带不能挂在可能移动的钢丝绳上。

（30）禁止从抓斗上往下扔工具，或者从下往上抛接工器具，必须用工具袋或麻绳捆扎的方式来上下传递工器具。

（31）当进行钢丝绳涂黑油时，必须办理工作票，并由操作司机配合，双方保持联系；配合检修工作的操作司机只接受工作负责人的指令，未经工作负责人的指令，不得进行任何操作，工作人员的安全带不能系在可能移动的钢丝绳上。

（32）检查电气设备时，不得对运行中的主作业线设备的电源开关进行操作，如果对不影响主作业线正常作业的辅助设备进行检修，需与运行人员联系并取得同意，检修人员自行做好必要的安全措施。

（33）对运转设备不能用人工保护动作的方法来试验或检查设备的保护是否正确动作，应该在设备停运时做试验。

（34）检查钢丝绳或连接环的磨损时，如有条件应将钢丝绳或连接环放到地面；如没有条件放下钢丝绳，检修人员应联系运行人员，切断主电源后，才能进行检查。

（35）硫化机槽钢安装完毕，夹紧螺丝后，应插好保险销，以防夹紧螺栓突然飞出。

（36）当工作票需要在非锚定位置对卸船机、斗轮机进行检修工作时，必须由检修方做好防止设备被风吹动的安全措施。

（37）露天作业的卸储煤设备，在风力大于 6 级或遇风雨时应停止工作。不工作时必须将设备开至指定位置停放，并可靠地固定好。

二、质量管理

（1）推行点检制，技术人员负责本部门质量管理的日常工作，负责与设备管理部门的联系、协调，负责与外委单位的质保部门建立对口联络，确保外委检修质量。对三方验收的检修质量负点检一方的责任。

（2）车间技术人员的主要职责：连续监督和控制质量体系的运行，对质量体系的保持和改进起参谋作用，联络和沟通领导和群众之间的关系，在第二、三方审核中起内外接口的作用，带头执行和贯彻质量标准、质量手册和质量程序。车间技术人员有充分的质量否决权。

（3）班组技术人员的主要职责：对质量活动中的具体技术方案和作业计划、方法进行编制和确认，并对作业人员的操作执行过程进行指导、检查和监督。班组技术人员有充分的质量否决权。

（4）车间技术人员、班组技术人员有权逐级向上汇报工作，对不符合项有权下达"不符合项处理报告单"。

（5）质量管理组织体系负责对检修质量手册及管理程序、组织实施情况及适用性、有效性进行审查讨论，并对不足及缺陷以书面形式记录、存档，并组织人员修订。

（6）检修班组作业人员要按照工艺要求和质量标准精心施工，认真做好技术记录；做好检修项目的质量自评、外委检修项目的质量验收监督工作，按要求进行检修质量过程验收，对单方验收的检修质量负责。

（7）检修质量验收的要求与程序。

1）坚持"质量第一"的方针，当进度与质量发生矛盾时，进度必须服从质量。

2）实行质量否决制，凡不符合质量标准的项目不予验收，凡未经验收合格的设备不准投运。

3）日常检修的质量验收程序。

a. 点检在分发的工作任务单时，在验收要求上要注明质量验收的要求，即是单方验收、双方验收或是三方验收。

b. 若是单方验收的检修项目，在检修工作完成后，工作负责人进行质量自检，合格后填写任务单，终结任务单同时终结工作票。当值运行应在工作任务单的验收栏上签名，表示对工作完成的认可，但签名人不对此检修项目质量负责。

c. 若是双方验收的检修项目，在自检修合格的基础上，检修负责人（监护人）通知当值运行到现场进行质量验收。双方在工作任务单验收栏上签名，终结任务单和工作票。

4）若是三方验收的检修项目，在自检合格的基础上，检修负责人（监护人）通知当值运行和点检员到现场进行质量验收。三方在工作任务单验收栏上签名，终结任务单和工作票。

a. 由当值运行在计算机上终结工作任务单。

b. 对外委队伍承担工作负责人检修项目，也按以上程序执行，运行在计算机上终结任务单时，可以统一特定的工号表示。

5）设备大小修或定修的质量验收程序。

在随机大小修和定修中，按《质量管理手册》中质量管理程序执行，重点是文件包的执行程序、检修质量过程验收、"不符合项处理单"的处理、完工验收及分步试运转等。

6）检修质量验收的要求。

a. 如检修质量不符合要求，运行和点检均有权要求返修。

b. 检修现场必须做到场清料尽。

c. 所有的表格和记录卡必须填写完整、规范、整洁。

d. 在验收过程中，如要进行分步试转，则应将与试转有关的工作票押回。

e. 专工参与重大检修项目大质量验收，如有必要，应制订验收方案。

第二节　卸储煤设备发展动态

自从 80 年代改革开放以来，中国经济迅速发展。大量的老电厂已不再使用推土机、装卸桥、叉车等低效率的卸储煤设备，新建电厂已全部采用高效连续运输的卸储煤设备。国内用户采用进口及合作制造等多种方式使用国外先进设备，国产部分设备还出口到其他国家。卸储煤设备市场满足了火电厂日益增长的卸储煤量的要求，并且向大型化、高效率化、无保养化和节能化发展。当然，在各个火电厂应用的卸储煤设备还存在这样和那样的问题，还需要在设计、制造、使用方面不断地去探索，下面介绍一些较好解决目前卸储煤设备应用中存在问题的新工艺和产品。

一、环式给煤机

1. 概述

我国南方大部分地区的火电厂选用圆筒贮煤仓，以保证电厂生产不受雨季的影响，在我国北方许多新建的电厂从环保的角度出发，也开始选用圆筒贮煤仓。但是圆筒贮煤仓在应用中存在的最大的问题就是底部起拱蓬煤，严重影响正常运行。

环式给煤机的开发和应用彻底解决了上述问题。环式给煤机用于火力发电厂中的筒仓封闭式贮煤，与原煤筒仓配套使用，可以解决筒仓堵煤、配煤等问题，同时节约占地面积、减少环境污染，是电厂输煤系统中理想的卸储煤设备。

2. 结构

该设备如图 13 - 1 所示，主要由犁煤车、卸煤车、卸煤器、水平定位轮、落料斗、密封罩、驱动装置和电控系统等部分组成。犁煤车和卸煤车回转体为环形箱式结构，二者均由水平定位轮定位；驱动装置对称布置；采用销齿传动；四个犁煤器均布。卸煤车上方横梁上安装有卸煤器，卸料犁支架绕固定轴转动，由电动推杆牵引，可调节犁煤角度以控制卸煤量；沿卸煤车密封罩圆周均匀布置弹簧式导流器，阻止煤外溢。

图 13 - 1　环式给煤机结构图

3. 原理

环式给煤机工作原理见图 13 - 2，犁煤车和卸煤车由电机减速机拖动，沿相反方向以不同速度运行，犁煤车具有工频和变频两种运行方式。当犁煤车运转时，位于筒仓底部的犁煤器把煤从筒仓环式缝隙中犁下，落到运行的卸煤车上，继而卸煤器将卸煤车上的煤犁到落料斗中，最后落到下层皮带输送机上。两台卸料器分别与下层皮带输送机相对应，并可进行切换。根据需要，可通过交流变频器调节犁煤车速度，改变环式卸煤机的出力，更好地实现给煤和配煤。

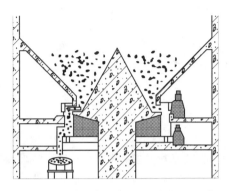

图 13 - 2　环式给煤机工作原理图

二、斗轮堆取料机

随着现代科技的发展及工业水平的不断提高，堆取料机作为重要的高效卸储煤设备已广泛用于港口、电厂、矿山冶金的大型原料场。由于不断地引进国外的先进技术，自动化程度也在逐渐提高，因此，堆取料机的输送能力也在逐渐增大。但同时也暴露出一系列问题，如斗轮取料工作不可靠的问题，斗轮斗子维护费用高的问题，回转轴承的寿命问题，悬臂皮带的寿命问题等都影响到斗轮堆取料机的正常运行。下面介绍一些解决上述问题的办法。

1. 新结构立式星轮减速机

在我国北方一些大型火电厂日燃煤 13000t，日进汽车煤有的电厂达 10000t，推煤机配合进煤在煤场反复碾压，煤场情况非常复杂，尤其到了冬季，大冻块非常多，斗轮堆取料机头部取料工作环境非常恶劣。应用油马达虽然可以保证煤质太硬时，不伤驱动部分，但是国内的液压系统设备不过关，故障出现以后又不好排除，应用进口液压系统造价太高。传统的机械式减速机不能适应这种工况，遇到硬块时容易损坏设备。

HZZ - G 轴装式 HZNL - G 立式星轮减速器采用一种新结构的内啮合行星传动、滚动星轮多边形连续滚动、力分流均载结构，通过螺伞锥齿轮输入动力，用快装卡套及空载启动机构与主机连接，降低速大转矩输出。同时带有机械力臂，煤质太硬或斗轮吃到大块时，机械力臂可以可靠保护停机。该减速机具有传动比大而密集、承载力强、传动平稳、低噪声、效率高、快换卡套装拆方便、体积小重量轻、免维护寿命长等特点，其外形见图 13 - 3。

图 13 – 3   HZNL – G 立式星轮减速器

2. 防止斗轮机斗齿与斗刃焊接冷裂纹的工艺措施

斗轮堆取料机的斗子的材质为 ZGMn13 的斗齿与材质为 16Mn 的斗刃焊缝处经常出现裂纹，甚至斗齿掉落，严重影响斗轮堆取料机的出力，维护费用大。选用如下焊接工艺制造或维修斗子，可以避免上述缺陷：

（1）选用 J507 焊条，其规格为 $\phi 4.0 \text{mm}$，焊前焊条在 400℃ 下烘干 2h，放入焊条保温筒内，随用随取。

（2）斗刃 16Mn 板削薄磨平，斗齿 ZGMn13 经 1000 ~ 1100℃ 水韧处理。

（3）选用直流电焊机，直流反接。

（4）选择合理的焊接顺序，先焊斗齿根部焊缝，再焊两侧焊缝。

（5）焊前焊件经氧乙炔焰预热 300℃。

（6）选用适宜的焊接工艺参数：焊接电流 160 ~ 180A，电弧电压 23 ~ 25V，焊接速度 12 ~ 16 cm/min，边焊边锤击焊缝，以松弛应力。

（7）焊后立即用冷水激冷，减少焊缝在 300 ~ 800 ℃ 之间的停留时间，防止因 C 析出而在熔合区产生冷裂纹。

3. 回转轴衬的选用与保养

回转大轴承是斗轮堆取料机的重要部件，其使用寿命与产品质量和轴承的使用情况有关。根据国外斗轮堆取料机回转大轴承的应用情况，对回转大轴承的选用与维护注意以下几点：

（1）轴承上下环的材料。通常材料选用 40Cr，42CrMo，其中 42CrMo 是比较理想的材料。

（2）加工精度，轴承滚道面机加工后进行磨削加工，以提高踏面的光洁度。粗糙度应当不高于 0.8。

（3）密封与润滑，轴承应当有较好的密封条件，如采用必要的迷宫式密封，确保杂质不能进入轴承内部。润滑剂应选用抗压润滑剂，并且润滑设备应当可靠，定时定量润滑。

（4）热处理工艺，热处理应当是经过调质后进行滚道面表面淬火，硬度一般应达到 HRC52～55，过低的硬度将降低轴承的寿命。

（5）严格按制造商的说明选用，不可过载，包括轴向载荷与倾翻力矩。否则会降低轴承的使用寿命。

（6）对于回转支承以上载荷位置变化较大的设备应当注意调整其重心位置，减小其变化范围。过大的变化范围会使各个滚子受力不均，加快轴承的损坏。

（7）有些轴承在较短的时间损坏与设计选用有关，如在使用整体俯仰机构的设备就应当注意重心的变化情况。因为此类机构重心变化非常大，应当调整好回转以上部分的重心位置，使其变化最小，然后再合理地选用回转支承轴承。已经投入使用的设备应当采用某些方法在现场测定其重心位置，然后再进行必要的重心调整与更换轴承类型。

（8）大修完安装上轴承环的软带应安装在与悬臂梁中心线成 90°的位置上，因为此处不论在何种工况都不会发生在俯仰角度最高或最低时滚子对上轴承环滚道最大挤压力的情况。下轴承环最好安装在门座架上回转角度在 ±90°～±180°的位置上，下轴承环要求不必过于严格。

目前有些厂家生产出锥滚轮式支承。锥滚轮式支承是采用比常用的回转大轴承内的辊子直径大得多的圆锥滚轮作为支承辊子，此圆锥滚轮的小端的直径达 100～200mm，大端在 200mm 左右。支承装置内外都设有保持架式的连接板将所有滚轮连接到一起。使用中上滚道只是在上部回转钢结构的前部与后部，两侧不设滚道。因此，当圆锥滚轮需要更换时也极为方便。在很短的时间内即可更换完毕。圆锥滚轮支承方式过去主要用在大型单斗挖掘机上或大型回转式起重机上。它的最大特点就是使用寿命长，适合于非常恶劣的工作环境，维修更换方便容易。

4. 缓振器

斗轮堆取料机的悬臂皮带寿命低的主要原因是原煤中有三大块时，由于落料差惯性而砸伤皮带。目前国内市场上仿国外生产的缓振器可以延长悬臂皮带的寿命。缓振器由耐磨材料支撑、接触皮带、缓振器组架和悬臂皮带机架之间有缓振弹簧,这样,当大块落下冲击皮带时,缓振弹簧便会释放能量,保护悬臂皮带不被砸伤。但是,目前国内材质不过关,有些生产厂家生产的与悬臂皮带接触的耐磨材质摩擦系数大,会引起整条悬臂皮带磨损加快,因此选用时要格外注意。

三、翻车机

随着环保法的实施,火电厂汽运煤越来越受到限制,翻车机系统大容量、可靠运行成了卸储煤设备发展的主题。

影响翻车机可靠运行的主要问题是在卸车作业的整个流水作业过程中,由于每一节车皮的状况不一样,所以每一个动作程序中车皮的速度不可控。这样,溜动性好的车皮溜车速度太快,会造成沿线的止挡器、定位器、缓冲器受过力创击而损坏;溜动性差的车皮溜车速度太慢,溜车不到位会影响程序作业的正常运行。拨车机的出现情况要相对好一点,但是要想保证翻车机作业的整个程序正常,还需要在溜车速度可控方面继续努力改进翻车机系统。

为了提高翻车机的出力,保证火电厂日用煤量增大的需要,目前各大型火电厂都应用了翻车机程控,大大地提高了翻车机的出力。而且在国内市场已经生产出了双车翻车机、三车翻车机,可以同时翻卸两节或三节车皮。

本篇第九章至第十二章要求初、中、高级工掌握,第十三要求技师掌握。

参 考 文 献

[1] 山西电力工业局. 燃料设备检修技术. 北京：中国电力出版社，1997.
[2] 太原第一热电厂. 燃料检修规程. 2003.
[3] 台方. 可编程控制器应用教程. 北京：中国水利水电出版社，2001.
[4] 皮壮行，宫振鸣，李雪华. 可编程控制器的系统设计与应用. 北京：机械工业出版社，2000.
[5] 郭宗仁，吴亦锋，郭永. 可编程控制器应用系统设计及通讯网络技术. 北京：人民邮电出版社，2002.
[6] 杨磊，李峰，付龙，杨娟. 电视监控实用技术. 北京：机械工业出版社，2002.
[7] 吴石增，黄鸿. 传感器与测控技术. 北京：中国电力出版社，2003.
[8] 曾毅，等. 调速控制系统. 济南：山东科学技术出版社，2002.
[9] 何小阳. 计算机监控原理及技术. 重庆：重庆大学出版社，2002.